白无常 编著

Cinema 4D
R25 学习手册

人民邮电出版社
北京

图书在版编目（CIP）数据

Cinema 4D R25学习手册 / 白无常编著. -- 北京：
人民邮电出版社，2022.9
ISBN 978-7-115-59108-1

Ⅰ. ①C… Ⅱ. ①白… Ⅲ. ①三维动画软件－手册
Ⅳ. ①TP391.414-62

中国版本图书馆CIP数据核字(2022)第100474号

内 容 提 要

　　本书用简单易懂的方式引导读者由基础到进阶地学习 Cinema 4D R25 的使用方法，带领读者实现最终的学习目标。

　　作者根据自己多年来的教学经验，总结出了一套适合大多数读者的学习方法，并在此书中分享给读者。本书从基础入门开始，结合实战案例分别讲解了 Cinema 4D 的软件基本操作、建模工具和建模方法、渲染的工具和使用方法、动画制作和角色绑定等内容。同时还为读者介绍了 Cinema 4D 中常用的快捷键、预置、插件、渲染器，帮助读者全方位地掌握 Cinema 4D。随书提供实战案例的素材文件和效果源文件，以及同步在线教学视频，方便读者边学边练。此外，本书还配有一套 Cinema 4D 基础在线教学视频，带读者快速入门。

　　本书不但适合 Cinema 4D 软件初学者学习，而且非常适合相关设计师作为参考书使用。同时也可作为培训机构、大中专院校相关专业的教学指导用书。

◆ 编　　著　　白无常
　　责任编辑　　王　冉
　　责任印制　　马振武

◆ 人民邮电出版社出版发行　　北京市丰台区成寿寺路 11 号
　　邮编　100164　　电子邮件　315@ptpress.com.cn
　　网址　http://www.ptpress.com.cn
　　北京天宇星印刷厂印刷

◆ 开本：787×1092　1/16
　　印张：33.5　　　　　　　　　2022 年 9 月第 1 版
　　字数：879 千字　　　　　　　2025 年 1 月北京第 10 次印刷

定价：199.00 元

读者服务热线：(010)81055410　印装质量热线：(010)81055316
反盗版热线：(010)81055315
广告经营许可证：京东市监广登字 20170147 号

前 言

本书作者结合多年教学经验，根据学员的真实反馈对结构和内容进行了精心安排，讲的都是读者在 Cinema 4D（简称 C4D）中能用到的功能，同时提供了一些新的思路和学习方法，演示了多个实战案例的操作，非常符合初学者的学习需要，参考价值非常大。

本书特色

学习讲方法。本书总结了一套行之有效的学习方法，如果每一条你都能做到，就可轻松掌握各类知识要点，实现学习目标。

主线很清晰。本书从基础入门开始，结合实战案例分别讲解了 Cinema 4D 的软件基本操作、建模工具和建模方法、渲染的工具和使用方法、动画制作和角色绑定等内容。同时介绍了 Cinema 4D 中常用的快捷键、预置、插件、渲染器，帮助读者全方位地掌握 Cinema 4D。

层次细分析。本书将 Cinema 4D 软件的功能和命令拆解，庖丁解牛般详细讲解了各个功能和命令的作用和使用方法，同时，穿插"老白提醒"和"老白讲知识"等内容，为读者解答疑惑或梳理知识，方便读者举一反三，融会贯通。

实战有参考。本书配有实战案例，并有详细操作步骤讲解，配合在线教学视频，读者可以边学边练，逐渐掌握操作技巧。

资源全提供。本书提供实战案例的素材和效果源文件，方便读者边学边练。

内容导读

推荐语

　　设计师成长的捷径就是少走弯路，当下，C4D 已经成为设计师必备的专业技能之一，如何有目的地、快速地理解并掌握 C4D 的表现技巧很重要。本书沉淀了老白（朋友多称作者为"老白"——编辑注）多年的一线项目从业经验和教学经验，通过大量案例，从学以致用的角度讲解了 C4D 设计方法和实操学习流程，这是一本集专业实战性和教学性于一体的书籍。

　　希望老白倾囊而著的图书，能为你打开 C4D 设计的大门，少走弯路，提升自己在设计上的价值创造力，走向更广阔的世界。

巧匠联合创始人 / 设计中心负责人

潜云

　　这几年 C4D 应用广泛，就连我们做品牌和包装设计的，也开始用 C4D 渲染效果图了，公司好几个同事就是老白的学生。其实 C4D 的教程书籍很多设计师都能写，但是有一个关键点是其他人比不了的，就是老白多年的教学经验。

　　他会比其他人更懂得这个软件的学习效率，可以更科学合理地分配好每一个章节的知识点，能帮你掌握好学习节奏的书才能让你更容易吸收里面讲解的知识，同样，我作为一名老师，希望大家买了这本书能真正地去看、去练习，而不是为缓解一时的焦虑，买完就放书架上！

　　老白是一个优秀的设计师，祝他的书能帮助更多喜欢 C4D 的设计师朋友获益。

知名字体设计师

胡晓波

　　在国内的 C4D 领域，老白是行业内的佼佼者，是首屈一指的 C4D 设计师和设计讲师。

　　C4D 的诞生，给设计行业带来了前所未有的革新，几乎每一个类别、每一个分支，都在使用 C4D，这也对设计师提出了更高的要求。学如逆水行舟，不进则退。把 C4D 学好、练好，对设计师来讲，尤其是对年轻的设计师来讲，肯定是一件非常有意义的事情。

　　老白授课多年，经验丰富，这本书是他的第一本 C4D 教程书，十分有料，值得一看！

知名字体设计师 字体帮创始人

刘兵克

一

方读此

勿慕彼

此未终

彼勿起

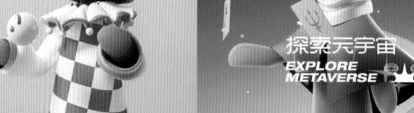
探索元宇宙
EXPLORE
METAVERSE

资源与支持

本书由"数艺设"出品，"数艺设"社区平台（www.shuyishe.com）为您提供后续服务。

配套资源

案例素材和效果源文件：书中所有实战案例的效果源文件、相关素材。

在线教学视频：书中案例同步在线教学视频、Cinema 4D 基础在线教学视频。

资源获取请扫码

"数艺设"社区平台，为艺术设计从业者提供专业的教育产品。

与我们联系

我们的联系邮箱是 szys@ptpress.com.cn。如果您对本书有任何疑问或建议，请您发邮件给我们，并请在邮件标题中注明本书书名及 ISBN，以便我们更高效地做出反馈。

如果您有兴趣出版图书、录制教学课程，或者参与技术审校等工作，可以发邮件给我们。

如果学校、培训机构或企业想批量购买本书或"数艺设"出版的其他图书，也可以发邮件联系我们。

如果您在网上发现针对"数艺设"出品图书的各种形式的盗版行为，包括对图书全部或部分内容的非授权传播，请您将怀疑有侵权行为的链接通过邮件发给我们。您的这一举动是对作者权益的保护，也是我们持续为您提供有价值的内容的动力之源。

关于"数艺设"

人民邮电出版社有限公司旗下品牌"数艺设"，专注于专业艺术设计类图书出版，为艺术设计从业者提供专业的图书、视频电子书、课程等教育产品。出版领域涉及平面、三维、影视、摄影与后期等数字艺术门类，字体设计、品牌设计、色彩设计等设计理论与应用门类，UI 设计、电商设计、新媒体设计、游戏设计、交互设计、原型设计等互联网设计门类，环艺设计手绘、插画设计手绘、工业设计手绘等设计手绘门类。更多服务请访问"数艺设"社区平台 www.shuyishe.com。我们将提供及时、准确、专业的学习服务。

目 录

目 录

04　建模工具进阶 ◆ ◆ ◆ ◆

目录

05 Cinema 4D 建模

目录

目 录

08 Cinema 4D 角色绑定

以下是我们使用Cinema 4D
为客户做的商业案例

平安证券 开机动画

平安证券 - 年度账单

优秀学员作品

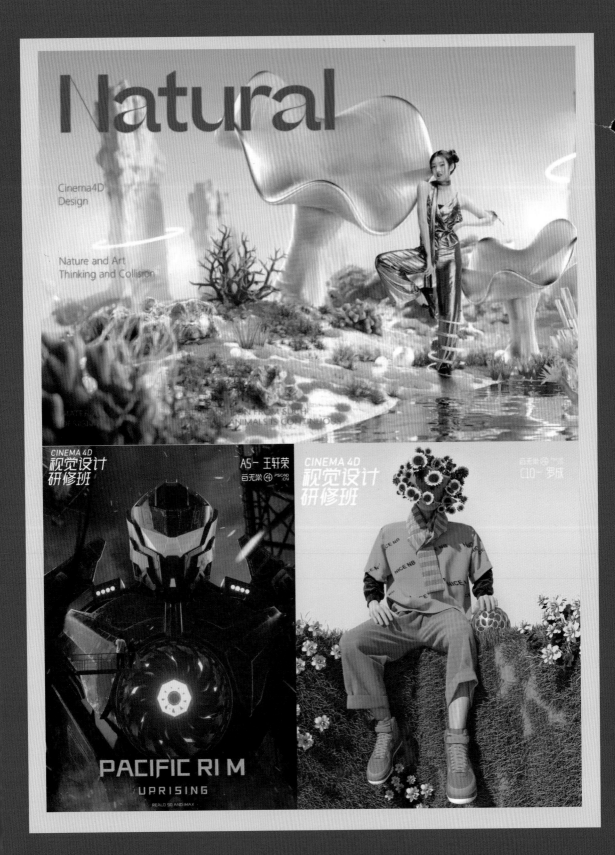

01

学设计，老白
要叮嘱你的事

01 ————————————

方读此，勿慕彼。

此未终，彼勿起。

1.1 学习方法

方读此 勿慕彼

《弟子规》中有句话是，"方读此，勿慕彼。此未终，彼勿起。"意思是说读书学习要专一、专精才能深入，不能这本色彩书才开始读没多久，又想看版式设计的书，或是这篇教程还没有看完，就又想看另外一个设计教程，这样永远也定不下心来。学设计不能一知半解，要精益求精，才能学会。

---

1. 设计只有动手做才能领会

设计是一门艺术，任何艺术都要经过不断的训练才能学会。音乐需要练习，舞蹈需要排练。设计如果只用眼睛看不动手做，只能提高你的审美能力，对设计表现力的提高没有任何帮助。如果 C4D 是你新接触的一个软件，那么，你会对每个参数面板都非常陌生。要让它变成你制作作品的工具，只有不断地使用它才会更加熟练。

2. 在制作中发现问题

因为你对软件并不熟悉，操作过程中就会出现许多问题。而发现问题后，你需要及时沟通或请教，然后解决它。这就是学习的过程——在动手中发现问题并解决问题。看书是学习方法与理论知识，而做练习则是收获知识。所以，在看书的同时，一定要动手练习。

3. 学习要积极主动

《成功人士的七个习惯》一书中讲的第一个习惯就是要积极主动，即"积极主动，别指望谁能推你走"。如果你自己都不积极主动地学习，那谁也教不会你。你若自己不努力，别人想帮你一把，都不知道如何帮起。

4. 学会交流

在网络发达的时代，更要重视人与人之间的交流。在学习过程中要记得随时和同事、前辈等进行交流。交流就是一种学习，能从他人眼中看出自己设计的不足，意识到自己设计的问题并纠正，同时也能看到别人优秀的作品，让自己更有学习的动力。

所以你需要主动与人交流，互相认识，而不是默不作声。笔者高中时期就是这样，结果错过了很多机会，之后才看明白了交流的重要性。

5. 把学习当作生活中的一部分

格拉德威尔在《异类》一书中指出，所谓的天才之所以卓越非凡，并非天资超人一等，而是付出了持续不断的努力。1 万小时的锤炼是任何人从平凡变成超凡的必要条件。他将此称作"一万小时定律"。

学习要持之以恒，不能刚开始非常积极，后面慢慢就放弃了，那样你是学不会 C4D 的。笔者经常说一句话：若有恒，何必三更眠，五更起；最无益，莫过一日曝，十日寒。

6. 学习的"二八法则"

透露一个你不知道的数据，根据笔者多年来的教学经验，平均每 10 个参加在线培训班的人中，5 个人能坚持到最后一节课，其中每节课的作业都用心做的人只有 2 位！能否学会 C4D 并不在于你之前基础的好坏，而是在于你是否能坚持到最后。每个人都有事，每个人都有工作要完成，都会遇到加班的情况。很多时候并不是你有多忙，而是你做事没有效率，要知道每天有 24 小时，你只需每周挤出几个小时的时间用来学习 C4D。

效率低的原因主要是生活中有太多分散你注意力的事，而这些 90% 都是鸡毛蒜皮的事。时不时地翻阅手机，刷朋友圈，看新闻、QQ 群、漫无目的地浏览网页，如图 1-1 所示。把这些时间挤出来，你每周可以多出 30 个小时的自由时间。不要再给学习找任何的借口，要对自己负责。

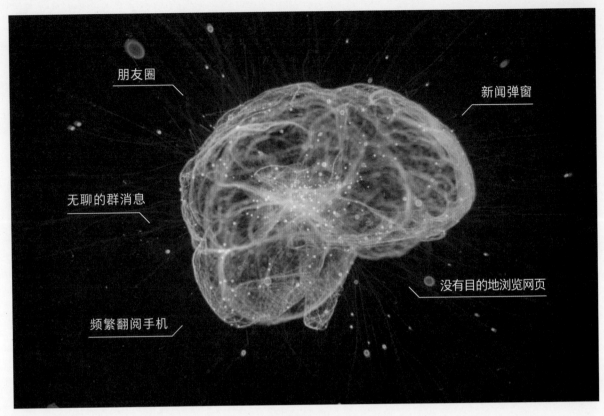

朋友圈

新闻弹窗

无聊的群消息

没有目的地浏览网页

频繁翻阅手机

图1-1

1.2 设计的三要素

1. 用视觉语言传达信息

不管是 UI 设计、电商设计还是传统平面设计，都是通过视觉语言传达产品特性、功能风格的。视觉语言即视觉表现力，视觉画面相比文字有更加强烈的冲击力，能引起注意，塑造产品风格个性。更好地表现视觉语言是我们学习 C4D 的目的，如图 1-2 所示。

图1-2

2. 提高审美力

作为设计师，培养和提高审美能力是非常重要的。审美能力强的人能迅速地发现美，捕捉蕴藏在审美对象深处的本质，并从感性认识上升为理性认识，只有这样才能去创造美和设计美。要记住，不要在意别人说你眼高手低，相反，这种评价是值得你高兴的，因为只有"眼高"的人才能"手高"，眼不高的人手也不会高起来。

3. 创意思维

设计的核心是创意能力，创意好的广告作品能让人自动宣传转发，并深入人心，而平庸的广告设计作品只会让我们排斥。在做设计时，一定要先考虑好你要表达什么再动手做，而不要漫无目的地制作，这样做出来的作品自然会平庸。

1.3 3个要素决定作品质量

1. 模型的细节

建模的时候要考虑好自己的构图，模型的建立需要有曲面与丰富的细节，这样渲染出来的作品光影才会美观，如图1-3所示。

图1-3

2. 光影与质感

　　质感光影则通过我们对灯光材质纹理的调节，赋予模型生命。灯光没有打好，作品就会非常平，没有立体感。而材质纹理没有调节好就表现不出我们想要的质感肌理。渲染一定要做到高光不能出现纯白，暗部阴影不能纯黑，过曝或者曝光不足都会使作品没有细节，如图1-4所示。

图1-4

3. Photoshop 后期

不管是用 C4D 渲染还是用 VRay 渲染，直接渲染出来的作品都会比较"素"（灰）。不管是渲染序列帧还是静帧，都需要后期处理，调整色彩，增强立体感，让作品细节更加凸显，色彩更加强烈。序列帧则是用 After Effects 进行后期处理，我们制作平面视觉设计的作品则是需要用 Photoshop（简称 PS）进行后期处理。

所以，需要同时满足 3 个条件才能做出优秀的设计作品，如图 1-5 和图 1-6 所示。

图1-5

图1-6

1.4 初识 Cinema 4D

早期，国内使用 C4D 的用户比较少，国外使用 C4D 的用户较多，我们可以从 Behance 网站上看到许多设计师都在使用 C4D 制作平面广告、海报、包装等。国内则是在视频包装上使用 C4D 较多，特别是运动图形方面，C4D 制作出来的效果是其他三维软件不能比拟的，如图 1-7 所示。而如今，C4D 在国内慢慢普及，主要是因为相对于其他三维软件，C4D 在操作上更简单易学，是很容易上手的一款三维软件。

图1-7

1. 为什么平面设计师要学习三维软件

Photoshop、Illustrator、Cinema 4D 都是工具，比如，你要做图像合成肯定是使用 Photoshop 更方便，但如果做三维特效字体，如图 1-8 所示，那么 Photoshop 的 3D 功能无法制作出高质量的贴图及和谐的光影效果，如图 1-9 所示。我们画画时不会只用一支 2B 铅笔，摄影时也不会只用一个镜头。想要达到更突出的视觉效果，工具是非常重要的。当然设计的核心还是思想与创意。

图1-8

图1-9

2. 不要害怕学习三维软件

一看软件界面菜单和一堆的参数，也许你会觉得无从入手。试想 PS 这个你用了几年的软件，其中每个工具都会用到吗？也许用到的工具只有 1/4。

建议你从难的、重要的工具入手，再学习简单的、重要的工具。为什么要这样做？因为你会发现学习的一个规律，即前面提到的"二八法则"。任何一个软件，都不是因为你花钱了就能学会，而是因为你确实花了时间学习它。

1.5 Cinema 4D 的操作流程

Cinema 4D 的操作流程主要有 3 个部分，如图 1-10 所示，本节重点介绍建模和渲染部分内容。

图1-10

1. 世界三大主流建模方法

多边形建模是世界主流建模方式，比较容易掌握，但制作时间较长，通过布线加平滑制作出想要的物体形状。

NURBS 建模又称为曲线建模，通过样条线建立曲面。其优点是快速、方便贴图，比较适合工业产品建模。软件代表是 Rhino（犀牛），它基本是工业设计师必备的设计软件。

雕刻建模比较容易制作出细致的纹理，特别是自然中的形体，而多边形建模与曲线建模更适合工业化建模。

利用上述 3 种建模方法制作出的效果如图 1-11 所示。

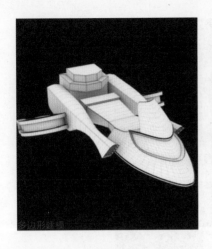  

图1-11

2.Cinema 4D 与渲染器

◆ Cinema 4D 内置渲染器

相比 3ds Max、Maya 软件的内置渲染器，C4D 的内置渲染器会更强大，特别是全局光照与物流渲染模式，如图 1-12 所示。但相比专业的渲染器还是有较大的差距，所以我们可以多学习几款渲染器，来补充 C4D 内置渲染器的不足。不同的场景需求可以选择不同的渲染器，灵活运用。

图1-12

除了内置渲染器，C4D 还可以使用其他插件渲染器。其实每款渲染器都有自己的特性，有各自不同的图像计算方式，不能说哪个渲染器是最好的，只能说哪个更适合一些。当你精通一个渲染器时，再去学习其他渲染器，也就是参数面板的一些习惯调整，大同小异，学起来会非常快速。

◆ Octane 渲染器

Octane 是当今主流渲染器，渲染出来的图像非常真实，速度相对 GPU 渲染器快很多。Octane 是一款基于 GPU 技术的无偏差渲染器，这意味着只使用计算机上的显卡就可以快速获得照片级的渲染效果，它能实时显示渲染结果，不必每次调节材质后都把大量时间花在等待渲染结果上。Octane 渲染器的材质调节较简单，又能得到质量很高的图像，如图 1-13 所示。

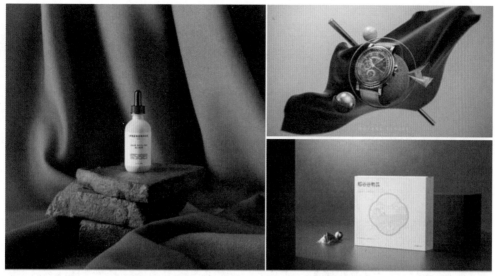

图1-13

◆ **Arnold 渲染器**

　　Arnold 渲染器是一款高级的、跨平台的渲染 API（Application Programming Interface，应用程序编程接口），是基于物理算法的电影级别渲染引擎，渲染出来的图像效果非常好，正在被越来越多的好莱坞电影公司及工作室作为首选渲染器。但它最大的缺点是慢，尤其是渲染玻璃类的透明材质时。Arnold 渲染器的渲染效果如图 1-14所示。

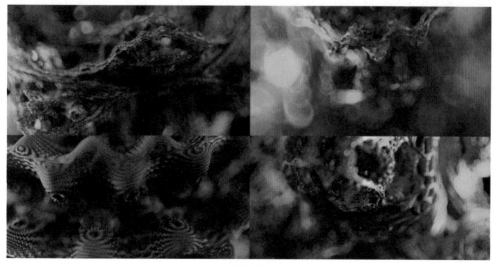

图1-14

◆ VRay 渲染器

VRay 渲染器专注的领域是室内外建筑效果渲染，同时也支持动画、人物、产品等渲染。渲染质量非常高，但渲染时间相比 C4D 内置渲染器或 Arnold 渲染器要慢许多，并且 VRay 渲染器参数过多，材质调节和灯光表现的操作也稍微有点烦琐，对新手来说，可能会有点困难。使用 VRay 渲染器制作出来的效果如图 1-15 所示。

图1-15

Cinema 4D
软件入门

本章主要为读者介绍 Cinema 4D 的
软件界面和基本操作，希望读者可以
熟练掌握，为后续的学习打下良好
基础。

2.1 认识 Cinema 4D

Cinema 4D 由德国 Maxon Computer 公司开发，以极高的运算速度和强大的渲染插件著称，广泛用于广告、电影、工业设计等方面，它已成为许多设计师的重要技能，下面我们一起来认识 Cinema 4D。

2.1.1 拆分 Cinema 4D 操作界面

打开 Cinema 4D 软件，可以看到 C4D 的操作界面，如图 2-1 所示。下面对操作界面进行拆分讲解。

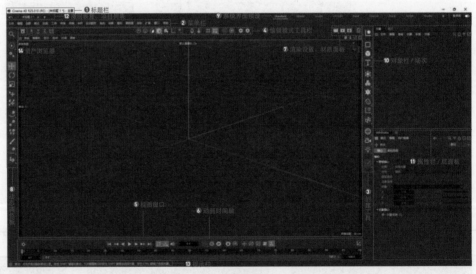

图2-1

① **标题栏**：标题栏在整个窗口的最上方，显示 C4D 的版本信息和当前文件名。

② **菜单栏**：菜单栏包括视图窗口菜单和各区域窗口菜单，它们都有各自专门用于操作管理的菜单栏。C4D 的菜单栏与其他软件类似，也会分为主菜单与子菜单，绝大部分的工具都能在菜单栏找到。

③ **创建工具**：工具栏中包括一些比较常用的基本工具，这些工具可以用于创建或编辑对象。

④ **编辑模式工具栏**：可编辑对象常用的编辑工具，可调节模型的点、线、面、UV 及网格吸附等。

⑤ **视图窗口**：C4D 的视图界面，用来显示模型与编辑对象物体的窗口，与 Photoshop 中的编辑视图窗口类似。C4D 的默认视图界面是透视图，在其中某个视图中单击鼠标中键，则可以切换到其他视图。

⑥ **动画时间轴**：动画时间轴包括时间线和动画编辑工具，可以对动画进行设置，主要用于控制关键帧时间。

⑦ **渲染设置 / 材质面板**：渲染视窗及渲染设置界面；材质编辑窗口，主要用于创建、编辑和管理材质。

⑧ **动态调色板工具栏**：控制和编辑所选对象层级的坐标参数。

⑨ **系统预设界面**：系统预设的工作界面，不同界面对应不同的操作需求，如图 2-2 所示。常用界面为：标准界面、雕刻界面、UV 界面。

图2-2

标准界面：标准界面是软件启动后显示的工作界面，是最常用的一个界面之一。

雕刻界面（Sculpt）：雕刻界面就是我们通常在雕刻时使用的界面，这个界面将雕刻时用不到的动画栏、材质栏及坐标栏全部移除，添加了雕刻工具栏和雕刻层，方便进行雕刻操作。

UV 界面（UV Edit）：当需要对对象进行展 UV 等操作时使用的界面，也常在这个界面进行贴图的绘制。

⑩ **对象栏 / 场次**

对象栏：对象栏也被称为对象管理器，主要用于管理场景中的所有对象，类似于 Photoshop 中的图层，对象管理器中也同样可以给对象分组，如图 2-3 所示。

场次：场次可以在同一个工程中切换各种动画、渲染设置、摄像机视角、材质等各种操作的切换，这种切换是非破坏性的，不会丢失场景的初始状态，如图 2-4 所示。

图2-3

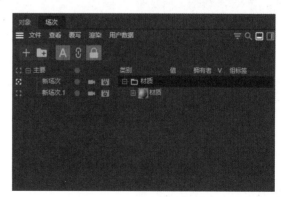

图2-4

⑪ **属性栏 / 层面板**

属性栏：属性栏也称为属性管理器，它是 C4D 中非常重要的操作界面，可以设置所选对象的所有属性参数。

层面板：层面板可以轻松地管理复杂的场景，当我们的场景中有成百上千个对象时，层管理可以让我们更轻松地管理这些对象，如图 2-5 所示。

图2-5

⑫ **撤回恢复、项目列表：** 编辑操作撤回及新建项目窗口。

⑬ **提示栏：** 提示栏会显示鼠标所在区域或工具的基本信息。

⑭ **资产浏览器：** 资产浏览器可以对项目场景的对象、材质等预设进行管理，也可以添加目录和预设库，预设库的内容可以直接在场景中使用，如图 2-6 所示。

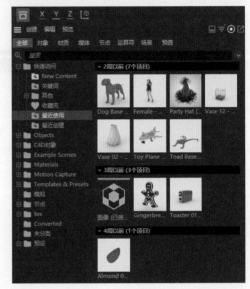

图2-6

2.1.2 自定义操作界面与保存

1. 自定义界面

依据个人工作习惯，每个人都会有自己惯用的工作界面，例如，把经常用的工具放在随手可以调用的位置上，自己熟悉的界面在很多时候是可以提高工作效率的，但是系统默认的界面不一定就刚好是我们想要的，所以就需要手动来设置界面布局。

01 执行"窗口"→"自定义布局"→"命令管理器"命令，弹出"命令管理器"窗口，搜索常用的工具，然后将其拖动到面板中，如图 2-7 所示。

02 也可以执行"自定义布局"→"新建面板"命令，再将工具拖到新面板中，拖动新面板的最左侧位置，如图 2-8（a）所示。将这个面板放置到想放的位置，当鼠标指针处出现白色高亮线时，如图 2-8（b）所示。松开鼠标即可，如图 2-8（c）所示。

03 在新添加的面板上单击鼠标右键，在弹出的快捷菜单中选择对应的选项，可以设置图标的显示、尺寸、行列及方向等，如图 2-9 所示。

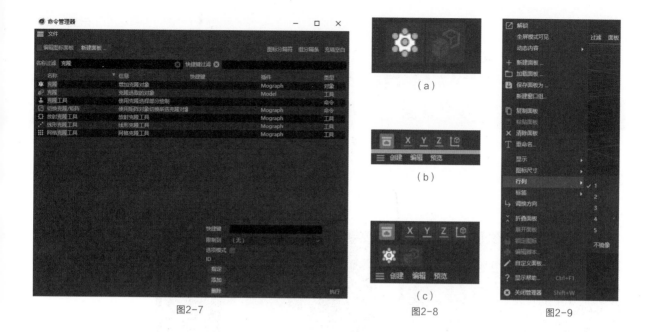

图2-7   图2-8   图2-9

2. 保存自定义界面

自定义界面布局完成后,执行"窗口"→"自定义布局"命令。下拉菜单中有"保存为启动布局"和"另存布局为"两个命令,如图2-10所示。

保存为启动布局:执行该命令,下次启动C4D软件,默认的界面就是刚刚设置的界面。

另存布局为:可以自己命名布局名称,另存后的布局可以在系统界面预设面板看到。

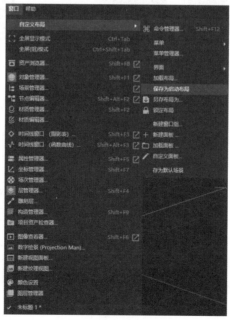

图2-10

2.2 Cinema 4D 基本操作

本节主要介绍 Cinema 4D 软件的基本操作方法，包括工程文件管理，工具栏、视图控制、对象 / 图层管理器和其他常用标签的操作方法等内容，希望读者能快速掌握。

2.2.1 工程文件管理

工程文件管理是学习一个软件时的必备技能，需要熟练掌握。

1. 文件操作

◆ 保存工程（包含资源）

保存工程文件是非常重要的，它可以将场景中的资源素材及文件打包保存，保存之后能避免资源丢失，也方便跟其他人员交接文件。工程文件保存后，如果有纹理的，在文件夹中会自动生成一个名为 "tex" 文件夹，如图 2-11 所示。

保存工程文件方法：执行 "菜单栏" → "保存工程（包含资源）" 命令，在弹出的 "保存文件" 对话框中选择文件保存路径，并给文件命名，单击 "保存" 即可。

◆ 增量保存

通俗地说，增量保存就是在原来保存的基础上保存新增加的内容，执行方式如图 2-12 所示。需要注意的是，使用增量保存时，系统都会将当前的文件另存为新的文件，并根据保存时间按照升序自动加上编号，这样就可以保留前一个文件。

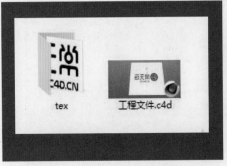

图2-11

图2-12

◆ 自动保存

打开方法：在菜单栏执行"编辑"→"设置"命令，弹出"设置"窗口，选择"文件"选项，即可找到"自动保存"选项栏，如图 2-13 所示。

在"自动保存"选项栏中，设置好自动保存及时间后，系统会自动添加一个新的文件夹并自动保存文件；设置自动保存后，当软件出现意外崩溃时，可方便找回。

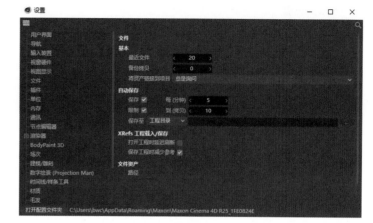

图2-13

◆ 恢复

将文件恢复到上次保存的状态。有时候对文件做了很多步操作之后，还是觉得上次保存的效果更好，就可以使用恢复功能，这样能避免关闭文件再重新打开的麻烦。

◆ 关闭文件

关闭：关闭当前项目文件；如果当前项目文件更改后未保存，将会打开一个对话框提示是否保存。

全部关闭：关闭所有打开的项目。

◆ 导出文件

将 C4D 中的场景导出为其他文件格式，以便和其他软件进行交互工作。

2. 系统设置

打开方法：在菜单栏中，执行"编辑"→"设置"命令，弹出"设置"窗口，如图2-14所示。

老白提醒

系统设置的所有选项，都必须重启软件才会生效。

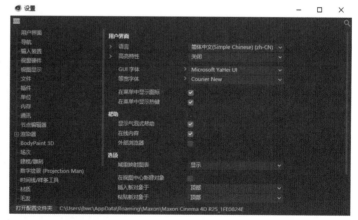

图2-14

◆ **用户界面**

语言：可设置 C4D 界面显示的语言。

老白提醒

C4D默认的是英文显示，如果想要显示其他语言，则在安装软件时选择相应的语言版本，安装完成后，才会出现对应语言的选项。

界面：设置 C4D 界面的亮色调或暗色调。

GUI 字体：设置 C4D 界面的字体，可以自主选择计算机中的字体；单击 GUI 字体后的黑色下拉三角，可设置界面字体大小。

显示气泡式帮助：勾选该选项后，鼠标指针悬停在某个图标时，会有气泡式的信息框显示该图标的帮助信息，如图 2-15 所示。

在菜单中显示图标：默认为启用状态，启用后，菜单中的工具名称前会显示该工具的图标，如图 2-16 的左侧所示。

在菜单中显示热键：默认为启用状态，启用后，菜单中的工具名称后会显示该工具的快捷键，如图 2-16 的右侧所示。

图2-15

图2-16

◆ **输入装置**

数位板：启用后，C4D 可识别数位板，数位板可以方便雕刻也可以在画材质时使用，相关参数设置界面如图 2-17 所示。

图2-17

2.2.2 动态调色板

工具栏中是 Cinema 4D 中的一些常用工具，大家可以单击工具对应的图标进行工具的选择，如图 2-18 所示。

图2-18

1. 命令查找工具

通过搜索，快捷调出命令，如图 2-19 所示。

2. 选择过滤

在场景复杂时，筛选选择对象来进行精准选择，如图 2-20 所示。

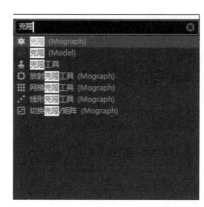

图2-19

图2-20

3. 选择工具

选择工具的下拉列表中有多种不同的选择工具供大家使用，如图 2-21 所示。当对象为不可编辑时，选择工具只能选择整个对象；当对象为可编辑状态时，选择工具可选择整个对象，也可选择对象的点、线、面。

除了在选择工具下拉列表中显示的以外，在菜单栏"选择"的下拉菜单中，也有其他类型的选择工具，如图 2-22 所示。

图2-21

图2-22

◆ **实时选择**

快捷键为数字 9，实时选择即直接选择，当使用实时选择工具时，鼠标指针显示为圆形，如图 2-23 所示，实时选择工具属性面板中可设置工具选项，如图 2-24 所示。

尺寸：设置实时选择画笔的尺寸。也可在视图中按住鼠标中键上下或左右移动来调整画笔的尺寸大小，上移或右移可调大尺寸，下移或左移可调小尺寸。

仅可见：启用后，只能选择视图中不被遮挡的元素，即使在线框模式下可以看到背面的元素，也不会选择到背面元素；禁用后，可选择视图中的所有元素，即使是被其他元素所遮挡的元素。

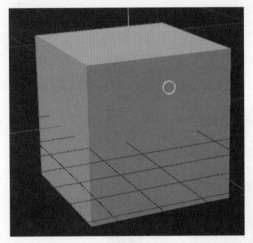

图2-23   图2-24

容差选择：此选项适用于边和多边形模式。启用后，选择工具只要触碰到的元素就会被选择；禁用后，选择工具需触碰到边或多边形面积的 75% 以上才会被选择。

◆ **框选**

框选即矩形选择，当使用框选工具时，鼠标指针显示为矩形，如图 2-25 所示，属性面板中可设置工具选项，如图 2-26 所示。

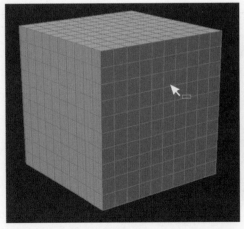

图2-25   图2-26

启用：点模式下激活柔和选择功能；启用柔和功能后，选择区域与未选择区域之间会有一个平滑的过渡。在建模中调整点、线、面时，适当使用柔和选择，可以减少一些操作步骤，提高工作效率。启用和禁用柔和选择的对比效果如图 2-27 所示，为了方便观察，图中将所选区域移动了 30cm。

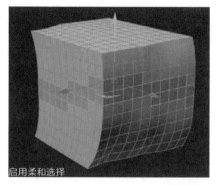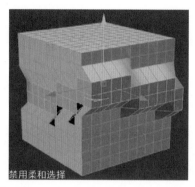

图2-27

预览：默认为启用状态；启用后，柔和选择区域将显示为黄色预览，能让我们更直观地看到柔和选择区域，如图 2-28 所示。

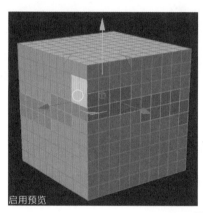

图2-28

表面：启用后，柔和选择的区域只在所选的对象表面，而不是半径中定义的三维空间的半径，如图 2-29 所示。

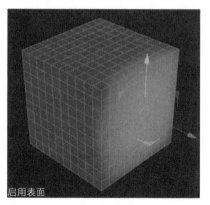

图2-29

橡皮：启用后，选定的柔和元素在移动、缩放、旋转时，效果像橡皮。通常情况下，强度值数值较低的时候，橡皮效果会更佳。

限制：启用后，操作只会对所选元素生效，不会影响到旁边的元素。

衰减：设置柔和选择的不同类型。

◆ 套索选择

套索选择可以自由绘制选择区域；按住鼠标左键拖动，围绕要选择的元素绘制一个区域，如图 2-30 所示，释放鼠标左键后该区域内的元素会被选中，如图 2-31 所示。

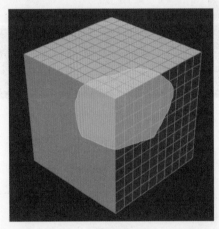

图2-30

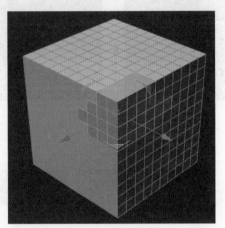

图2-31

◆ 多边形选择

利用鼠标绘制一个多边形区域，该多边形区域内的元素会被选择，如图 2-32 和图 2-33 所示。

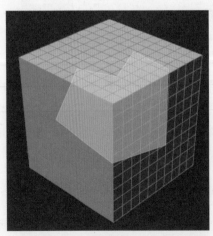

图2-32

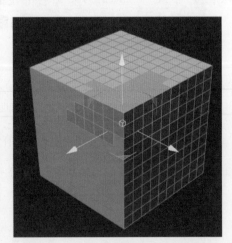

图2-33

◆ **循环选择**

快捷键为 U~L，循环选择可以自动选取一圈循环的点、边或面，如图 2-34 所示。

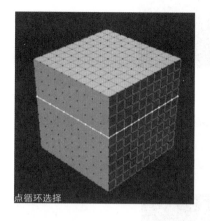
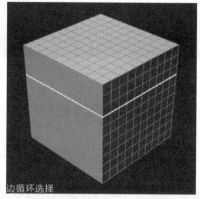
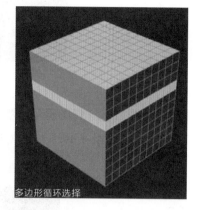

图2-34

◆ **环状选择**

快捷键为 U~B，类似于循环选择，只是环状选择的是宽环形的元素，如图 2-35 所示。

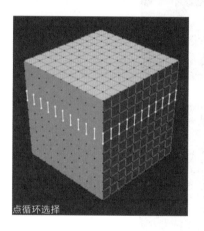
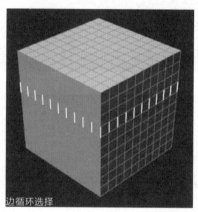
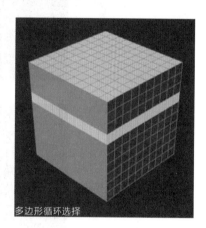

图2-35

◆ **轮廓选择**

快捷键为 U~Q，当多边形对象是一个开放的模型时，使用该工具会自动选择它的边界轮廓，如图 2-36 所示。

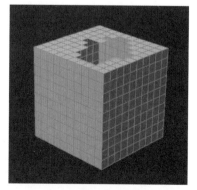

图2-36

◆ **填充选择**

快捷键为U~F，填充选择大多数情况会和其他选择工具搭配使用，使用时会自动填充当前边选区，再选择填充的所有面，如图2-37所示。

◆ **路径选择**

快捷键为U~M，路径选择只在点、边模式下生效，路径选择时会沿着绘制的路径进行选择，绘制时按住鼠标左键移动即可，如图2-38所示。

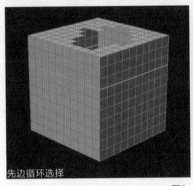

先边循环选择

然后填充选择

图2-37

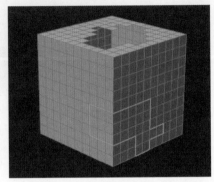

图2-38

4. 移动工具

快捷键为E，将选择的对象或元素沿着x、y、z轴移动到其他坐标；在移动工具下，按住鼠标中键并移动鼠标，则可以将对象移动到任意位置。

5. 缩放工具

快捷键为T，调整选择的对象或元素的大小；缩放对象或元素时，按住Shift键，可以每次10%的比例进行缩放，如图2-39所示。10%的缩放比例可在"建模设置"中修改，在编辑模式工具栏中打开建模设置，或执行"模式"→"建模"命令，打开"建模设置"对参数进行修改，如图2-40所示。

6. 旋转工具

快捷键为R，将选择的对象或元素沿着x、y、z轴旋转；旋转对象或元素时，按住Shift键，可以每次10°的角度进行旋转，如图2-41所示（10°旋转间隔在建模设置中修改）。

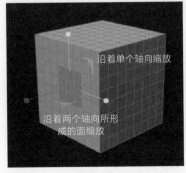

图2-39

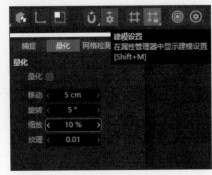

图2-40

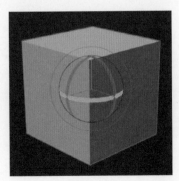

图2-41

2.2.3 视图控制

按 F5 键（或在视图中单击鼠标中键）可同时打开 4 个视图窗口，默认第一个窗口是透视视图，其他 3 个窗口均为二维视图，每个窗口都有自己独立的显示设置，如图 2-42 所示。

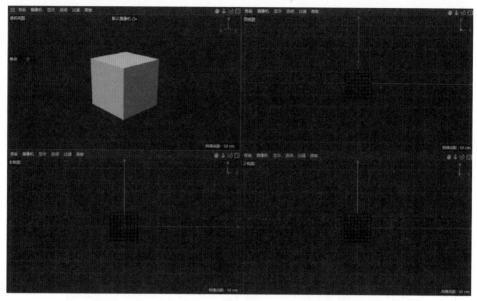

图2-42

1. 视图操作

◆ **移动摄像机**

移动摄像机即平行移动视图，操作方法有 3 种。

- 按住移动摄像机图标，移动鼠标。
- 按住键盘数字 1，移动鼠标。
- 按住 Alt 键，同时按住鼠标中键移动鼠标。

◆ **缩放摄像机**

缩放摄像机即放大缩小视图，操作方法有 4 种。

- 按住图标，移动鼠标。
- 按住键盘数字 2，移动鼠标。
- 按住 Alt 键，同时按住鼠标右键移动鼠标。
- 鼠标滚轮缩放。

◆ **轨道摄像机**

轨道摄像机即旋转视图方向，操作方法有 3 种。

- 按住图标，移动鼠标。
- 按住键盘数字 3，移动鼠标。
- 按住 Alt 键，按住鼠标左键移动鼠标。

◆ **切换活动视图**

切换活动视图即在透视视图或二维视图间切换，操作方法有 3 种。

- 在视图上方单击切换图标。
- 在视图中单击鼠标中键。
- 使用快捷键：F1 键为透视视图，F2 键为顶视图，F3 键为右视图，F4 键为正视图。

2. 视图菜单

视图菜单包括查看、摄像机、显示、选项、过滤、面板等内容，下面我们来一一进行讲解。

◆ 查看

查看下拉菜单中的各项命令如图 2-43 所示。

撤销视图：快捷键为 Ctrl+Shift+Z，在对视图进行平移、推拉、旋转后，可撤销之前的操作。

重做视图：快捷键为 Ctrl+Shift+Y，撤销视图操作后，重做视图才会被激活，即撤销操作后再重新操作。

恢复默认场景：将视图恢复成刚打开 C4D 软件时的视图窗口。也可以按快捷键 V，执行"摄像机"→"恢复默认场景"命令，来进行恢复，如图 2-44 所示。

图2-43　　　　　　　　　　　　　　图2-44

重绘：渲染当前活动视图后，单击重绘刷新视图。

框显全部：让场景中包括灯光和摄像机在内的所有对象都居中显示在视图窗口中，如图 2-45 所示。

框显几何体：快捷键为 H，让场景中除了灯光和摄像机之外的所有对象都居中显示在视图中，如图 2-45 所示。

图2-45

框显选取元素：快捷键为 S，当选择对象为可编辑对象时，框显选取元素才会被激活；执行操作后，所选元素（包括对象、点、边、多边形）居中显示在视图中，如图 2-46 所示。

框显选择中的对象：快捷键为 O，执行操作后，所选的对象居中显示在视图中，如图 2-46 所示。

原始视图　　　　　　　　选择多边形执行框显选取元素　　　　选择对象执行框显选择中的对象

图2-46

镜头移动：对象和摄像机位置保持不变，改变摄像机的取景框，不会对物体的透视造成影响，如图 2-47 所示。

图2-47

镜头缩放：全屏显示框选区域。

镜头推移：以画面中心为基准推拉镜头。

3D 连接：控制外接 3D 鼠标设备的开关和模式，拉动滑块可以调节 3D 鼠标的灵敏度，如图 2-48 所示，3D 鼠标可以实现对三维模型或摄像机视图的同步旋转、平移和缩放，是一种灵敏高效的新型产品。

图2-48

送至图像查看器：将当前视图窗口内容在图像查看器中生成图片。

发送到 Magic Bullet Looks：除了在视图的查看窗口调用，也可以在渲染设置 - 效果中选择，如图 2-49 所示，以及在图像查看器 - 查看 - 送至 Magic Bullet Looks 调用，如图 2-50 所示。Magic Bullet Looks 有多种滤镜预设可以调用，也可以导入 lut 或者自定义色彩校正、胶片颗粒、色差等，如图 2-51 所示。

图2-49

图2-50

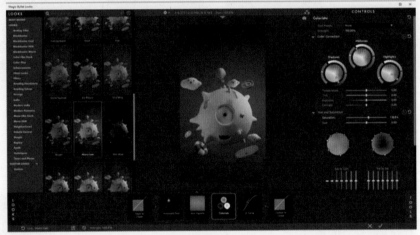

图2-51

作为渲染视图：启用后，则渲染视图时将启用当前选中的视图；例如，将透视图作为渲染视图后，即使当前操作视图为顶视图，渲染出来的视图依然是透视视图的效果，如图 2-52 所示。

将透视图作为渲染视图

在其他视图进行操作，渲染结果为设置的视图

图2-52

配置视图： 配置当前视图的可查看内容、过滤内容、安全框等信息，如图 2-53 所示。

配置相似： 配置相似会将透视视图一同配置，正视图、右视图等一同配置，如图 2-54 所示。

配置全部： 同时设置所有视图的信息，如图 2-55 所示。

图2-53

图2-54

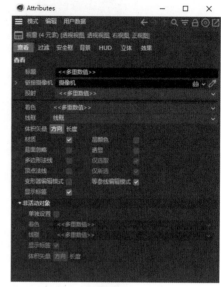

图2-55

◆ 摄像机

摄像机中有多种视图角度的切换，系统提供了透视视图、平等视图、左视图、右视图、正视图、背视图、顶视图、底视图等各个摄像机角度，方便从各个角度查看场景对象，如图 2-56 所示，各个角度查看场景对象的效果如图 2-57 所示。

图2-56

图2-57

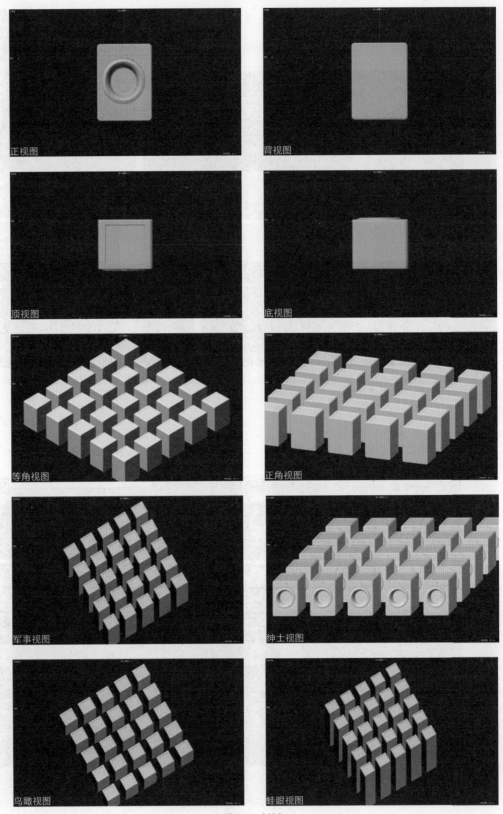

正视图　　背视图

顶视图　　底视图

等角视图　　正角视图

军事视图　　绅士视图

鸟瞰视图　　蛙眼视图

图2-57（续）

◆ 显示

显示可设置视图窗口中对象的显示方式，如图2-58所示。

光影着色：视图窗口的最高质量显示模式，所有物体光源阴影都会显示。

光影着色（线条）：同光影着色，同时还会显示对象的线框。

常量着色：仅显示纯色，没有任何明暗变化。

常量着色（线条）：同常量着色，同时还会显示对象的线框。

以上4种显示方式效果对比如图2-59所示。

图2-58

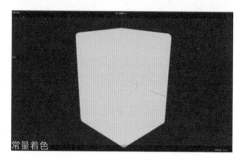

图2-59

◆ 选项

设置对象、材质、阴影等在场景中的显示/隐藏，以及一些配置设置，如图2-60所示。下面以纹理为例，其他的对象显示设置都是类似的。

启用材质后，在视图窗口中可以看到对象材质；禁用后，在视图窗口中对象材质被隐藏。这里的选项设置，只是对视图窗口的显示设置，不会影响到渲染结果，对比效果如图2-61所示。

图2-60

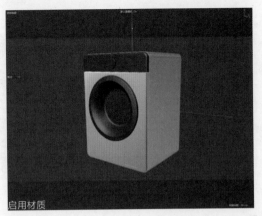
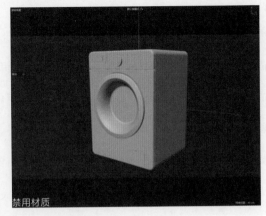

图2-61

◆ 过滤

过滤器菜单中可以选择在视图窗口中显示或隐藏哪些类型的对象，默认情况下，所有类型都会启用并显示，如图 2-62 所示。

◆ 面板

面板中可设置或切换不同的视图窗口的显示，如图 2-63 所示。

排列布局：可设置视图窗口的排列模式，可选择单个视图或多个视图。

新建视图面板：创建一个新的浮动视图窗口；除了在面板中新建视图面板外，还可以在执行"窗口"→"新建视图面板"命令，如图 2-64 所示。

图2-62   图2-63   图2-64

2.2.4 编辑模式工具栏——模型编辑

编辑模式工具栏主要用于对模型进行各种编辑操作,工具栏和主要工具名称如图2-65所示。

图2-65

1. 锁定 / 解锁 x、y、z 轴工具

限制对象或元素的运动轴向。例如,仅允许沿 x 轴移动,则启用 x 轴,并禁用 y 轴和 z 轴,则使用移动工具进行拖动时,对象只会沿着 x 轴移动。

2. 坐标系统工具

坐标系统工具包括对象坐标与世界坐标。单击对象坐标图标后,切换为世界坐标;再单击世界坐标,则会切换回对象坐标。

对象坐标系统工具:对象或元素沿着自身的 x、y、z 轴而改变。

世界坐标系统工具:对象或元素沿着世界的 x、y、z 轴而改变。

3. 点模式

编辑对象的点元素,被选择的点会以高亮显示,如图 2-66 所示。

4. 边模式

编辑对象的线元素,被选择的线会以高亮显示,如图 2-67 所示。

5. 多边形模式

编辑对象的面元素,被选择的面会以高亮显示,如图 2-68 所示。

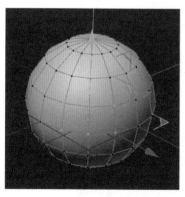

图2-66

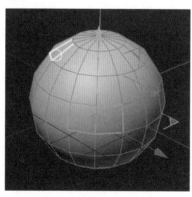

图2-67

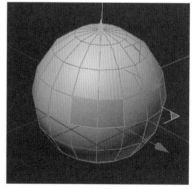

图2-68

6. 模型模式

模型模式的下拉列表中有3种模式类型，下面进行具体介绍。

模型模式： 当对象为参数对象时，选择模型模式只能让参数对象等比缩放。

对象模式： 当对象为参数对象时，选择对象模式能让参数对象不等比缩放。

动画模式： 动画模式下，可以移动、缩放或旋转活动对象的整个动画路径。

7. 纹理模式

当场景中有纹理材质，并且想要对纹理进行移动、缩放或旋转操作时，可以使用纹理模式。

8. 启用轴心

默认为禁用状态，若启用这个工具，移动时会移动对象的坐标轴，而不会移动对象位置。常用于手动调整对象坐标轴心，如图2-69所示。需要注意的是，调整轴心位置的对象必须为可编辑对象，参数对象无法调整轴心位置。

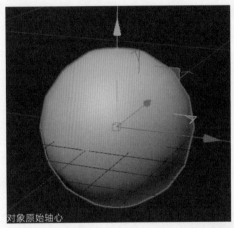 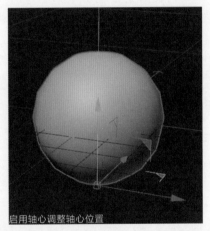

图2-69

调整轴心位置时，也可以配合轴对齐命令使用，该命令可以在系统面板预设Model下的轴对齐面板使用，如图2-70所示。

这个命令和启用轴心的作用相同，它能帮助我们自动对齐坐标轴位置。勾选包括子级，子级的坐标系统也会被对齐；勾选使用所有对象，当有多个子级时，父级的坐标系统会在这些子级的坐标中心。

图2-70

9. UV 编辑模式

在系统界面预设切换到 UV Edit 界面时，选中物体的点 / 线 / 面，激活 UV 编辑模式后，改变模型的 UV 信息而不会改变模型本身。

10. 启用捕捉

启用或禁用捕捉，启用后靠近目标时可自动吸附对齐，方便进行一些对齐操作，如图 2-71 所示。

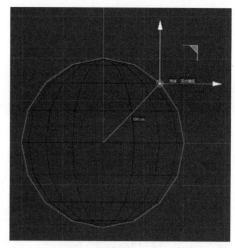

图2-71

11. 建模设置

可以在编辑模式工具栏中直接单击调用，也可以在属性管理器中将模式选择为建模调用，或通过快捷键 Shift+M 调用。该工具有点线面的捕捉、属性改变值的量化约束以及检测特殊构造的整合功能，配合建模使用可以建造出更规范的模型。

12. 工作平面

启用后可以挪动工作平面位置。

13. 锁定工作平面

单击该工具可以切换不同的工作平面，常用的是轴心工作平面。

14. 软选择

在点线面模式下，激活后开启柔和选择。

15. 轴心和软选择

点线面模式下，调出轴心和软选择面板可以改变被选点线面的轴心位置，以及开启柔和选择。

16. 视窗独显

这个功能算是比较实用的，在大型或复杂的场景中，当对象特别多，或者当前对象被其他对象遮挡时，独显可以只显示当前对象，隐藏其他的对象。

关闭视窗独显：当设置了独显后，关闭独显可以让场景中所有可见对象全部显示。

视窗单体独显：除了当前选择的对象以外，其他所有的对象全部被隐藏，并且层级结构不受影响，所选对象的父级或子级也会被隐藏。

17. 视窗独显自动

该工具下有两个选项,如图2-72所示。

视窗层级独显:显示当前所选对象,以及当前对象的子级,当前对象的父级也会被隐藏。

视窗独显自动:启用后,选择对象时,将自动定义选择对象的可见性(独显类型由前面的设置来决定);禁用后,选择其他对象时,独显不会实时变化,需要手动重新设置独显。

图2-72

关闭视窗独显、视窗单体独显、视窗层级独显的显示效果如图2-73所示。

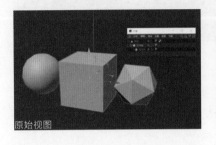
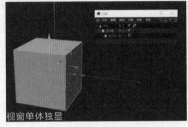
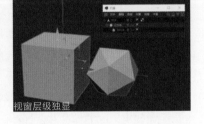

图2-73

2.2.5 对象 / 图层管理器

1. 对象管理器

对象管理器类似于Photoshop中的图层,Cinema 4D工程中所有的对象都会在这里出现,如图2-74所示。

◆ 文件

"文件"下拉菜单中各个命令如图2-75所示。

图2-74 图2-75

合并对象:可以加载DXF、AI路径等对象信息的文件,文件中的对象、材质将被加载到当前场景中;这里的合并对象和Cinema 4D主菜单栏中的合并对象具有相同的功能。

保存所选对象为:将选定的对象保存为另外一个文件;这里的保存所选对象为和Cinema 4D主菜单栏中的合并对象具有同样的功能。

导出所选对象为:将选定的对象导出为其他格式,以便与其他软件进行交互操作。

◆ **查看**

"查看"下拉菜单中各个命令如图2-76所示。

设为根部：将选择的对象设为根部，对象栏中只显示该层下的子对象。

转到主层：使用设为根部隐藏其他对象后，转到主层可让对象栏中显示所有对象。

转到第一激活对象：转到最上层选择的对象图层。

◆ **项目管理**

项目管理包括搜索、路径栏、筛选和取消停靠副本4个内容，单击图标，就会出现相对的内容，如图2-77所示。

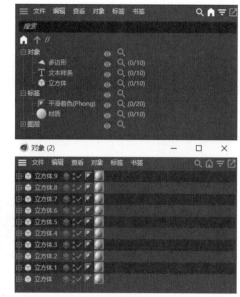

图2-76

图2-77

搜索 ：可以根据对象名称搜索项目中的对象；若要退出搜索结果，再次单击搜索栏后方的 关闭搜索结果即可，搜索的演示过程如图2-78所示。

图2-78

筛选 **≡**：如果场景中对象较多的话，可以通过过滤器来进行一些简单的操作。右击对象，选择某类型的全部对象，即可将项目中的同类型对象全部选中，便于做其他的操作，以图2-79所示为例，选择全部'文本样条'，那么项目中的全部球体对象将被选中。

取消停靠副本 **⬀**：新建一个对象管理器。

◆ 对象管理器

对象管理器中的对象呈树形层级结构，在 Cinema 4D 中，这被称为父子级，如图2-80所示。

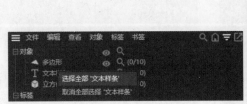

图2-79　　　　　　　　　　　　　　图2-80

对象层级操作如图2-81所示。

图2-81

▦：将对象拖动作为其他对象的平级。**▦**：在按住 Ctrl 键的同时，拖动鼠标，创建对象副本。**▦**：拖动对象作为另一个对象的子级。**▦**：创建一个对象的副本作为另一个对象的子级或者将材质赋予该对象。**▦**：移动标签，作为另一个对象的标签。**▦**：在按住 Ctrl 键的同时，将当前标签拖动到另一个对象的标签栏，将当前标签复制成另一个对象的标签。**▦**：提示当前操作不可用。

指定层 **▮**：显示分配的层颜色，灰色为未分配层。

对象编辑/渲染的开启/关闭 **⁝**：上面的点控制对象在编辑器中的可见性，下面的点控制对象在渲染器中的可见性。绿色为开启可见，即可见；红色为关闭可见，即隐藏；这里和对象属性中的编辑器可见是同样的功能。

对象开启/关闭 **▮**：这个仅在对象为参数化对象时带有，勾表示启用对象，叉表示禁用对象。

标签 **▨**：C4D 的对象可以带有很多标签，每个标签都有自己的功能；标签也可以加入层，带颜色角标的即为加入层的标签，没带颜色角标的即为未分配层的标签。

2. 图层管理器

图层管理器通过为图层分配一个自定义颜色来将图层区分开，可以自由地进行显示、隐藏、锁定等操作，如图2-82所示。

	文件	编辑	查看							
名称		独显	查看	渲染	管理	锁定	动画	生成器	变形器	表达式
测试层		●	⬚	▦	⬚	⬚	⬚	⬚	⬚	▼
透明		●	⬚	▦	⬚	🔒	⬚	⬚	⬚	▼
图层		●	⬚	▦	⬚	⬚	⬚	⬚	⬚	▼
图层		●	⬚	▦	⬚	⬚	⬚	⬚	⬚	▼

图2-82

当处理一个有很多图层的场景文件时，图层管理器可以轻松地统一管理这些复杂的场景。让你快速地找到你要的对象，可以避免项目文件变得杂乱无章。要记住，花时间管理图层是非常有必要的，否则后续查找对象，修改文件会浪费更多的时间。图2-83所示为进行层管理前后的对比效果。

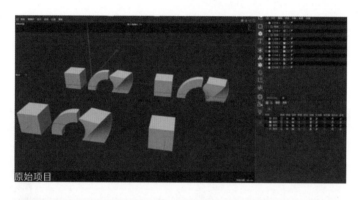

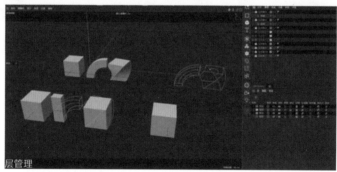

图2-83

给项目分配图层的3种方法。

● 打开图层管理器，在空白处双击，创建图层，将图层拖到对象层上。

● 创建图层后，直接将对象层拖到图层上。

● 右击对象层，在弹出快捷菜单中选择"加入新层"或"加入到层"命令。

___老白提醒___
子对象不会继承父级的图层属性。例如，隐藏父对象的图层，子对象不会被隐藏（前提是对象与父图层不在同一图层上）。

◆ 层

"层"下拉菜单中的命令如图 2-84 所示。

新建层：创建一个新的图层；创建新层的另外一个方法是在图层管理器的空白区域双击，每个新建的图层都随机分配了颜色。

从选取对象新建层：创建一个新的图层并将这个图层分配给对象管理器中被选定的对象。

合并层：将多个层合并为一个新层，对旧层的所有操作如隐藏锁定等会归位为默认状态，需要重新管理。

图2-84

增加对象到层：选中对象和层，将对象添加到层。

合并图层预设：打开计算机中保存的图层设置文件。

将图层预设保存为：将当前文件的图层配置和状态另存为新的图层设置文件。

◆ 编辑

"编辑"下拉菜单中的命令如图 2-85 所示。

删除：删除选定的图层；删除图层更便捷的方法是按 Backspace 键或 Delete 键。

全部删除：删除图层管理器中的所有图层，删除所有图层后所有对象层将不再被图层控制。

删除未使用的图层：删除所有没有对象的图层。

全部选择 / 取消选择 / 反向选择：针对层的选择，配合从层选择命令使用。

图2-85

从层选择：从对象管理器中选择分配了此图层的所有对象层。

◆ 查看

"查看"下拉菜单中的命令如图 2-86 所示。

"查看"下拉菜单中的命令和图层后的图标命令都是相对应的，所以我们一般习惯直接在图层上做修改，如图 2-87 所示。这里可以设置图层项目的开关。

全部折叠 / 全部展开：针对层的父子级命令。

独显：对象栏中只显示分配了此图层的对象。

查看：视图窗口中，设置对象可见或不可见。

渲染：渲染时，设置对象可见或不可见。

图2-87

图2-86

管理器：对象栏中，设置对象层显示或隐藏。

锁定：锁定图层对象，锁定后的对象不能被选择，也不能进行任何操作。

动画：打开或关闭图层项目的动画，关闭后，对象的运动轨迹将不会被播放。

生成器：打开或关闭生成器，关闭后，生成器将不再对图层上的对象产生影响。

变形器：打开或关闭变形器，关闭后，变形器将不再对图层上的对象产生影响。

2.2.6 常用标签

1. SDS 权重

SDS 权重标签为细分曲面建模时用到的标签，它可以在不改变模型布线的情况下，减少细分曲面对模型的细分级别。这个权重是在边上的，我们必须选中边，然后在按住键盘上的"。"键的同时往右拖动，可减少细分曲面，并且自动生成 SDS 权重标签，如图 2-88 所示。

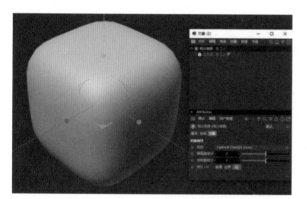 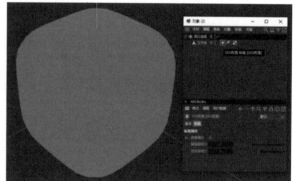

未设置SDS权重时，细分曲面效果及SDS权重信息

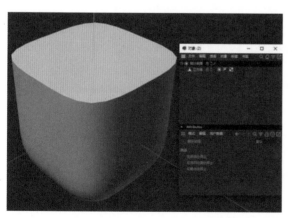 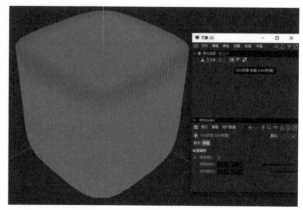

设置SDS权重后，细分曲面效果及SDS权重信息

图2-88

2. XPresso

XPresso 也称为表达式，简单来说就是代码，但是 Cinema 4D 中的 XPresso 把代码快速化、简单化了，我们只需要理清逻辑关系，就能让对象 A 操作控制对象 B。通常情况下，XPresso 更适用于动画，它能让我们在操纵动画时更省时省心。当然 XPresso 不是必需的，它只是让我们提升效率的一个手段而已。

如图 2-89 所示，通常情况下，圆锥不管有什么动作，和立方体都是没关系的。

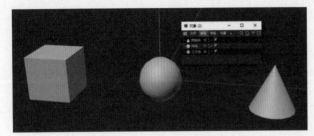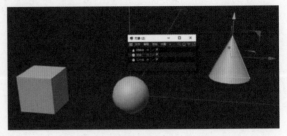

图2-89

但是如果给圆锥和中间立方体加上了 XPresso，如图 2-90 所示，对象标签处会增加 标签，如图 2-91 所示，此时，圆锥在有动作时，就可以根据 XPresso 规则带动中间立方体，如图 2-92 所示。

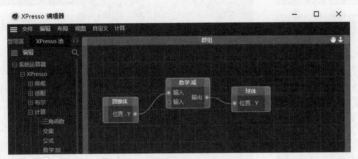

图2-90　　　　　　　　　　　　　　　图2-91

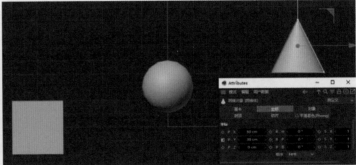

图2-92

3. 保护标签 保护

保护标签用于锁定或者限制对象的位置、缩放、旋转信息。添加保护标签后，默认锁定PSR，物体坐标轴变灰，添加保护标签前后坐标轴变化如图2-93所示；保护标签的标签属性可以用来设置对象需要保护的参数，如图2-94所示。

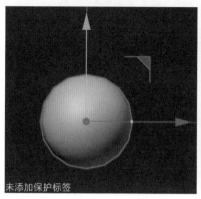
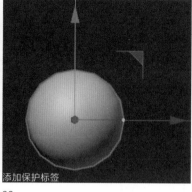
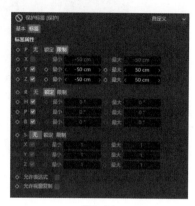

图2-93

图2-94

4. 合成标签

渲染标签中的合成标签在 Cinema 4D 中是比较常用到的标签，方便我们排除一些选项，或者分层输出以便做后期调整。

◆ 标签

合成标签的标签属性可以用来设置相应的标签参数，如图 2-95 所示。

投射投影：设置物体是否投射投影。

接收投影：设置物体是否接收其他物体产生的投影。

本体投影：设置物体暗部过渡，当投射投影禁用时，本体投影也将自动关闭。

摄像机可见：设置物体是否被渲染。例如，我们给物体添加一个自发光材质，让这个物体作为一个环境光，但是并不想在渲染时把这个自发光渲染出来，启用摄像机可见就能让自发光在渲染时被隐藏，此时启用和禁用摄像机可见的效果对比如图 2-96 所示。

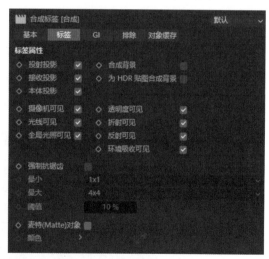

图2-95

启用摄像机可见

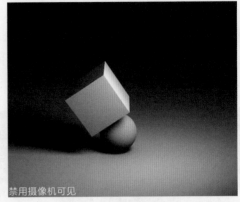
禁用摄像机可见

图2-96

光线可见：设置射线是否被计算出来，如反射或折射。

全局光照可见：设置是否计算 GI 全局光照。

合成背景：将对象的材质纹理作为背景与地面衔接在一起。

透明度可见：设置透明度是否可见。

折射可见：设置物体的折射是否可见。

反射可见：设置物体的反射是否可见。

环境吸收可见：设置物体环境吸收是否可见。

◆ **对象缓存**

对象缓存可以给场景对象分层抠图，设置对象缓存的步骤如下。

01 在"对象缓存"选项卡中，启用对象缓存，并设置好缓存数值，如图 2-97 所示。

02 打开"渲染设置"窗口，勾选多通道，并且单击多通道渲染，选择对象缓存，如图 2-98 所示。

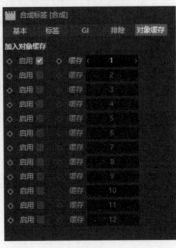
图2-97

图2-98

03 在"对象缓存 忽略"选项栏下，输入群组 ID，此群组 ID 要和合成标签中的缓存 ID 相互对应，如图 2-99 所示。

04 在图像查看器中，我们可以从"层"中看到分出来的"对象缓存 1"，如图 2-100 所示。

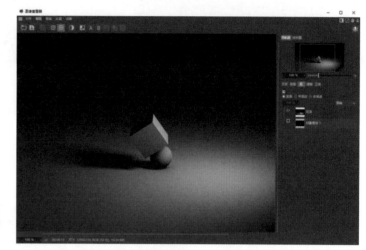

图2-99

图2-100

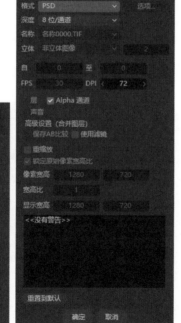

图2-101

05 右击图片，选择将图像另存为，注意选择带分层的 PSD 格式，勾选 Alpha 通道，单击"确定"按钮，如图 2-101 所示，即可看到刚才添加的"对象缓存1"在通道中了，如图 2-102 所示。

图2-102

5. 对齐曲线

对齐曲线可以让对象沿着指定的路径移动，要实现沿路径移动的效果，对齐曲线比手动记录关键帧方便得多。如图 2-103 所示，给物体对象添加对齐曲线标签，然后将样条拖到曲线路径中即可。

图2-103

切线： 类似于对齐路径的效果，即物体的轴向与圆环的切线方向始终保持一致，启用切线的前后效果如图2-104所示。

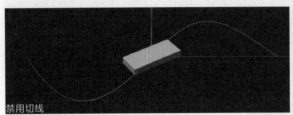

禁用切线

启用切线

图2-104

位置： 设置物体在曲线上的位置。

分段： 当单个样条线包含多个分段时，可以设置物体沿着哪个分段的路径移动，如图2-105所示。

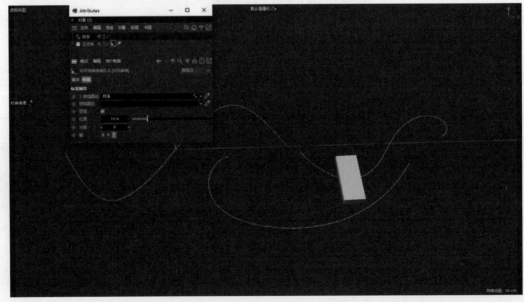

图2-105

轴： 切线启用时，轴才会被激活，可以设置物体的哪个轴沿着路径切线方向移动。

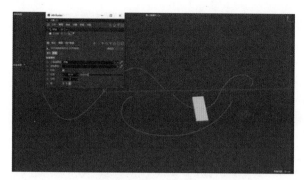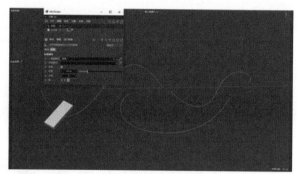

图2-105（续）

6. 平滑着色

平滑标签的可以让模型在视觉上平滑过渡，我们主要会通过平滑着色（Phong）角度来控制平滑，不同平滑着色（Phong）角度的效果如图2-106所示。

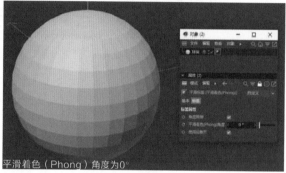

平滑着色（Phong）角度为40°　　　　　平滑着色（Phong）角度为0°

图2-106

7. 显示

显示主要用来设置对象在视图窗口中的显示方式，有利于操作，如图2-107所示。

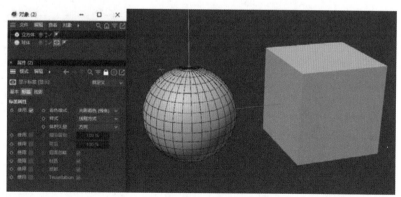

图2-107

8. 目标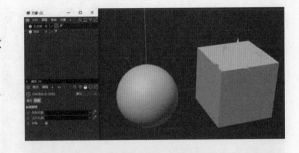

通过目标设置可以让对象的 z 轴朝向指定物体，注意要将目标物体拖入"标签"选项栏下的"目标对象"中，设置目标后，当目标移动时，对象的 z 轴朝向也会跟着转动，设置过程和效果变化如图2-108所示。

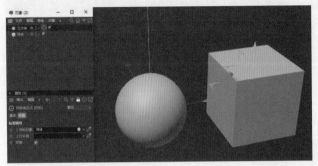
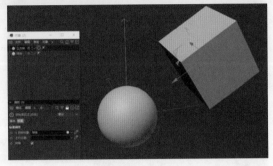

图2-108

9. 限制

限制可以将变形器的效果限制为选定的元素。限制可以设置6个不同的选项，并在不同情况下自定义变形强度，其中几种不同的设置效果对比如图2-109所示。

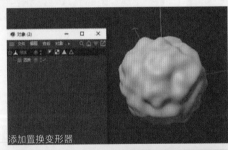
添加置换变形器

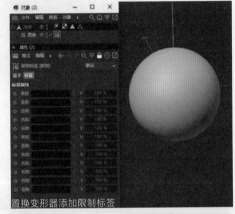
置换变形器添加限制标签

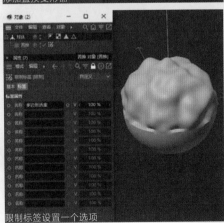
限制标签设置一个选项

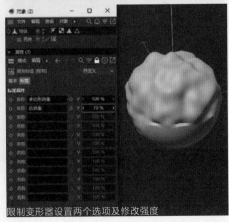
限制变形器设置两个选项及修改强度

图2-109

03

建模工具入门

学习 Cinema 4D，建模是比较基础
的知识点，而在这个基础之上，对建
模工具的学习是重中之重。本章先熟
悉简单的基础工具，尝试去理解它们
的一些基础参数。

3.1 空白与转为可编辑对象

—
3.1.1 空白

空白即为空白组，作为一个虚拟对象，新建的空白一般位于世界中心点，可精确调整其他对象的坐标。

1. 基本

空白的"基本"参数选项卡如图3-1所示。

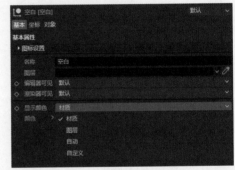

图3-1

名称：在这里可以输入对象的名称。

图层：可以指定对象分配给哪个图层。

编辑器可见：设置所选对象在视图窗口中可见或不可见。

渲染器可见：设置所选对象在渲染时可见或不可见。

显示颜色：设置所选对象在视图窗口中显示的颜色，可以显示为模型材质颜色，所属图层颜色，自动颜色和自定义颜色。

2. 坐标

空白的"坐标"参数选项卡如图3-2所示。

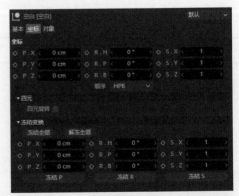

图3-2

坐标：P.X/Y/Z，表示对象相对于世界坐标的位置；如果对象在子级中，则表示对象相对于父级坐标的位置。S.X/Y/Z，表示对象的大小比例。R.H/P/B，表示对象相对于世界坐标的角度；如果对象在子级中，则表示对象相对于父级坐标的角度。

四元旋转：为物体的旋转过程寻找最短路径。例如，当物体旋转偏移一定数值到状态 A，如图 3-3 所示，这时我们旋转绿色轴在首尾打上关键帧，会发现旋转的 HPB 值都会随之改变，并且在旋转过程中物体的旋转并不像操作的那样只改变了 H 轴向，而是所有轴向都有一定程度的旋转，在勾选四元旋转后，物体会按照我们操作的那样只在 H 轴改变，默认状态、不勾选四元旋转和勾选四元旋转的后果如图 3-3 所示。

另外由于四元旋转会为物体的旋转过程寻找最短路径，当操作的旋转度数超过 180° 之后，物体会反向旋转以求最短路径。实际应用中要根据效果决定是否勾选四元变化。

 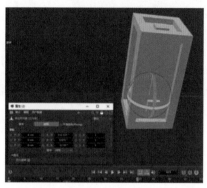 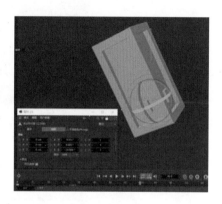

图3-3

冻结全部：将对象当前的 P、S、R 参数冻结并全部归零，这个选项在动画中应用的比较多。

解冻全部：将对象冻结的 P、S、R 参数全部恢复。

3. 对象

空白的"对象"参数选项卡如图 3-4 所示。

图3-4

半径：显示类型为圆点外的任何类型时，选项被激活。可设置显示类型的半径大小。

宽高比：显示类型为圆点外的任何类型时，选项被激活。可设置显示类型的宽高比例。

方向：显示类型为圆点外的任何类型时，选项被激活。可设置显示类型的朝向。

3.1.2　转为可编辑对象

　　Cinema 4D 的原始对象都是参数对象，它们本身没有点或多边形，当需要对对象的点、线、面进行编辑时，必须将参数对象转化为多边形对象才可以进行操作，如图 3-5 所示。

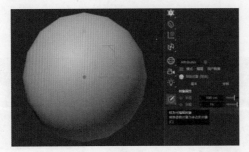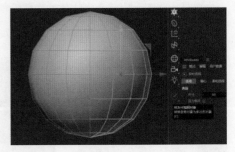

图3-5

3.2　样条曲线

　　样条曲线在 Cinema 4D 中只是线，实际上没有实体，是无法渲染出来的。但是在建模时，可以将样条曲线与生成器结合生成模型实体，还可以与变形器结合创建出生动的模型。

3.2.1　样条曲线概念

　　样条就是通过点的绘制得到的曲线，曲线的大致形态由这些点控制，我们可以使用样条曲线结合其他命令生成三维模型。样条曲线可分为参数化样条曲线和可编辑样条曲线。这些曲线工具可以利用鼠标长按创建工具中的样条工具组▣打开，如图 3-6 所示；也可以在菜单栏中执行"创建"→"样条参数对象"命令，在下拉菜单中打开，如图 3-7 所示。

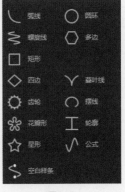

图3-6　　　　　　图3-7

3.2.2　参数化样条曲线

参数化样条曲线是 Cinema 4D 自带的样条曲线，如圆环、多边、矩形、螺旋等。通过修改参数化样条曲线的属性参数，控制样条的形状。

以圆环为例，修改对象选项卡中的参数，可以控制参数化样条的形状。勾选椭圆选项，并修改其中一个半径，就可以将原来的圆形修改成椭圆形，如图 3-8 所示，非常简单方便。

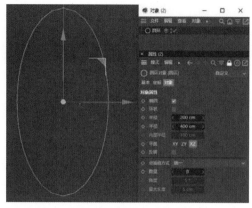

图3-8

3.2.3　绘制样条曲线

Cinema 4D 除了默认的参数化曲线外，还可以手动绘制样条曲线。绘制样条曲线用到的工具会在模型模式下显示在活动视图左侧的动态调色板中，如图 3-9 所示，手动绘制的样条曲线形状可控性更高、更灵活。

图3-9

1. 样条画笔

样条画笔是 Cinema 4D 中最常用的一种样条创建方式之一，默认创建的样条类型是贝塞尔。

在操作视图中单击即可绘制一个点，移动鼠标指针到视图中其他地方再单击，就可以创建一条直线；绘制时按住鼠标不放并拖曳，就会在控制点上出现一个手柄，灵活调整该手柄方向可以让两个控制点之间的曲线变得光滑，如图 3-10 所示。

◆ 样条属性

样条的对象属性中各参数如图 3-11 所示。

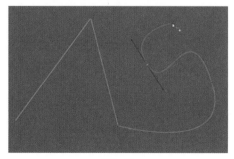

图3-10

图3-11

类型：定义样条曲线的平滑类型，单击类型选项或后面的小三角会弹出下拉列表，可以设置不同的类型，下面对各个类型进行介绍。

贝塞尔（Bezier）：默认类型，利用控制点及控制手柄来控制曲线，即画成什么样，就显示什么样。

线性：点与点之间，只会有直线，不会有曲线，就算绘制的时候添加了曲线，曲线也会无效。

立方：样条会自动计算控制点的平均值，然后得到一条光滑的曲线，绘制的曲线会经过控制点。

阿基玛（Akima）：根据控制点位置计算弧度，绘制的曲线也会经过控制点，曲线整体给人感觉比较生硬。

B- 样条：当样条上的控制点超过 3 个时，系统会自动计算控制点的平均值，生成一条平滑的线，B- 样条生成的平滑线，只有首尾两个控制点会在原来绘制的位置上，其他的点都会偏移原来的位置。

各个样条曲线类型的效果对比如图 3-12 所示。

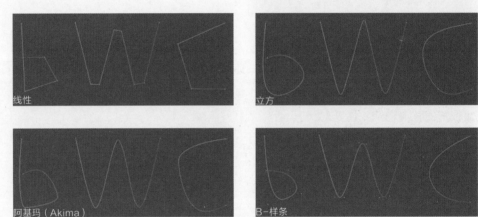

图3-12

闭合样条：勾选后，自动将样条的首尾控制点闭合；将样条闭合还有另外一种方法，在绘制最后一个控制点时，在起点位置单击，系统会自动将首尾控制点连接。闭合样条启用前后效果对比如图 3-13 所示。

图3-13

点插值方式： 定义样条曲线中间的点的分布方式。不同的点插值方式会影响我们使用Nurbs建模时的细分数，共有5种点插值方式，常用的有自动适应、统一、细分等3种。

　　无：仅定位样条的顶点处，没有中间点，控制点没有控制手柄，这种点插值方式转折比较生硬。当点插值方式为无时，样条类型无法设置曲线。

　　自然：在样条的转折处分段线较多，非转折处分段线相对较少；增加数量值可增加分段数。

　　统一：这种点插值方式无视样条本身的曲率和转折，所有分段线都是均匀的；增加数量值可增加分段数。

　　自动适应：根据样条曲线的曲率等调整分段线。样条转折处分段线较多，曲线处分段数较均匀，平直处没有分段线；减小角度值，可以增加转折处的分段数。自动适应的点插值方式渲染效果较佳，是默认的点插值方式。

　　细分：类似于自动适应，但是它不会区分曲线或直线，在所有线上都会有分段线；减小角度值可以增加点和点中间的分段线，减小最大长度值可以增加样条平直处的分段数。

　　不同的点插值方式的效果如图3-14所示。

图3-14

2. 草绘

　　按住鼠标左键不放，拖曳鼠标，鼠标指针经过的路径就是创建的样条曲线路径，这种样条创建方法比较适用于手绘板，如图3-15所示。

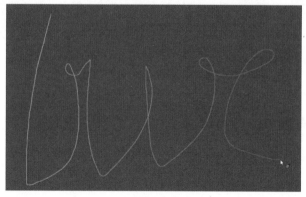

图3-15

3. 样条弧线工具

按住鼠标直接拖曳，第一段样条为直线，后面绘制的样条都会按圆形的弧度来进行绘制，圆形的参数可以通过属性来进行调节；如果第一段样条不想要直线，也可以通过样条弧线工具来将直线改为弧线，直线改弧线后，再按样条弧线的正常方法绘制后面的图形，如图3-16所示。

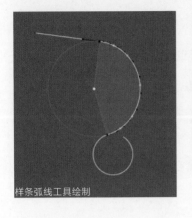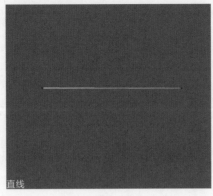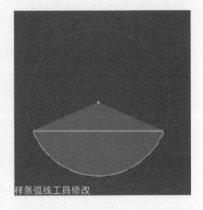

样条弧线工具绘制　　　直线　　　样条弧线工具修改

图3-16

4. 平滑样条

平滑样条可以调整样条的平滑度，通过参数可以调整平滑样条画笔的半径、强度等。在参数选项区对应的参数后，按住鼠标左键左右移动鼠标或上下移动鼠标可以调节各选项参数，如图3-17所示。

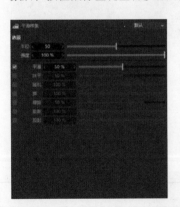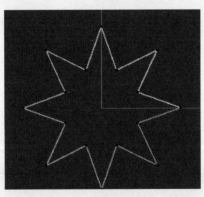

图3-17

3.2.4 导入"AI"样条

在 Illustrator 中已经绘制好的一个矢量图形，在 Cinema 4D 对象栏上方菜单栏中执行"文件"→"合并对象"命令，打开刚刚存储的 AI 文件，即可导入，如图3-18所示。

图3-18

导入的 AI 文件显示为一个 AI 生成器，它的对象属性如图 3-19 所示。

在改变 AI 源文件并保存后，单击文件路径右下方的刷新按钮，视窗中的路径会实时刷新。

层偏移：改变整个 AI 路径在 z 轴上的位置偏移。

路径分布：改变 AI 中的每一条路径在 z 轴上的位置偏移。

挤出深度：改变路径的挤压厚度。

居中 XY/ 居中 Z：勾选会使模型在世界轴心居中，取消勾选则以 AI 文件中面板的左下角为中心点对齐到世界轴心。

自动闭合：如果 AI 源文件中有未闭合的路径，勾选后会自动闭合样条。

层次结构：未勾选的 AI 文件是一个整体，勾选会把每一条路径单独分裂为一个挤压模型或扫描模型，如图 3-20 所示。

贪婪填充：将 AE 源文件的面板也作为路径挤压为模型。

扫描笔触：AI 源文件的路径描边在 C4D 中会生成一个扫描模型，通过扫描笔触下的属性可以控制扫描的厚度、宽度、圆角、生长、z 轴偏移。

样条设置：通过改变样条的点插值，影响生成模型的线段分布。

图3-19

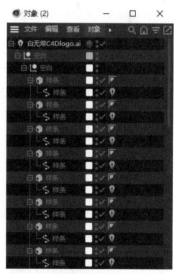

图3-20

3.2.5 样条的编辑方法

1. 平滑样条曲线

平滑样条工具 平滑样条：在样条工具组下拉列表中可以找到平滑样条工具，平滑样条可以让样条变平滑、圆润。平滑过渡时，注意调节平滑样条的强度，如图 3-21 所示。

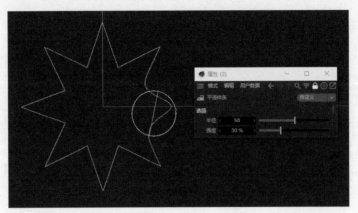

图3-21

平滑：选中样条上的控制点，在视图中空白处右击，在弹出快捷菜单中选择"平滑"命令，执行该命令，按住鼠标往右拖曳，样条上各个分段上出现更多的点，往左拖曳，可减少一些点，如图 3-22 所示；通过平滑的属性参数也可以设置平滑点的数量或样条类型，属性参数调整后，需单击"应用"按钮才会将变化应用到所选的点上，如图 3-23 所示。平滑选项中的类型仅对选择的点之间连成的线生效，不影响未选中的元素。

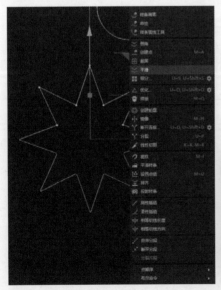

图3-22

图3-23

2. 样条手柄控制编辑

所有样条点的编辑一定要在点模式下才能进行，对象模式下是不能进行编辑的。

◆ 移动工具或画笔工具控制样条手柄

在点模式下，利用移动工具或画笔工具，拖动黑色锚点，可以控制整个手柄；按住Shift键，可以调节单侧手柄，几种情况如图3-24所示。

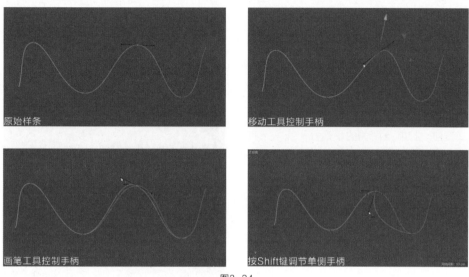

图3-24

◆ 右击工具控制样条手柄

在点模式下，在视图中空白处右击可弹出编辑手柄工具的快捷菜单，如图3-25所示。

刚性插值：收起手柄，样条转折为硬转折，执行刚性插值前后效果如图3-26所示。

图3-25

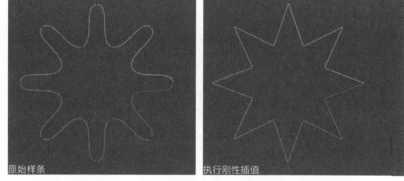

图3-26

柔性插值：出现手柄，样条为曲线转折，执行柔性插值前后效果如图 3-27 所示。

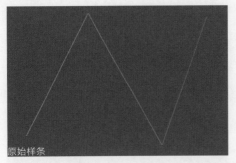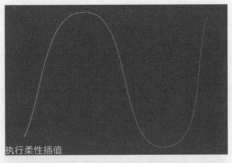

图3-27

相等切线长度：控制点两侧的手柄变为一样长度。

相等切线方向：控制点两侧的手柄打平在一条直线上。

图 3-28 所示分别为原始样条、执行相等切线长度和执行相等切线方向后的效果图。

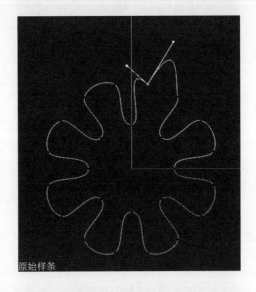

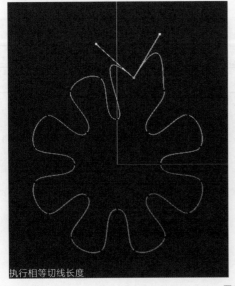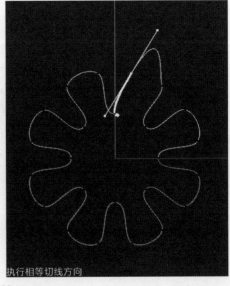

图3-28

◆样条合并和分裂

在点模式下，在视图中空白处右击可弹出编辑样条合并和分裂工具的快捷菜单，如图 3-29 所示。

合并分段：同一样条内的两段样条首尾相连，连成一段样条；也可直接选择首尾点进行相连。执行合并分段前后对比效果如图 3-30 所示。注意：不要开着闭合样条。

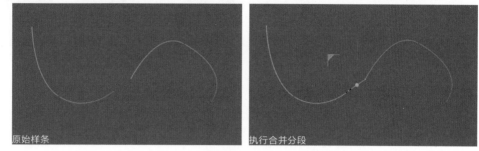

图3-29

图3-30

断开分段：选择一条非封闭样条中的点，让这个点成为孤立的点，并断开分段。执行断开分段前后对比效果如图 3-31 所示。

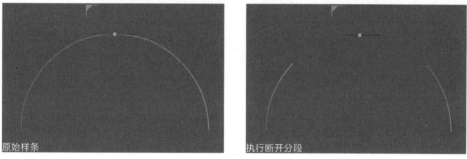

图3-31

分裂片段：可以使一条由多段样条组成的样条，各自成为独立的样条。执行分裂片段前后对比效果如图 3-32 所示。

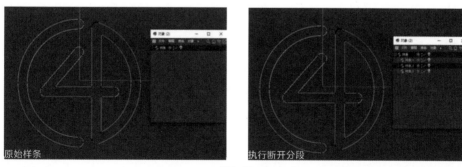

图3-32

断开连接：该点将被拆分成两个点，使样条也变成两个分段。执行断开连接前后对比效果如图3-33所示。在图3-33中，为方便观察效果，在执行断开连接后多了一步移动点的操作。

图3-33

3. 样条的起点

样条中白色为起点，蓝色为终点。在做一些生长动画时，样条的起点和终点会对动画产生影响。图3-34所示的两张图，仅仅改变了样条的起点，球体所处的位置不同。

样条起点的相关设置参数如图3-35所示。

图3-34

图3-35

设置起点：将选中的点设置为该样条的起点。

反转序列：反转起点和终点。

下移序列：样条原起点变成样条的第二个点。

上移序列：样条的原终点变成倒数第二个点。

4. 样条点编辑

◆ 样条增加点

使用移动工具或画笔工具可以创建或添加点。选择移动工具或画笔工具，按住 Ctrl 键并将鼠标指针移动到样条上，当鼠标指针样式改变时，单击即可增加点，图3-36所示为原始样条、移动工具添加点时的指针样式和画笔工具添加点时的指针样式。

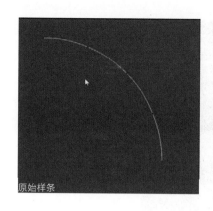
原始样条

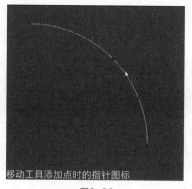
移动工具添加点时的指针图标

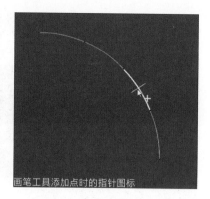
画笔工具添加点时的指针图标

图3-36

　　创建点：在点模式下，单击动态调色板上的创建点命令，或者在视图中空白处右击，在弹出快捷菜单中选择"创建点"命令，再在样条上单击，即可创建新的点，如图 3-37 所示。

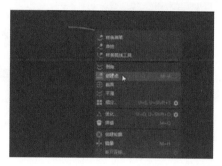
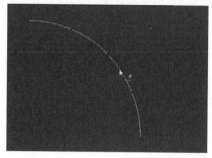

图3-37

　　线性切割创建点：在点模式下，在视图中空白处右击，在弹出快捷菜单中选择"线性切割"命令，按住鼠标左键拖曳出一条直线，直线与样条相交的地方会添加点，如图 3-38 所示。

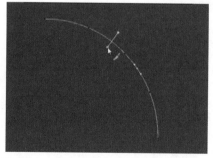

图3-38

◆ 样条点的移动调整

　　移动工具：选中点，直接使用移动工具可以移动点。

　　磁铁：在点模式下，选中点并在视图中空白处右击，在弹出快捷菜单中选择"磁铁"命令，在点上拖动鼠标，效果类似柔和选择之后的移动效果，如图 3-39 所示。

图3-39

倒角：选中点，在视图中空白处右击，在弹出快捷菜单中选择"倒角"命令，按住鼠标左键拖曳，可以形成一个圆角。圆角效果可通过倒角属性做调整，如图3-40所示。

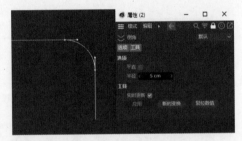

图3-40

排齐：选中点，在视图中空白处右击，在弹出快捷菜单中选择"排齐"命令，即可将选中的点排列在样条首尾相连的直线上，排齐前后对比效果如图3-41所示。

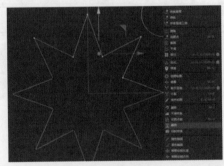
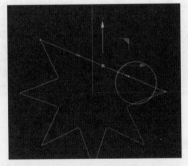

图3-41

细分：选中点，在视图中空白处右击，在弹出快捷菜单中选择"细分"命令，可以增加样条上的点，单击菜单中命令名称后面小齿轮图标 ，可以设置细分数，即增加点的数量，如图3-42所示。

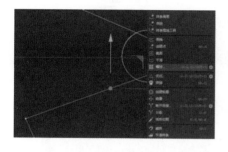

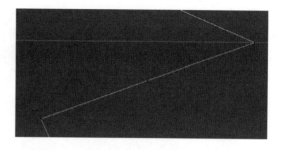

图3-42

焊接：在点模式下，在视图中空白处右击，在弹出快捷菜单中选择"焊接"命令，或在动态调色板调用，执行焊接操作，如图3-43所示。

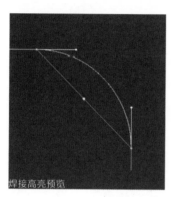
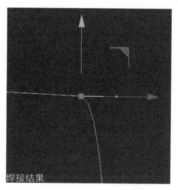

图3-43

◆ **样条线的移动调整**

创建轮廓：在视图中空白处右击，在弹出快捷菜单中选择"创建轮廓"命令，按住鼠标左键拖曳可以生成一个新的样条，新样条和原样条各部分都是等距的。当需要一个新的样条时，需要启用创建新的对象选项，图3-44所示为禁用和启用该选项的效果对比。

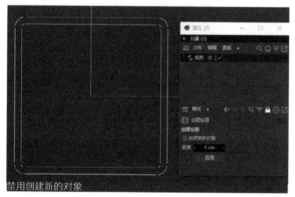
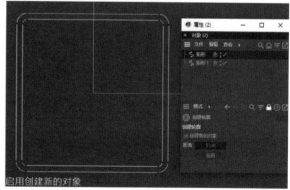

图3-44

镜像：在视图中空白处右击，在弹出快捷菜单中选择"镜像"命令，以对象、世界坐标、屏幕为坐标系统可以对样条进行 xy、zy、xz 三个平面的镜像，如图3-45所示。

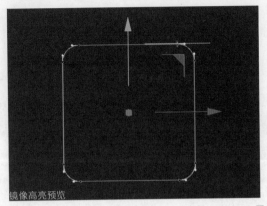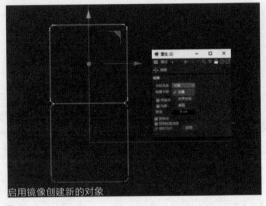

图3-45

投射样条：在点模式下，在视图中空白处右击，在弹出快捷菜单中选择"投射样条"命令，可以将样条投射到对象上。投射样条时，要注意样条的分段要足够多，在投射属性中可以选择合适的投射模式。图3-46所示为原始图像、投射结果和投射样条属性。

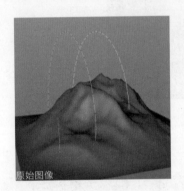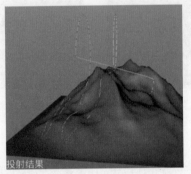

图3-46

5. 布尔命令

在选定多个样条后，布尔命令才会被激活，如图3-47所示。换句话说，布尔命令只能应用于多个选定的样条。布尔命令受最后选择的样条线的影响，最后选择的样条始终作为目标样条曲线，如图3-48所示。这个与 Illustrator 中的路径查找器的功能类似（样条布尔值效果可以参考生成器中的样条布尔，两者的结果相同）。

图3-47

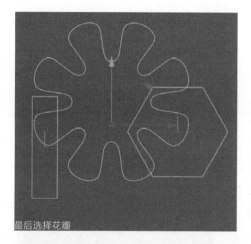
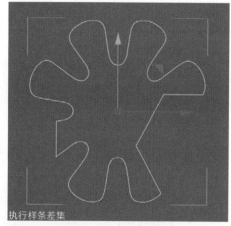

最后选择花瓣　　　　　　　　　执行样条差集

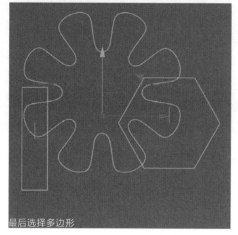
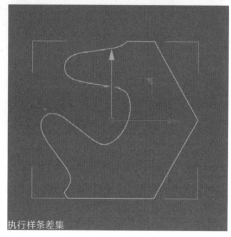

最后选择多边形　　　　　　　　执行样条差集

图3-48

3.3 参数化对象

　　参数化对象意味着可以随时更改对象的参数值，如对象的高度或半径等。参数化对象不能编辑对象的点、线、面。各参数化对象如图 3-49 所示。

图3-49

3.3.1 立方体

创建一个默认的立方体，此立方体的边与世界系统的坐标轴呈平行状态；可通过属性来修改立方体的参数，如图 3-50 所示。

对象

立方体的"对象"参数选项卡如图 3-51 所示。

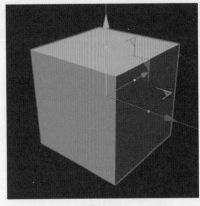
图3-50

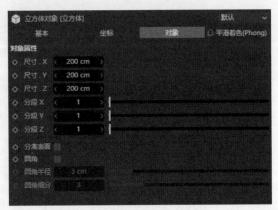
图3-51

尺寸：设置立方体的尺寸大小，也可在视图中拖动黄色点的手柄调整立方体大小。

分段：设置 3 个轴向上面的分段数量。

分离表面：选择该选项后，在把立方体转为可编辑对象时，立方体的每一个面都会被独立分离出来，如图 3-52 所示。

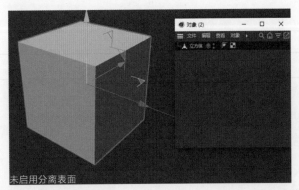
图3-52

圆角：设置立方体边缘的倒角，倒角的大小和平滑程度可以通过半径和细分来调整，如图3-53所示。

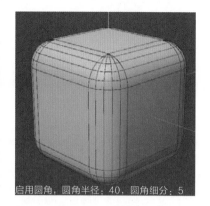

未启用圆角　　　　　　启用圆角，圆角半径：10，圆角细分：2　　　　　启用圆角，圆角半径：40，圆角细分：5

图3-53

3.3.2 平面

宽度 / 高度：设置平面的宽、高尺寸。

3.3.3 胶囊

半径 / 高度：设置胶囊的大小和高度。

高度分段 / 封顶分段 / 旋转分段：设置胶囊的圆滑程度。

3.3.4 人形索体

由一些简单的多边形形状组成的人形索体模型，将人形索体转换为可编辑对象后，可单独调整人形索体的部位，如图3-54所示。

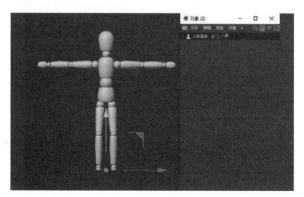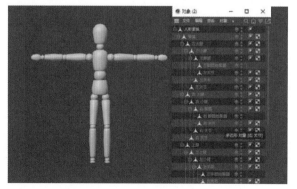

图3-54

3.3.5 宝石体

宝石体的"对象"参数选项卡如图3-55
所示。

类型：设置宝石体的面的排列形式，不同
的类型效果如图3-56所示。

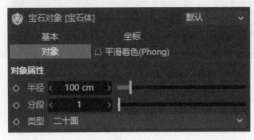

图3-55

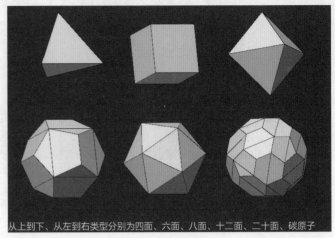

从上到下、从左到右类型分别为四面、六面、八面、十二面、二十面、碳原子

图3-56

3.3.6 圆环面

对象

圆环半径 / 圆环分段：设置圆环的大小和分段数，
如图3-57所示。

导管半径 / 导管分段：设置圆环管道的大小和细
分级别，如图3-57所示。

切片属性参数设置同圆锥体的切片属性。

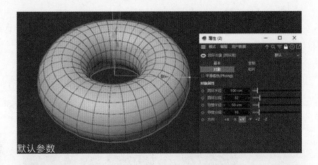

默认参数

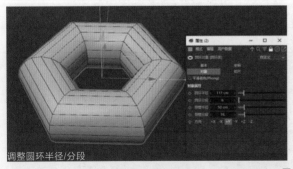

调整圆环半径/分段

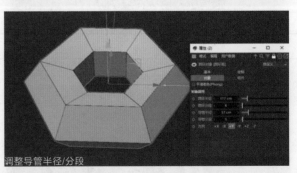

调整导管半径/分段

图3-57

3.3.7 圆锥体 / 圆柱体

圆锥体和圆柱体的参数设置相似，下面以圆锥为例进行讲解。

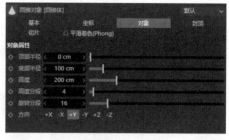

图3-58

1. 对象

圆锥体的"对象"参数选项卡如图 3-58 所示。

顶部半径 / 底部半径：设置圆锥顶部 / 底部的大小，当顶部半径值大于 0 时形成截头圆锥，当顶部半径等于底部半径时形成圆柱体，如图 3-59 所示。

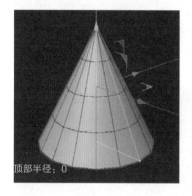
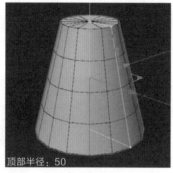

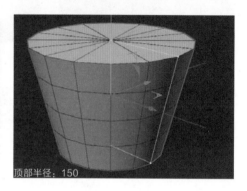

图3-59

2. 封顶

圆锥的"封顶"参数选项卡如图 3-60 所示。

封顶：勾选该选项后，圆锥的顶部和底部会被封闭，勾选前后效果如图 3-61 所示。

圆角分段：设置封顶后圆角的分段数。

顶部 / 底部：设置圆锥边缘倒角的大小和平滑度。

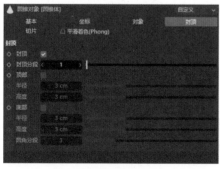

图3-60

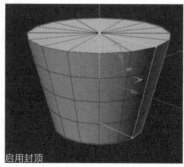

图3-61

3. 切片

圆锥的"切片"参数选项卡如图3-62所示。

图3-62

切片：把圆锥切开，可设置切片的开始角度到结束角度，如图3-63所示。

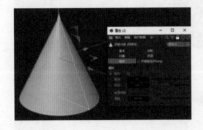
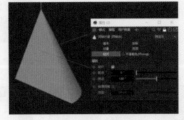

图3-63

圆柱体的属性参数与圆锥体基本相同，圆柱体是通过"半径"来设置圆柱体的半径大小，如图3-64所示，其余内容不赘述。

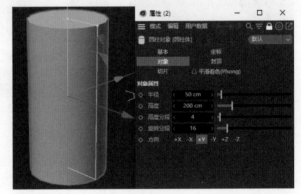

图3-64

3.3.8 圆盘

内部半径 / 外部半径：设置圆盘内部 / 外部的半径大小，当内部半径值大于 0 时，圆盘形成一个环形的平面，如图3-65所示。

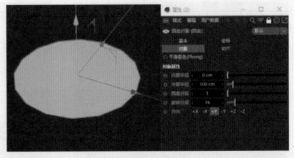

图3-65

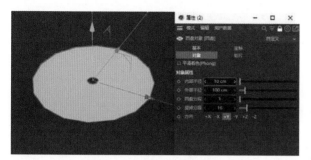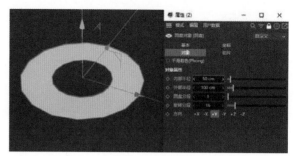

图3-65（续）

3.3.9 球体

下面对球体的对象参数进行介绍。

对象

球体的"对象"参数选项卡如图3-66所示。

半径：设置球体的大小。

分段：设置球体的细分程度。

类型：设置球体上面的排列形式，不同排列形式如图3-67所示。

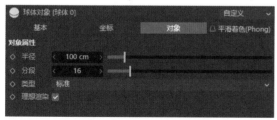

图3-66

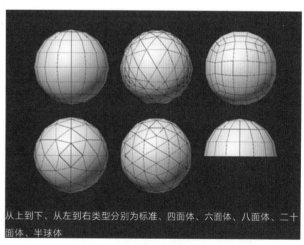

从上到下、从左到右类型分别为标准、四面体、六面体、八面体、二十面体、半球体

图3-67

理想渲染：启用后，在对象为不可编辑时，不管视图中显示的效果质量如何，渲染出来的都会是很平滑的球体，以球体分段为例，原始效果和禁用、启用后的渲染效果如图3-68所示。

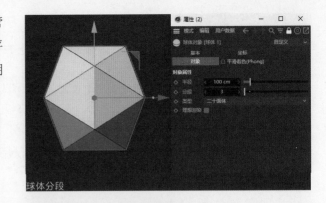

球体分段

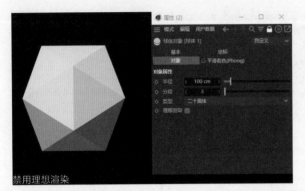

禁用理想渲染

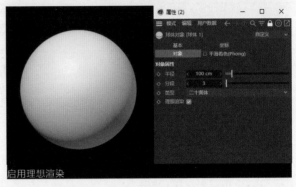

启用理想渲染

图3-68

3.3.10 地形

对象

地形的"对象"参数选项卡如图3-69所示。

宽度分段／深度分段：设置地形的宽度和深度细分的数量，分段数越多，模型越精细，如图3-70所示。

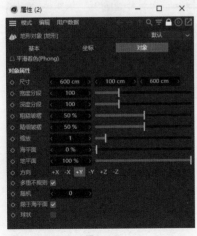

图3-69

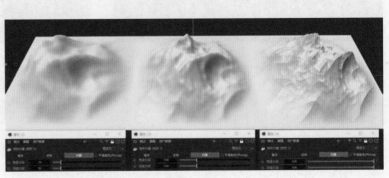

图3-70

粗糙皱褶 / 精细皱褶：设置地形的凹凸程度，如图 3-71 所示。

缩放：设置地形裂缝的高度，如图 3-72 所示。

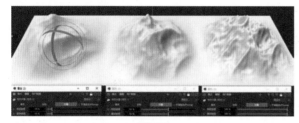

图3-71

图3-72

海平面：高地地形淹没于海中的高度，数值越高，地形被淹没的部分就越多，如图 3-73 所示。

地平面：数值越低，高地地形的顶部越平坦，如图 3-74 所示。

图3-73

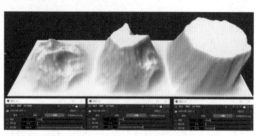

图3-74

多重不规则：勾选该选项后，Cinema 4D 每次都会以不同的算法来生成地形。

随机：随机生成不同起伏程度的地形。

限于海平面：使地形与海平面的过渡更自然，默认勾选。

球状：勾选该选项后，地形形成球状，球体的半径为宽度值的一半，如图 3-75 所示。

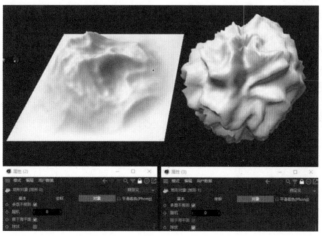

图3-75

3.3.11 管道

内部半径 / 外部半径：设置管道的尺寸和厚度。

旋转分段：设置管道的平滑程度。

圆角 / 分段 / 半径：设置管道边缘倒角的平滑程度。

不同参数设置的管道和边缘倒角的平滑程度效果如图 3-76 所示。

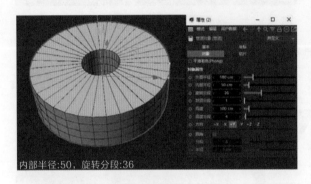
内部半径:50，旋转分段:36

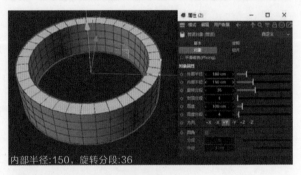
内部半径:150，旋转分段:36

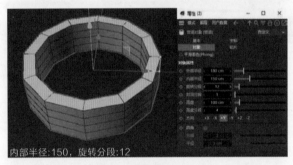
内部半径:150，旋转分段:12

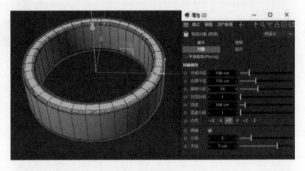

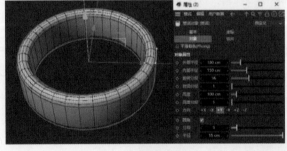

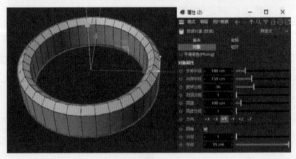

图3-76

3.3.12　贝塞尔

贝塞尔生成器与其他生成器不同的是，它不需要作为父级也能创建出三维模型；贝塞尔生成器在视图中显示为一个曲面，可以通过曲面的 x 轴和 y 轴方向上的控制点来拉伸曲面，这些控制点会像小磁铁一样拉动曲面表面，并自动给曲面添加平滑的过渡，从而得到自己想要的模型形态。

老白提醒
添加平滑过渡后的曲面不会经过控制点原点，只有边缘点是固定在控制点原点上。

贝塞尔生成器非常适合制作光滑、弯曲的表面，如图 3-77 所示，适合制作汽车车翼、鼻锥、船帆等模型。

贝塞尔对象属性 - 对象

贝塞尔对象属性中"对象"选项卡中的各个参数如图 3-78 所示。

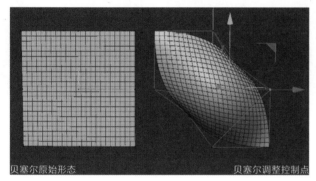

图3-77

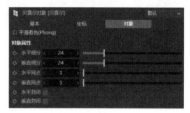

图3-78

水平细分 / 垂直细分：定义贝塞尔曲面在 x 轴 / y 轴方向上的细分数量。细分数量值越大，过渡越平滑。如果场景中模型较多可能会造成计算机的负担过大，所以细分数量值并不是越大越好，而是要根据模型来灵活调整，不同细分数值的效果对比如图 3-79 所示。

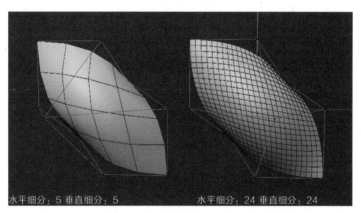

图3-79

水平网点 / 垂直网点：定义贝塞尔 x 轴 $/y$ 轴方向上的控制点的数量。设置的控制点越多，表面的可控制位置也就越多；在点层级模式下，可通过调整这些控制点的位置来调整模型。

水平封闭 / 垂直封闭：在贝塞尔的 x 轴 $/y$ 轴方向上封闭曲面。在创建管状对象时，这两个选项是很有必要的，不同状态下的效果对比如图 3-80 所示。

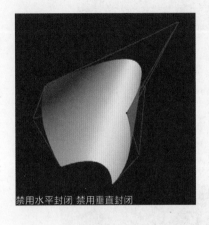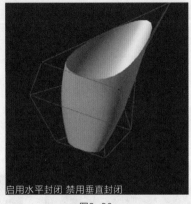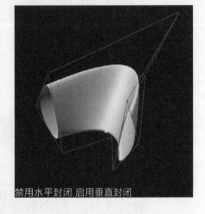

图3-80

3.4 文本

创建可控的文本模型，对象属性如图 3-81 所示。

深度：文本模型的挤压厚度。

细分数：模型 z 轴上的细分数。

文本样条、对齐等工具与 Photoshop 等软件工具一致，可以便捷地修改文字属性；点插值方式则可以修改文本样条上点的分布。

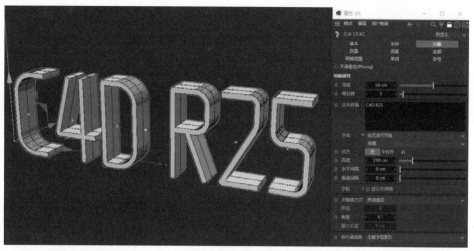

图3-81

3.5 建模生成器

Cinema 4D 的造型工具给我们的建模提供了非常便利的条件，如图 3-82 所示，这些造型工具的灵活性特别强，通过对它们的自由组合，可以快速做出各种不同的模型效果。造型工具组也是生成器，所以在实际应用中，需要作为父级使用才会生效。

造型工具的创建两种方法：一种是直接单击造型工具创建生成器，然后将要添加生成器的模型拖到生成器的子级下，这样创建出来的生成器的中心轴都会在世界坐标的中心点上；另一种是选择要添加生成器的模型，在按Alt键的同时单击生成器工具，就可以创建生成器，生成器直接作为对象的父级；这样创建出来的生成器的中心轴与选择的模型的中心轴一致。

图3-82

老白讲知识

当选择多个模型，按 Alt 键创建生成器时，则每个模型都会添加一个父级生成器；选择多个模型，按 Ctrl+Alt 快捷键再创建生成器时，则选择的多个模型都作为生成的子级。

3.5.1 细分曲面

细分曲面在三维中是非常强大的一个工具，它可以通过为对象添加新的点，形成新的面数，从而制作出精细、圆滑的模型；也可以通过手动给对象添加点或边，或通过修改点、边、面的权重，形成硬边的形状。同其他生成器一样，细分曲面作为父级，对象作为子级时才会生效。

细分曲面对象非常适合应用于创建动画模型，通过控制相对较少的点可以创建更有细节的动画模型，如图3-83所示。

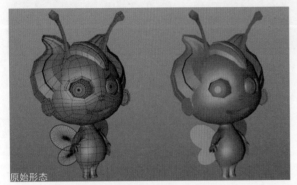 

图3-83

1. 修改细分曲面权重的方法

如果模型效果需要其中的某个角稍微硬一点，不那么圆滑，可以通过修改对象的元素（即点、边、面）的细分权重来实现（对象必须是可编辑对象）。在点/边/多边形模式下，选中要修改的元素，然后按住键盘上的"."键（英文的句号键，或者数字键盘上的小数点键），并左右拖曳鼠标，就可以修改元素细分权重。

◆ 点模式下修改细分权重的 3 种方法

❶ 对选中的点修改权重，按住"."键并左右拖曳鼠标。

❷ 对选中的点及点之间的线修改权重，按住 Ctrl+"." 快捷键，并左右拖曳鼠标。

❸ 对选中的点及连接到点的所有边修改权重，按住 Shift+"." 快捷键，并左右拖曳鼠标。

3 种方法的操作结果如图 3-84 所示。

 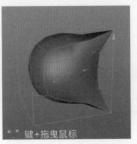 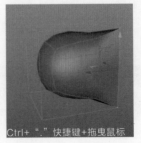 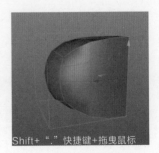

图3-84

◆ 边模式下修改细分权重的 3 种方法

❶ 对选中的边修改权重，按住 "." 键并左右拖曳鼠标。

❷ 对选中的边及它们的共同点修改权重，按住 Ctrl+ "." 快捷键，并左右拖曳鼠标。

❸ 对选中的边及连接到边的所有点修改权重，按住 Shift+ "." 快捷键，并左右拖曳鼠标。

3 种方法的操作结果如图 3-85 所示。

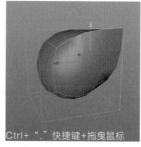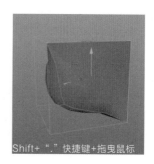

图3-85

◆ 多边形模式下修改细分权重的两种方法

❶ 对选中的多边形修改权重，按住 "." 键并左右拖曳鼠标。

❷ 对选中的多边形及多边形的线修改权重，按住 Ctrl+ "." 快捷键，并左右拖曳鼠标。

两种方法的操作结果如图 3-86 所示。

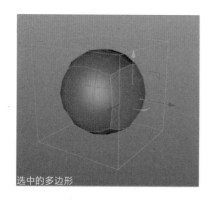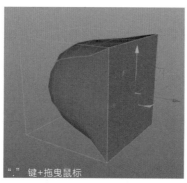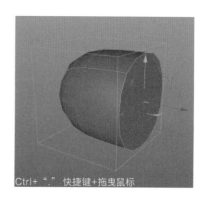

图3-86

2. 细分曲面属性 – 对象

细分曲面属性中"对象"选项卡中的各个参数如图 3-87 所示。

类型：定义细分曲面的计算模式。

Catmull-Clark：这种细分类型会主动修补 N-gons，再给模型添加新的面数，细分的模型面是四边面。由于

图3-87

Catmull-Clark 应用广泛，并能生成同样光滑的表面，所以在需要将细分曲面对象导出并应用到其他程序中时，一般会选择这个细分类型。

Catmull-Clark（N-gons）：默认的细分曲面类型，是用得最多的一种类型。它会忽略 N-gons，而直接按模型原有的面数来添加新的面数，细分的模型面是四边面。

模型上的 N-gons、Catmull-Clark 类型和 Catmull-Clark（N-gons）类型的应用效果如图 3-88 所示。

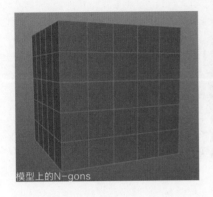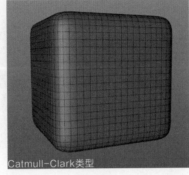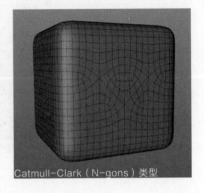

图3-88

OpenSubdiv Catmull-Clark（自适应）：这种细分类型会将多边形分解为更小、更多的三边面。

OpenSubdiv Loop：这种细分类型常用于游戏开发，它细分后的对象仅由三边面组成。这一类型专为处理三边面而设计，如果模型上存在四边面，在细分之前会将四边面处理为三边面。

OpenSubdiv Bilinear：这种细分类型仅仅是为对象增加面数，不为对象添加平滑效果。

OpenSubdiv 原始状态、OpenSubdiv Catmull-Clark（自适应）类型、OpenSubdiv Loop 类型和 OpenSubdiv Bilinear 类型的效果如图 3-89 所示。

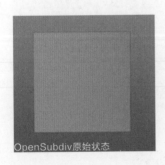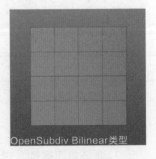

图3-89

编辑器细分：定义细分曲面在视图中的细分级别，数值越高，面数越多，对象越平滑；但细分数值越高，使用的内存越多，计算机负担越重，呈现的速度越慢。这个细分仅设置视图效果，与渲染结果没有关系。

渲染器细分：定义细分曲面在渲染时的细分级别，数值越高，面数越多，对象越平滑；但细分数值越高，使用的内存越多，计算机负担越重，当场景中设置了很多面数，渲染时有可能会导致软件崩溃。

不同细分级别的效果如图3-90所示。

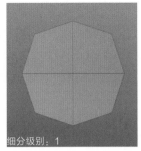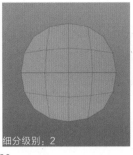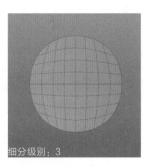

图3-90

3.5.2 布料曲面

布料曲面与细分曲面都能为模型创建光滑的平面，细分曲面在模拟过程中可能导致布料与碰撞物体之间出现穿插，而布料曲面可以带来更准确的细分网格，并为模型添加厚度，通常配合C4D 或 MD 模拟的布料使用，其对象属性如图3-91所示。

图3-91

细分数：为模型增加细分。

因子：因子数值为 0% 时，将不会在细分后的曲面上插入曲面法线，因子数值默认 100% 时，将在曲面上插入曲面法线，如图3-92所示。

限制：启用限制后细分的模型将不会穿过细分网格，使模拟更准确，同时会影响曲面的光滑程度。

厚度：为模型添加厚度。

膨胀：勾选膨胀会使模型的厚度大于给定值。

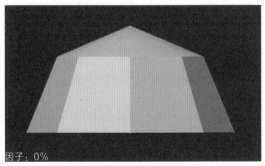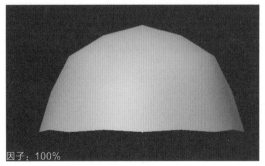

图3-92

3.5.3 挤压

挤压是将样条曲线作为横截面，挤出厚度，使样条成为三维模型，如图3-93所示，挤压作为父级使用。

1. 挤压属性－对象

挤压属性中"对象"选项卡中的各个参数如图3-94所示。

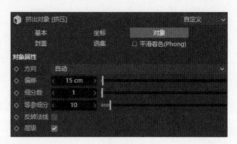

图3-93   图3-94

方向：和偏移配合使用，定义挤压的方向和厚度，共有自动、x、y、z、绝对、自定义等6个选项，挤压的方向一般选用x、y、z，绝对与自定义方向类似，不同的是绝对直接通过x、y、z轴上的移动距离控制挤压效果，不同挤压的模型效果如图3-95所示。

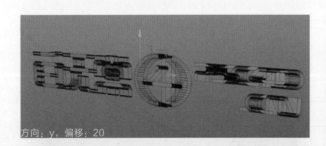
方向：y，偏移：20

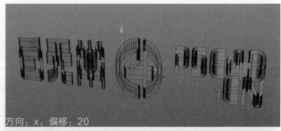
方向：x，偏移：20

方向：z，偏移：20

方向：自定义，偏移：20

图3-95

细分数：挤出对象在挤压轴上的细分数量，不同细分数值时模型的效果对比如图3-96所示。

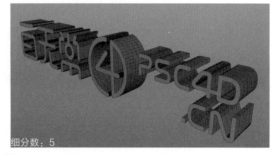

图3-96

等参细分：控制等参线的细分数量，不同细分数值时模型的效果对比如图3-97所示。对这个参数修改只有在视图菜单中执行"显示"→"等参线"命令之后才能看到，如图3-98所示。

图3-97   图3-98

反转法线：用于反转法线方向。图3-99中为方便观察，挤压后将模型转换为了可编辑对象。

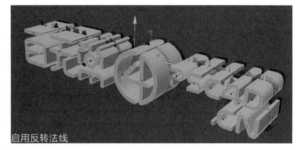

图3-99

层级：第一种情况，当挤压下的样条子级不只一条时，默认挤压仅对最上层的样条生效，勾选层级选项后，挤压生成器会对子级的所有样条生效，如图3-100所示；第二种情况，勾选层级选项后，挤压样条转为可编辑对象，此时这个对象就会按照层级来细分，挤压的子级中还含有挤压生成器和样条，如图3-101所示。

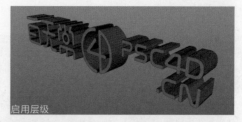

图3-100

图3-101

2. 挤压属性 - 封盖

挤压属性中"封盖"选项卡中的各个参数如图3-102所示。

起点封盖、终点封盖：都勾选后模型变为封闭模型。

独立斜角控制：默认为不勾选状态，这时会采用下方统一的倒角属性控制，勾选后则会单独控制挤压的起点倒角和终点倒角。

倒角外形：勾选封盖时倒角外形属性才会被激活，用于设置圆角的类型，分别为圆角、曲线、实体、步幅，其中曲线模式需要足够的倒角分段才能显示出曲线，效果如图3-103所示。

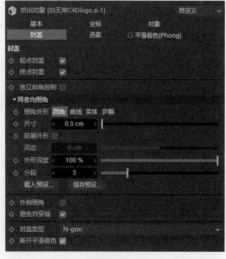

图3-102

从上到下，从左至右依次为：圆角、曲线、实体、步幅

图3-103

延展外形：勾选后激活下方的高度属性，当高度数值为正时，倒角向外延展；当高度数值为负时，倒角向内收缩，如图3-104所示。

外形深度：外形深度数值为负时倒角形成一个凹角，数值为正时形成一个凸角，如图3-105所示。

分段：控制倒角的分段，分段越多倒角形状越圆润。

外侧倒角：勾选后模型整体向外扩张。

避免自穿插：当倒角尺寸过大时，模型可能发生穿插，勾选这个选项系统会自动改变倒角处的布线，如图3-106所示。

图3-104

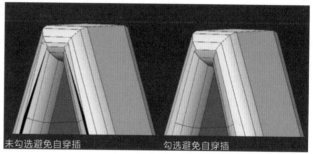

图3-105

图3-106

封盖类型：定义挤压对象的封顶由哪种类型的多边形组成，这里可以选择三角形、四边形、N-gons、Delaunay、常规网格5种类型，其中Delaunay和常规网格类型可以额外勾选四边面优先，5种类型模型的效果如图3-107所示。

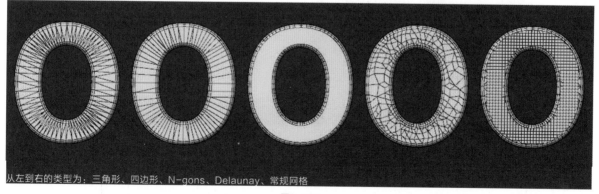

图3-107

断开平滑着色：断开模型的倒角与挤压面连接处的平滑着色，勾选后模型的倒角会更加明显，一般在渲染硬边模型的倒角细节时，会勾选断开平滑着色，如图 3-108 所示。

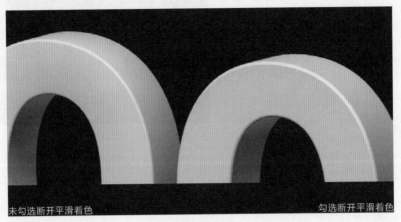

图3-108

将挤压对象修改为曲面时，这个面表面上就会出现各种凹凸现象，所以挤压生成器一般适用于制作较简单的模型。

3. 挤压属性 - 选集

系统为挤压的每一个模块指定了代码，如图 3-109 所示，当转为可编辑模型后，会多出一些多边形选集和边选集，如图 3-110 所示，方便后续的给定材质、分裂模型等操作。

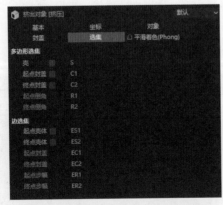

图3-109

图3-110

3.5.4 旋转

旋转是将二维的样条曲线沿着 y 轴旋转，生成三维模型。如图 3-111 所示，创建一条样条曲线，让样条曲线作为旋转生成器的子级，就可以得到一个三维的对象。需要注意的是，使用旋转时，最好是在二维视图绘制样条曲线。

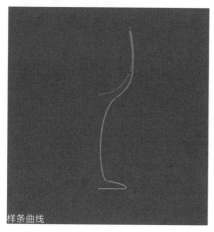

图3-111

在二维视图中创建样条，样条曲线的首尾两个点的 x、z 坐标轴都为 0，这样当样条曲线围绕 y 轴旋转时，不会影响最终效果。两种情况下模型的对比效果如图 3-112 所示。

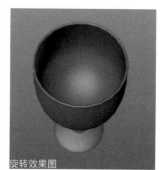

图3-112

老白讲知识

在绘制样条曲线时，并不一定能很准确地将控制点绘制在中心点，这时可以通过修改位置坐标轴来实现。坐标轴可选择对象（相对）、对象（绝对）、世界坐标，选择后 x、z 轴数值调整为 0 就可以，如图 3-113 所示。

图3-113

旋转属性 - 对象

旋转属性中"对象"选项卡中的各个参数如图 3-114 所示。

角度：定义样条曲线沿 y 轴旋转的角度，默认为 360°，一个完整的循环；当角度小于 360° 时，旋转对象会有缺口；当角度大于 360° 时，曲面之间会有重叠，这时候可以配合"移动"数值来做调整。3 种情况下模型的效果对比如图 3-115 所示。

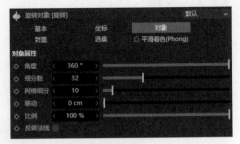

图3-114

 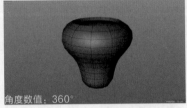 

图3-115

细分数：定义样条旋转对象的细分分段线数量，适当地增加细分数可以让对象表面更平滑。不同细分数时模型的效果对比如图 3-116 所示。

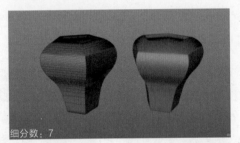 

图3-116

网格细分：定义等参线的细分数量（在调整这个参数时，需把视图窗口的显示类型改为等参线，否则无法看到参数修改时模型的变化）。不同网格细分数时模型的效果对比如图 3-117 所示。

  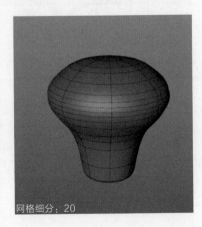

图3-117

移动：定义旋转对象从起点到终点的纵向移动距离。移动的默认数值是 0，即样条曲线在一个平面上旋转；修改成其他的任何数值，样条曲线都会螺旋移动，可以做出类似螺丝钉等形状的模型。不同移动数值时模型的效果对比如图 3-118 所示。

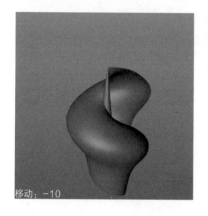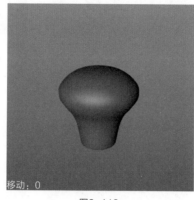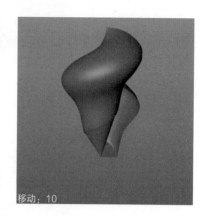

图3-118

比例：其实就是缩放，定义样条曲线旋转的终点比例尺寸，终点比例会以旋转生成器的中心轴为原点进行缩放，如图 3-119 所示。

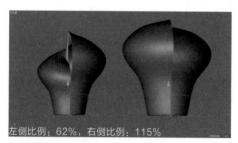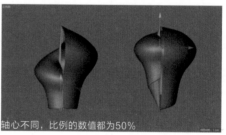

图3-119

反转法线：定义旋转对象的法线方向（法线方向的重要性讲解可参考前面内容），使用旋转生成器的时候，在法线方向并不是我们需要的情况下，可以更改样条曲线的方向，或勾选反转法线选项，用于控制法线方向。

3.5.5 放样

放样是将两条或两条以上的样条曲线的外轮廓进行拉伸连接，以搭建生成一个新的三维模型；放样对象中样条与样条之间的连接顺序取决于对象栏中样条曲线的顺序，放样对象连接顺序不同效果不同，如图 3-120 所示。放样作为父级使用。

图3-120

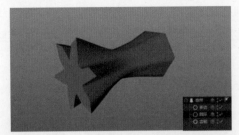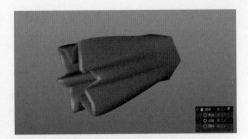

图3-120（续）

使用放样生成器，并不是只对封闭的样条曲线生效，对开放式的样条曲线也同样有效，如图3-121所示。

样条形状

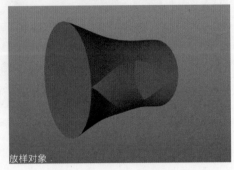

放样对象

图3-121

放样属性 - 对象

放样属性中"对象"选项卡中的各个参数如图3-122所示。

网孔细分 U/V：定义网孔在 U/V 方向上的细分分段数。U 为放样的横截面圆周，V 为放样的长度，不同设置时模型效果对比如图3-123所示。

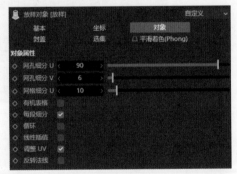

图3-122

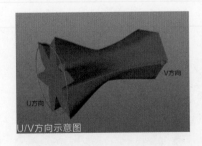

U/V方向示意图

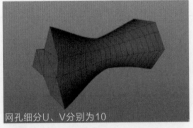

网孔细分U、V分别为10

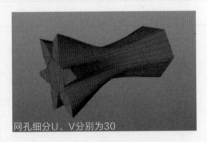

网孔细分U、V分别为30

图3-123

网格细分 U：定义等参线的细分数量（视察显示类型开启等参线）。

有机表格：默认禁用此选项。禁用时放样对象线直接通过样条上的点，并且线与线之间的距离会适应样条上的点，从而构建出较紧凑的模型；启用后，放样对象线将不再精确地通过样条上的点，而是保持彼此相等的参数距离，从而构建出较松散的模型。禁用和启用选项时模型的效果对比如图 3-124 所示。

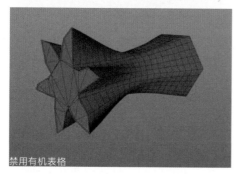 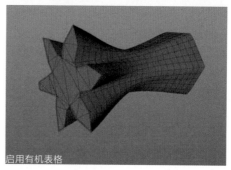

图3-124

每段细分：默认启用该选项。启用后在网孔细分 V 的基础上再添加细分，启用这个选项能更好地控制对象的外观；禁用后，网孔细分 V 的数值就是最终的细分数，禁用后会生成更多常规对象，做动态时效果可能会打折扣。禁用和启用选项时模型的效果对比如图 3-125 所示。

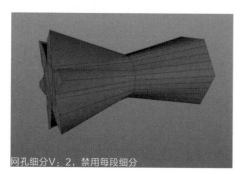 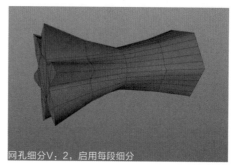

图3-125

循环：启用后，第一条样条曲线将连接到 V 方向上的最后一条样条曲线，形成双层的放样效果。禁用和启用选项时模型效果对比如图 3-126 所示。

 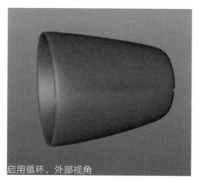 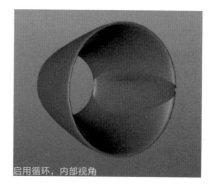

图3-126

线性插值： 默认禁用。禁用时样条曲线之间将使用曲线插值，过渡会较自然柔软；启用后，样条曲线之间使用线性插值，样条之间的过渡会较生硬。禁用和启用选项时模型效果对比如图3-127所示。

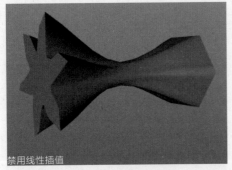

图3-127

调整 UV： 类似于每段细分选项，但这里的 UV 指的是纹理；纹理只有使用 UVW 映射时，调整 UV 选项才能生效。启用后，纹理按段投射；禁用后，纹理均匀地投射。禁用和启用选项时模型效果对比如图3-128所示。

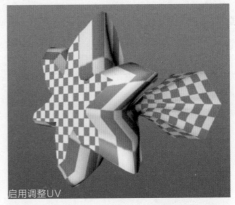

图3-128

反转法线： 定义放样对象的法线方向。其作用与旋转属性"对象"选项卡中的反转法线相同，不再赘述。

3.5.6 扫描

扫描是将二维样条沿着另外的样条移动连接，以搭建成一个新的三维模型；扫描需要2条或3条样条，第一条样条（称为轮廓样条）定义横截面形状，沿第二条样条曲线（称为路径样条）扫描以创建模型对象，第三条样条（称为轨道样条）可以定义扫描对象的轨道函数。需要注意对象栏中的样条顺序，扫描生成器作为父级，样条作为子级，轮廓样条在子级中的最上层，路径样条在中间一层，轨道样条在最下层，如图3-129所示。

图3-129

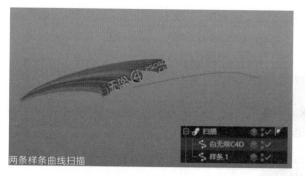

两条样条曲线扫描

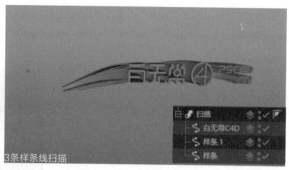

3条样条线扫描

图3-129（续）

1. 扫描属性 - 对象

扫描属性中"对象"选项卡中的各个参数如图3-130所示。

网格细分：定义扫描对象等参线的细分数量（需开启视察的等参线）。

终点缩放：定义扫描对象在样条曲线终点处的缩放比例；扫描对象在样条曲线的开始处比例是100%，设置终点缩放后，扫描对象会在样条曲线起点和终点之间插入相对的比例尺寸。终点处不同缩放比例时模型的效果对比如图3-131所示。

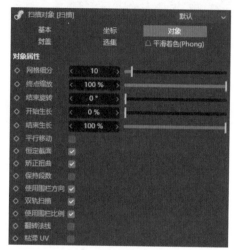

图3-130

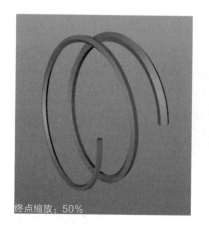

终点缩放：50%

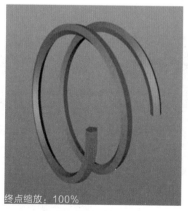

终点缩放：100%

终点缩放：200%

图3-131

结束旋转：定义扫描对象在到达样条曲线终点处时绕 z 轴旋转的角度。不同旋转角度时的模型效果对比如图 3-132 所示。

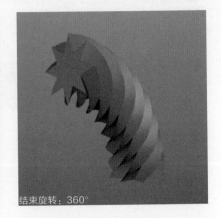

图3-132

开始生长 / 结束生长：定义扫描对象沿样条曲线延伸的起点 / 终点。当开始生长为 0%，结束生长 100% 时，扫描对象沿着整个路径延伸，不同参数设置时模型的效果对比如图 3-133 所示。通过记录开始生长和结束生长的参数可以做增长动画。

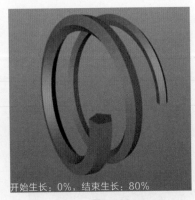

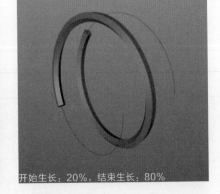

图3-133

平行移动：如果启用此选项，则扫描对象会以平行方式来扫描样条曲线，它的效果只会是平面，而不是立体的三维模型。禁用和启用选项时模型效果对比如图 3-134 所示。

图3-134

恒定截面：默认启用这个选项。启用后，扫描对象遇到样条曲线的硬转折处时，会自动缩放，以保持在整个扫描过程中，对象均匀的厚度。启用和禁用选项时模型效果对比如图 3-135 所示。如果样条曲线没有硬转折，则恒定截面选项的启用与禁用并没有区别。

图3-135

矫正扭曲：默认启用此选项。启用后，扫描对象会在样条曲线的起点处旋转，以使 x 轴平行于样条曲线的平均平面。启用和禁用选项时模型效果对比如图 3-136 所示。

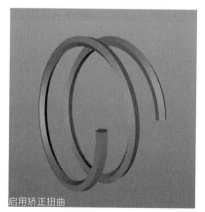

图3-136

保持段数： 这个选项只有在修改增长值时才会起作用，默认禁用此选项。禁用后，增长动画在增长过程中会比较平稳。

使用围栏方向： 默认启用此选项。启用后，轨道样条曲线将影响轮廓样条曲线围绕 z 轴的旋转效果。禁用和启用选项时模型效果对比如图 3-137 所示。

红色为轮廓样条，蓝色为轨道样条

禁用使用围栏方向

启用使用围栏方向

图3-137

老白讲知识

创建轨道样条最好的方法就是复制轮廓样条作为轨道样条，然后调整这条轨道样条的曲线点位置，以获得所需的样条。

双轨扫描： 启用此选项后，扫描对象将置于轮廓样条和轨道样条中间；禁用后，扫描对象将由轮廓样条控制（在启用使用围栏方向选项的前提下）。

只有启用使用围栏方向选项和使用围栏比例选项的前提下，双轨扫描功能的设置才会生效。禁用和启用双轨扫描选项时模型效果对比如图 3-138 所示。

红色为轮廓样条，蓝色为轨道样条

禁用双轨扫描

启用双轨扫描

图3-138

使用围栏比例：启用此选项后，可以使用轨道样条曲线来更改轮廓样条的比例。禁用和启用选项时模型效果对比如图 3-139 所示。

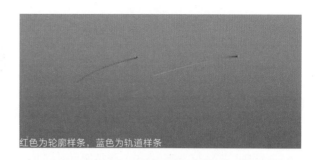
红色为轮廓样条，蓝色为轨道样条

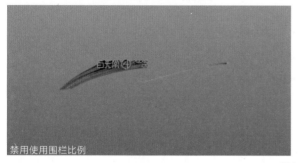
禁用使用围栏比例

启用使用围栏比例

图3-139

翻转法线（同反转法线）：定义放样对象的法线方向，此处同样不再赘述。

粘滞 UV：在扫描对象有纹理时，禁用和启用选项模型效果才会有较明显的区别，默认禁用此选项。禁用后，纹理 U 坐标将保持覆盖扫描对象的整个长度；启用后，在修改扫描对象的开始生长和结束生长时，纹理将会相应地缩放。禁用和启用选项时模型效果对比如图 3-140 所示。

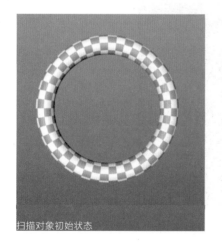
扫描对象初始状态

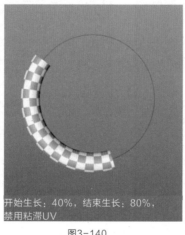

开始生长：40%，结束生长：80%，禁用粘滞UV

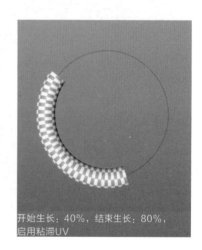
开始生长：40%，结束生长：80%，启用粘滞UV

图3-140

2. 扫描属性 - 对象 - 细节

扫描属性中"细节"选项栏的设置界面如图 3-141 所示。

缩放 / 旋转：定义扫描对象在整个样条长度上的缩放比例 / 旋转程度。

在缩放 / 旋转表格中，默认都会有一条直线，这条线我们称之为函数曲线，直线左右两端各有一个控制点；左边的控制点控制扫描对象起点的缩放比例 / 旋转程度，右边的控制点控制扫描对象终点的缩放比例 / 旋转程度。

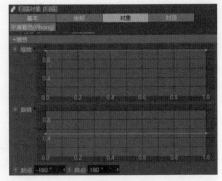

图3-141

图 3-142 所示分别为扫描对象的初始状态、设置缩放函数曲线和旋转函数曲线后的效果图。

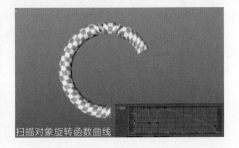

扫描初始状态　　扫描对象缩放函数曲线　　扫描对象旋转函数曲线

图3-142

在函数曲线上添加控制点，并调整控制点的控制手柄来控制曲线的波动形态，进而控制扫描对象的缩放。在按住 Ctrl 键的同时单击鼠标左键，可在函数曲线上添加控制点；选中控制点后按 Delete 键，可以将其直接删除。

当想同时修改多个控制点的控制手柄时，可以框选控制点，或按住 Shift 键加选，选中多个控制点后，修改其中一个控制手柄，其他控制点的控制手柄也会跟着改变。

3.5.7　样条布尔

样条布尔生成器是对两个以上的样条进行布尔运算。当样条曲线全部在同一平面上时，样条布尔得到的结果才是最好的，如图 3-143 所示。样条布尔对象可以像普通样条一样添加生成器使用，如挤压、扫描等。

两根样条曲线在同一个平面上　　样条布尔生成器运算结果（合集模式）

图3-143

布尔生成器需作为父级使用，样条布尔的子级结构中在上层的是 A，在下层的是 B。

布尔生成器与样条布尔的效果是一样的，不同的是布尔生成器对样条是破坏性的编辑，而样条布尔对样条曲线是非破坏性的，随时可以更改的。

样条布尔属性 – 对象

样条布尔对象属性中"对象"选项卡中的各个参数如图3-144所示。

模式：定义样条曲线的组合方式，有合集、A 减 B、B 减 A、与、或、交集 6 种模式，默认的样条布尔模式是合集，这里需要注意 AB 的层级顺序。

图3-144

合集：所有样条都会被连接，重叠的表面将被同化。

A 减 B：A 被 B 覆盖的区域都会被减去。

B 减 A：B 被 A 覆盖的区域都会被减去。

与：创建包含 A 与 B 交叉的新样条线。

或：和"与"相反，A 与 B 的交点将被减去，其余的线段保留。

交集: 样条与样条重叠之后会产生一些视觉上的闭合轮廓，交集就是为每个闭合轮廓都创建一个单独的线段。

6 种模式下的不同案例对比效果如表 3-1 所示。

表3-1

两根样条曲线	合集	A 减 B

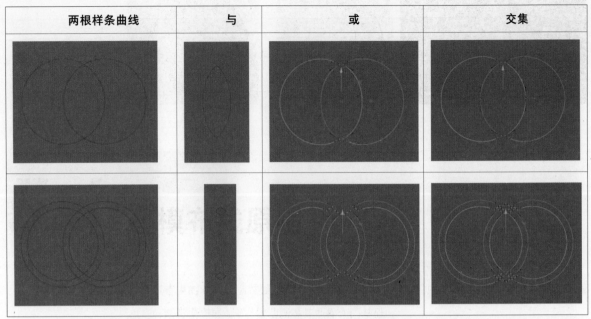

两根样条曲线	与	或	交集

注：或、交集两个模式中的第二张图片是样条布尔转为可编辑对象后，移动点将重叠点错开，以便观察到下方样条的效果。

　　轴向：定义样条布尔的计算轴向。这里需要注意，计算轴向需要与样条的轴向相同，布尔运算才不会出错（如两个样条曲线都位于 xy 平面，则样条布尔的轴向也应该设置为 xy）。一般会在二维视图中创建样条曲线，在创建样条布尔时，应该与创建样条曲线的视图相同，即样条布尔的轴向与样条曲线相同。如果布尔运算中出现出错时，可以检查一下样条布尔与样条曲线的轴向设置。

　　创建封盖：启用后，样条布尔运算后形成的闭合样条曲线将自动创建多边形模型，且生成的多边形都是由三角面组成，样条曲线的顶点数决定生成的多边形的分段数，禁用和启用创建封盖的效果对比如图 3-145 所示。

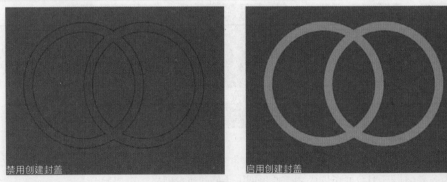

图3-145

样条布尔可以包含多个层级，这个方法可以用简单的样条曲线轻松创建复杂的模型，如图 3-146 所示，但是这种方法创建的模型不适合用变形器。

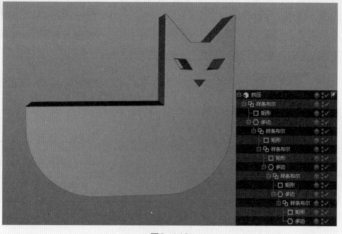

图3-146

3.5.8 布尔

布尔生成器是用于对两个及两个以上的对象进行布尔运算的；布尔生成器需作为父级使用，布尔生成器的子级层级结构中在上层的是 A，在下层的是 B，如图 3-147 所示。

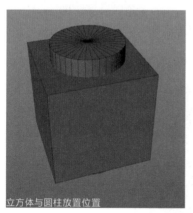
立方体与圆柱放置位置

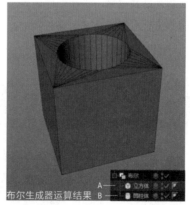
布尔生成器运算结果

图3-147

布尔对象属性 - 对象

布尔对象属性中"对象"选项卡中的各个参数如图3-148所示。

布尔类型：定义布尔运算模式，有A加B、A减B、AB交集、AB补集4种模式，如图3-149所示；默认的布尔类型是A减B，这里需要注意AB的层级顺序。

图3-148

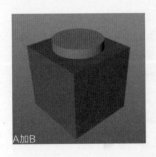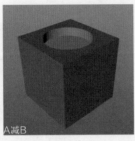

图3-149

高质量：Cinema 4D的布尔生成器的运算方法有两种，标准布尔模式和高级布尔模式；默认使用高级布尔运算方式，生成具有较少多边形（三边面）的干净线段；禁用后，布尔生成器将采用标准布尔模式来运算。

一般情况下，我们会使用高级布尔模式方式，但当应用对象较复杂时，生成结果可能需要更长时间，并且这种算法可能会出现计算错误，如果出现这种情况，则可以禁用高质量选项，启用和禁用高质量的效果对比如图3-150所示。

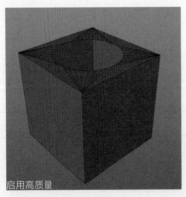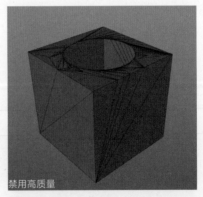

图3-150

创建单个对象：定义布尔转对象为可编辑对象后，子级是否创建单个对象。禁用后，布尔对象的子级对象作为一个单独的对象；启用后，则布尔对象的子级对象会合并成为单个可编辑对象，禁用和启用创建单个对象命令的效果对比如图3-151所示。

布尔生成器

禁用创建单个对象

启用创建单个对象

图3-151

隐藏新的边：使用布尔生成器计算后，对象会自动生成一些分布不均匀的新边，启用隐藏新的边后，除了子对象自有的边以外，则布尔运算创建的任何边都会被隐藏，如图 3-152 所示。

当要给布尔对象添加倒角变形器时，启用隐藏新的边，可以有效减少表面的凹凸感，如图 3-153 所示。

禁用隐藏新的边

启用隐藏新的边

图3-152

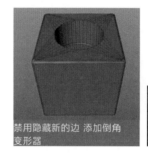
禁用隐藏新的边 添加倒角变形器

启用隐藏新的边 添加倒角变形器

图3-153

交叉处创建平滑着色（Phong）分割：启用后，当布尔对象转为可编辑对象时，在布尔交叉处断开平滑着色（只有启用"创建单个对象"后，此设置才会生效）。

选择交界：启用后，布尔对象转为可编辑对象时，则会自动选择对象的剪切边缘（在边模式时才能看到选择的边缘线）。

优化点：启用后，布尔对象转为可编辑对象时，这个选项设定的距离内的多个点将被优化合并为一个点（只有启用"创建单个对象"时，"优化点"才会被激活）。

3.5.9 连接

连接生成器可以在定义的公差范围内，将多个对象连接成一个对象，甚至可以根据需要焊接它们；连接生成器也需要作为父级使用，才可生效。

模型使用阵列生成器之后，如果直接添加细分曲面，模型就会被破坏，如果使用连接生成器，将模型连成一个对象后，再使用细分曲面，模型就不会被破坏，过程如图 3-154 所示。

模型

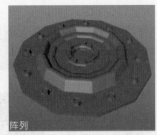
阵列

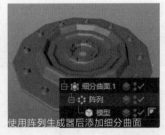
使用阵列生成器后添加细分曲面

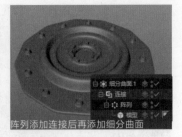
阵列添加连接后再添加细分曲面

图3-154

连接属性 - 对象

连接对象属性中"对象"选项卡中的各个参数如图3-155所示。

对象：定义连接的对象。如果要连接多个对象，可将多个对象打组，再将组拖入这个对象选项中；还有另外一个更直接的方法，是直接将多个对象放入连接生成器的子级中。

焊接：启用此选项后，可以将多个子级对象焊接在一起；也可以将物体自身的点焊接到一起，但这可能会导致物体的不平滑。

图3-155

公差：定义要焊接的物体之间的距离（此选项在启用焊接选项之后才生效），小于设定的公差值距离的点，会被焊接在一起，不同公差大小的效果对比如图3-156所示。

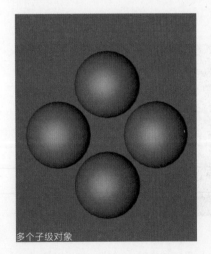
多个子级对象

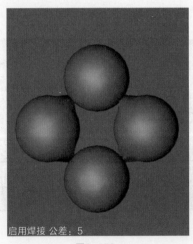
启用焊接 公差：5

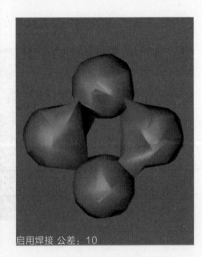
启用焊接 公差：10

图3-156

平滑着色 (Phong) 模式：定义焊接接口处的平滑着色的模式。

纹理：定义连接后是否使用子对象的纹理，启用后，子对象的纹理也会应用到连接对象；禁用后，子对象的纹理失效，连接对象后需另外设置纹理，如图 3-157 所示。

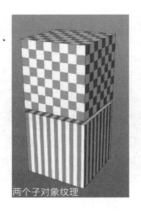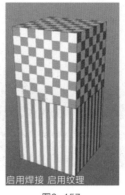

两个子对象纹理　　启用焊接 启用纹理　　启用焊接 禁用纹理

图3-157

居中轴心：启用后，以连接生成器的中心点为原点，连接处将移到连接生成器的位置，如图 3-158 所示。

连接生成器中心轴　　启用居中轴心

图3-158

3.5.10　对称

对称生成器可以将一边的模型对称到另一边，如图 3-159 所示，在修改一边模型时，另一边模型也会自动更新。在创建对称模型时，如果左右两部分都要操作一遍的话，会很花费更多精力，而使用对称生成器就可以只创建半边的模型，大大提高了工作效率。

对称生成器仅适用于几何体，不适用于灯光、相机、渲染实例等，且对称生成器不能对称同级的子级，所以要对称好几个模型，需要把所有模型都打组后再对称。

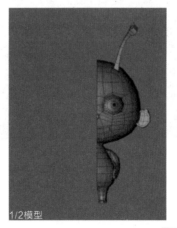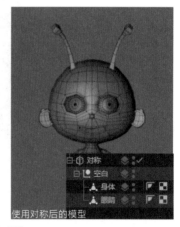

1/2模型　　使用对称后的模型

图3-159

在做对称建模时,最好能在世界坐标的中心建模,这样可以省去后续很多麻烦,比如对称出现裂缝时,将对称交点坐标值归 0 就可以轻松解决问题。

对称也可以添加多个层级,如要做的模型上、下、左、右、前、后都对称的话,可以只建四分之一的模型,剩下的四分之三完全可以用对称来完成,如图 3-160 所示。

1/4模型

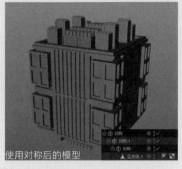
使用对称后的模型

图3-160

对称属性 - 对象

对称对象属性中"对象"选项卡中的各个参数如图 3-161 所示。

镜像平面: 定义用哪个平面来作为对称,默认是 zy 平面。

焊接点: 启用此选项后,则对称边缘处的点将优化为一个点,这样可以平滑地连接对象,避免中间出现缝隙。

公差: 启用焊接点选项后,公差选项才会被激活;定义需要焊接优化的点的最大距离,设定公差值后,与对称边缘处的距离在公差值范围内的点将被合并在一起并焊接。

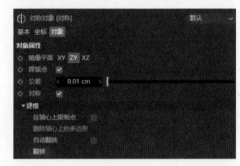
图3-161

对称: 启用焊接点选项后,对称选项才会被激活;默认启用,启用后,焊接点会精确地置于对称中心轴上。

在轴心上限制点: 这是一个安全设置的选项,可以在微调模型时防止移动点;启用后,将无法将对称中心轴上的点移出公差值范围外,如图 3-162 所示;启用后,执行如嵌入(即老版本的内部挤压)的操作时,它会以对称轴为原点执行嵌入,如图 3-163 所示。

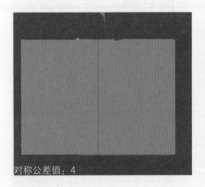
对称公差值:4

将对称点移出公差值范围外

对称点无法移出,自动回归中心点

图3-162

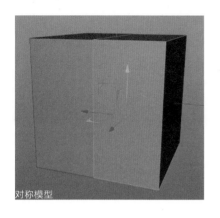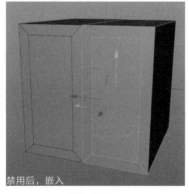

图3-163

删除轴心上的多边形：启用后，可以避免在对称轴上创建出共面多边形；例如，将对称面挤压后，会多出共同的面，启用此选项可以避免这类错误，如图3-164所示。

图3-164

3.5.11 实例

实例生成器本身是没有几何体对象的特殊副本，要创建副本，就必须要有一个源对象，并且源对象不能删除。

因为实例没实体，所以不能对实例做调整。实例生成器的一个优势是不占用内存，在一定程度上减轻计算机运行负荷。

实例生成器的另外一个优势是，对源对象做任何修改，实例都能随时跟着源对象变化而变化。例如，创建一个拥有40盏路灯的街景，其中一个为源对象，另外39个为实例，通过调整源对象的模型或材质，其他的39个实例都可以一次性随着源对象改变，不需要对每个实例进行调整。

实例对象的位置、比例、旋转3个选项与源对象无关，可以自由调整。如果源对象有纹理材质，实例不能自由调节材质，源对象没有纹理材质时，实例可以自由调节材质。

实例的应用方法：第一种方法是先创建实例的模型对象，再创建实例，则实例会直接将选择的模型对象作为源对象，直接创建副本；第二种方法是先创建实例，再将源对象拖到实例的参考对象中，实例就会生效。但是需要注意的是，如果实例对象过于复杂，使用实例会占用很多资源，导致计算机更卡顿，所以还是要根据实际情况来使用实例。

实例属性 - 对象

实例对象属性中"对象"选项卡中的各个参数如图 3-165 所示。

参考对象：定义实例的源对象。实例没有参考对象时，实例对象图标为红色，如图 3-166 所示。

实例渲染：当场景中有数千个实例时，会占用较多的内存，造成计算机的卡顿，启用实例渲染后，实例不会占用内存。

参考交换：交换实例对象和源对象的位置，这个功能在实例对象和源对象各自有父子级时依然生效，子级也会随之改变位置。

图3-165

图3-166

3.5.12 阵列

阵列生成器可以自动创建对象的副本，并以环状来排列这些副本，如图 3-167 所示。

阵列属性 - 对象

阵列对象属性中"对象"选项卡中的各个参数如图 3-168 所示。

半径：定义阵列对象半径的大小。

副本：定义阵列对象创建的副本数量；这里需要注意的是，原始对象仍可见，所以阵列生成的对象总数 = 副本数量 +1。

振幅：定义阵列生成的副本在 y 轴方向上的最大移动距离。

频率：定义阵列波动的速度（设置频率必须设置振幅，且在播放动画时才生效）。

阵列频率：定义阵列波动的数量（阵列频率需要与振幅、频率结合使用，在播放动画时才生效）。

渲染实例：启用后，会减少占用计算机的内存，有效提高计算机性能。

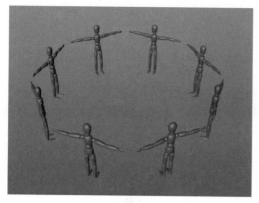

图3-167

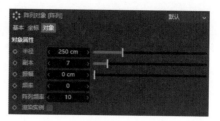

图3-168

阵列也可以用来做一些放射状的模型，我们只需要做其中的1/N，然后用阵列工具就可以轻松创建出一些复杂的模型，如图 3-169 所示。

1/12模型

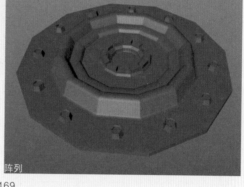

阵列

图3-169

3.5.13 晶格

晶格生成器可以根据子级对象的分段线生成一个新的晶格结构模型；子级对象的所有边都被圆柱代替，所有点都被球体代替，如图 3-170 所示。

晶格属性 – 对象

晶格对象属性中"对象"选项卡中的各个参数如图 3-171 所示。

球体半径：定义阵列生成球体半径的大小。

圆柱半径：定义阵列生成圆柱半径的大小。

原始对象分段线

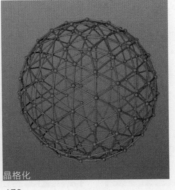

晶格化

图3-170

图3-171

老白讲知识

　　圆柱半径的数值无法超过球体半径的数值，球体半径可以自由设置数值，不同数值的圆柱半径和球体半径效果如图3-172所示。

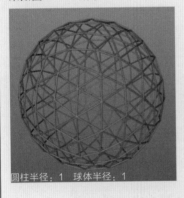

圆柱半径：1　球体半径：1

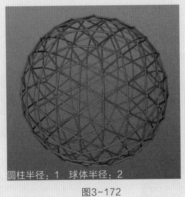

圆柱半径：1　球体半径：2

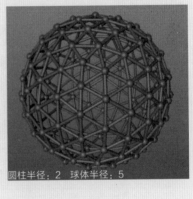

圆柱半径：2　球体半径：5

图3-172

　　细分数：定义圆柱体和球体的细分数量。细分数越大，圆柱体和球体越平滑，但细分数越大，占用的内存也越大；细分数最小数值为3，不同细分数值的效果如图3-173所示。

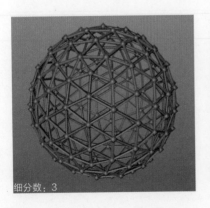

细分数：3

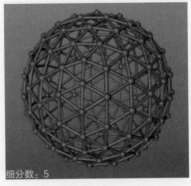

细分数：5

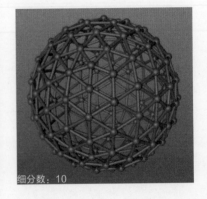

细分数：10

图3-173

单个元素：定义晶格转为可编辑对象后，圆柱体和球体是否作为单独元素。启用单个元素后，每个圆柱体和球体都将成为单独的参数对象；禁用单个元素后，圆柱体和球体会合并成为单个可编辑对象，禁用和启用前后效果对比如图 3-174 所示。

图3-174

3.5.14　重构网格

重构网格的功能是保持外形并对模型进行重拓扑，其对象属性如图 3-175 所示。重构网格可以有多个子级，并且子级的下属层级也将被重拓扑。

多边形类型分为四边优先和三角两种，四边优先可能会保留少许的三边面，勾选下方的仅四边形选项后重拓扑的模型面全部为四边面，三角类型的重拓扑模型全部由三边面组成。

多边形目标模式分为多边形数量和网格密度，多边形数量配合下方的数字来控制重拓扑模型的面数，网格密度配合下方的百分比数值来控制重拓扑模型的面数。

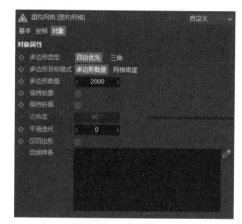

图3-175

3.5.15　减面

减面生成器可以让原始模型在尽量保持原始形态的情况下，最大限度地减少模型的面数。当场景中的模型面数特别多时，视图操作就会较慢，渲染的速度也会变慢，情况严重时甚至会让计算机卡顿崩溃。所以，如果模型面数很多且位于场景中较远的地方时，可以通过给模型减面，来减轻计算机负担。通过减面生成器处理的模型，面都会被处理成三角面。不同减面强度的效果如图 3-176 所示。

减面属性 - 对象

减面生成器属性中"对象"选项卡中的各个参数如图 3-177 所示。

原始模型　　　　　　减面强度：80%　　　　　　减面强度：95%

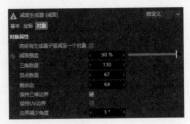

图3-176　　　　　　　　　　　　　　　　　　　　　　　图3-177

　　将所有生成器子级减至一个对象：默认禁用状态，禁用此选项后，减面生成器会自动将子级下的所有对象视为一个对象；启用后，会自动识别所有子级对象，并将每个对象视为单独的一个对象。

　　将模型减面强度设为90%，禁用选项后，每个子级都单独减少90%；启用选项后，所有子级作为一个对象一起减少90%，如图3-178所示。

原始模型　　　　　　　禁用选项　　　　　　　启用选项

图3-178

　　减面强度：在创建减面生成器后，系统会有一小段时间来预算减面的过程（预算时间由子对象模型的多边形数量决定，如果子对象多边形数量较多，则预算时间可能会较长），预算结束后，通过修改减面强度来定义子对象面数要减少多少百分比，数值越高，被减去的面数越多；0%为不减面，但是模型的面会转变为三角面，100%为减去所有的面。

　　三角数量：定义减少对象三角面的数量。

　　顶点数量：定义减少对象的顶点数。

　　剩余边：定义剩余的边的总数。

　　启用"将所有生成器子级减到一个对象"的选项后，"三角数量"和"顶点数量"的选项才会被激活。减面强度、三角数量、顶点数量、剩余边这 4 个参数是相关联的，修改其中任意一个参数，另外 3 个参数也会相应地更改，如图 3-179 所示。

减面强度、三角数量、顶点数量、剩余边 4 个参数之间相应的数值变化

图3-179

保持三维边界：默认启用此选项，启用后，会保护子对象的边界线来保持边界形状，启用和禁用保持三维边界对非封闭模型效果对比如图 3-180 所示。此选项对于封闭对象不生效，如图 3-181 所示。

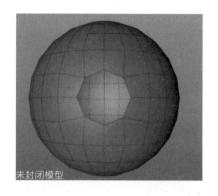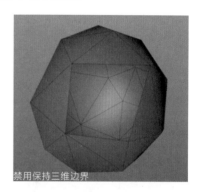

图3-180

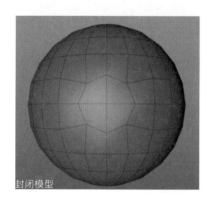

图3-181

保持 UV 边界：启用此选项后，则会保护子对象的 UV 边界来保持 UV 的完整；如果模型已经设置 UV 并赋予纹理，启用该选项，可以保护纹理不被破坏。

边界减少角度：定义边界共线边缘的保持程度。启用"保持三维边界"选项后，"边界减少角度"选项的设置才会生效。

3.5.16 融球

融球生成器可以将多个对象伸展并融合在一起；融球不仅能融合有实体的对象模型，也可以融合样条曲线，甚至能融合对象和样条，如图 3-182 所示；融球生成器需作为父级使用才会生效。

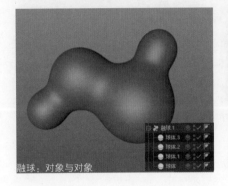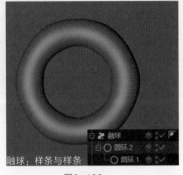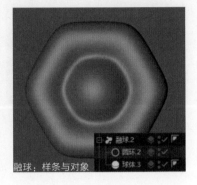

图3-182

老白讲知识

样条与样条融合时，可以用第二个样条曲线来控制融球的厚度；第二个样条曲线要置于第一个样条曲线的子级，如图 3-165 中"融球：样条与样条"。

融球属性 - 对象

融球对象属性中"对象"选项卡中的各个参数如图3-183所示。

外壳数值：定义融球的融解强度和大小。百分比越小，融解强度越大，不同外壳数值的效果如图3-184所示。

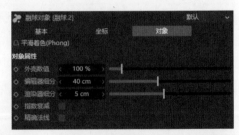

图3-183

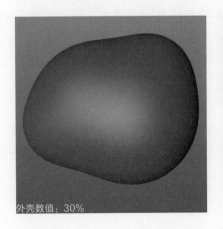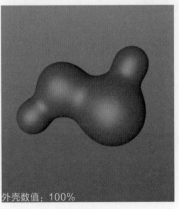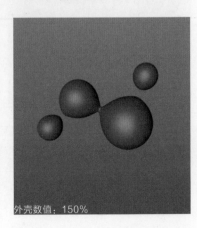

图3-184

编辑器细分：定义视窗中融球显示的细分数量，数值越大，细分数越少。默认的编辑器细分值较高，可以有效提高性能。

渲染器细分：定义渲染的细分数量，数值越小，细分数越多，渲染效果也越平滑。但细分数过低时，渲染会花更多的时间，若场景较大，细分较多时，可能会无法渲染；一般默认的5cm就足以满足要求。

指数衰减：默认禁用，禁用的情况下，融球对象之间相互的吸引力与重力相似，融合得会较自然；启用后，吸引力同重力一样，随着距离增大，会有一定的衰减，只有近距离的对象才会被融合，且会融合得不自然。

精确法线：启用后，将应用内部精确计算的顶点法线，使得融球对象更平滑。设置融球平滑着色角度：0，禁用和启用精确法线的效果如图3-185所示（为了便于观察，融球）；但是启用精确法线后的对象，如果再应用其他变形器，可能会出现错误，因为顶点法线不再准确。

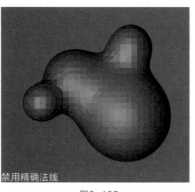

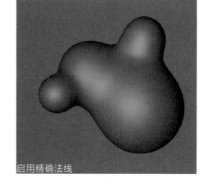

图3-185

3.5.17 LOD

LOD生成器可以简单地理解为细分级别生成器，根据设置的LOD参数，它可以用低模显示来代替高模显示，优化视图窗口和提高渲染速度，一般用于动画或游戏场景设计中。

例如，在一个非常复杂的场景中，设置摄像机距离为标准，有些模型不在摄像机范围内，或者有些模型离摄像机较远无法看清细节，LOD生成器就可以把这些模型以低质量显示，而当摄像机接近这些模型时，LOD生成器又可以让它们以高质量显示，这样可以减轻计算机负担，提高工作效率，如图3-186所示。

图3-186

标准：摄像机距离 以上3张图片为模型距离摄像机远近不同时的显示情况

图3-186（续）

LOD 属性 - 对象

LOD 属性中"对象"选项卡中的各个参数如图 3-187 所示。

LOD 模式：定义 LOD 工作方式，即决定标准选项定义条件的生效时间。

标准：定义使用哪个条件来实现 LOD 模式定义的质量。

LOD 条：LOD 生成器会自动给子对象编号，根据 LOD 值的高低，在视窗中将显示相应的 LOD 级别；LOD 级别可以自己灵活调整 LOD 条上的滑块。

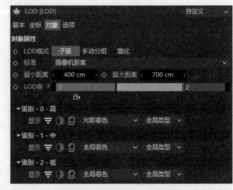

图3-187

调整 LOD 级别的5种方法：①直接移动滑块；②选择滑块，按 Alt 键，左右移动鼠标，则滑块以 10% 的步幅滑动；③选择滑块，在 LOD 条上其他位置单击，则选择的滑块就会移动到单击位置；④双击滑块，输入具体数值；⑤在 LOD 条上右击，有反转全部滑块、均匀分布滑块、将滑块恢复默认 3 种操作。

添加滑块的 2 种方法：①单击 LOD 条下方位置，即可添加滑块；②按 Ctrl 键，单击 LOD 条任意位置，即可添加滑块（当 LOD 模式为子级是时，不能手动添加滑块，滑块的数量由 LOD 子级的数量决定）。

删除滑块的 2 种方法：①选择滑块，直接按 Delete 键删除；②将滑块拖出 LOD 条。

老白讲知识

LOD 条下方的小圆点（根据标准选项的不同，显示的类型也不同，有可能是摄像机图标，也有可能是三角形图标）代表当前摄像机的位置，调节 LOD 级别时，可用来参考摄像机位置，如图 3-188 所示。

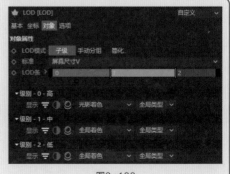

图3-188

下面再以同一个中心轴的模型为例，3个模型是由到低模高模的变化，如图3-189所示。

   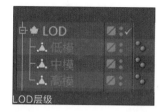

图3-189

使用"屏幕尺寸V"来实现LOD模式定义的质量，如图3-190所示。

该例子中的LOD条不同参数设定效果如图3-191所示。

图3-190

"屏幕尺寸V"变化时的高低模切换

图3-191

3.5.18 浮雕

根据纹理贴图的黑白信息生成有凹凸表面的模型，如图3-192所示。

图3-192

纹理：指定黑白信息的图片路径。

尺寸：定义浮雕模型的尺寸。

宽度分段、深度分段：定义模型的分段数。

底部级别：调整纹理贴图的黑色信息，数值越高，纹理的黑色信息越多，模型的凹陷面积越大。

顶部级别：调整纹理贴图的白色信息，数值越低，纹理的白色信息越多，模型的凸起面积越大。

方向：定义浮雕模型的朝向。

球状：勾选后，浮雕会生成一个球状模型，如图3-193所示。

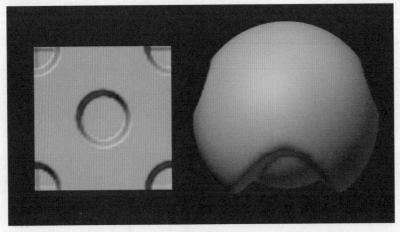

图3-193

3.5.19 矢量化

矢量化用来提取图片中的物体轮廓信息并转化为矢量样条，矢量化"对象"选项卡中参数如图 3-194 所示。

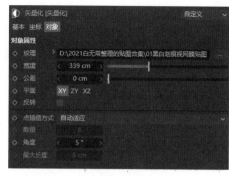

纹理：指定提供轮廓信息的图片路径。

宽度：调节矢量化对象大小。

公差：数值越小，轮廓越精细；数值越大，轮廓越圆滑。

平面：指定矢量化样条朝向。

反转：反转样条的点顺序，需要在点模式下转为可编辑对象后才能观察出来。

图3-194

矢量化对象可以配合挤压、扫描、样条布尔等制作模型，我们以样条布尔为例，如图 3-195 所示。

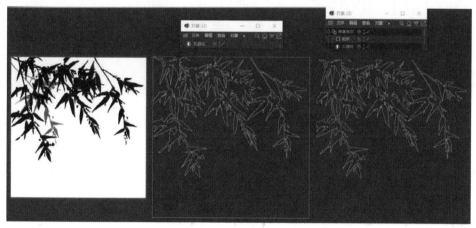

图3-195

3.5.20 **Vector Import**

即"3.2.4 导入'AI'样条"功能，此处不再赘述。

3.5.21 生长草坪

选中模型后单击生长草坪生成器，会给模型添加一个草坪材质标签，双击这个标签或在材质管理器界面双击材质，可以打开草坪材质，材质属性如图 3-196 所示。

颜色栏默认为绿色渐变，可以双击色标改变颜色或者载入预置。

颜色纹理：定义模型表面草的颜色分布。图3-196中我们载入了一张黑白的贴图，可以看到简介信息以及预览图，单击渲染活动视图（快捷键：Ctrl+R）可以看到模型上草的颜色信息是根据贴图的颜色来分布的（为了方便观察这里把叶片长度调为1，默认为25cm），如图3-197所示。

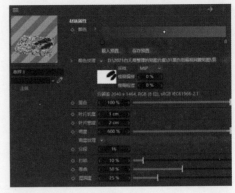

图3-196

混合：混合颜色与颜色纹理，数值0%时草坪颜色完全受颜色属性控制，数值100%时受颜色纹理属性控制。

叶片长度、宽度：调节每个叶片的长宽，长度默认25cm，宽度默认2cm，如图3-198所示。

图3-197

图3-198

密度：控制叶片数量，数据值越大叶片越密集。

密度纹理：通过贴图的黑白信息控制叶片的分布，如图3-199所示，颜色为黑色则叶片消失，颜色为白色则为正常密度。

分段：控制每个叶片的线段分布，分段数值越高叶片越柔软，分段数值越低叶片越坚硬，分段数值为1时叶片简化为长条，如图3-200所示。

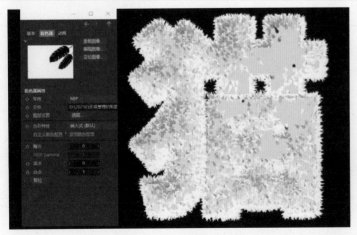

图3-199

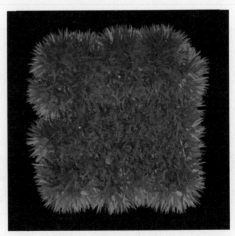

图3-200

打结、卷曲、湿润度：调整叶片的造型细节，如图 3-201 所示。要注意，这些效果需要足够的分段才能展现出来。

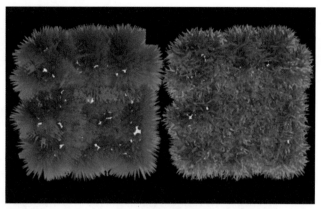

图3-201

3.6 体积生成与体积网格

在搭建模型时，体积生成和体积网格常搭配使用。

3.6.1 体积生成

体积生成是将对象体素化，只有将对象体素化后，才能使用体积网格将体积生成转为真实模型，注意层级关系，对象为体积生成的子级，体积生成为体积网格的子级，如图 3-202 所示。

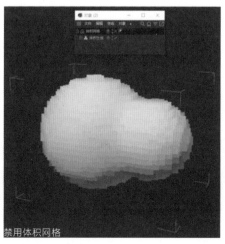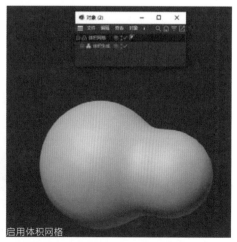

图3-202

1. 体积生成 - 对象

体积生成属性中"对象"选项卡中的各个参数如图3-203所示。

体素类型: 体素类型不同,会有不同的混合模式,而且最后生成的体积网格也会不同,如图3-204所示。

禁用体积网格,左类型:SDF,右类型:雾

图3-203

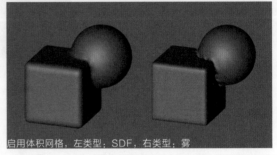

启用体积网格,左类型:SDF,右类型:雾

图3-204

SDF: 该模式下,两个对象只有加、减、相交3种混合模式,不同模式下相同体素尺寸的效果对比如图3-205所示(体素尺寸均为5)。

SDF模式

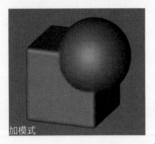

加模式

减模式

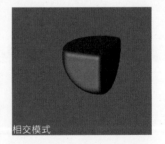

相交模式

图3-205

雾: 该模式下,两个对象的混合模式会更多,有普通、最大、最小、加、减、乘、除7种,不同模式下相同体素尺寸的效果对比如图3-206所示。

雾模式

普通模式

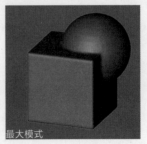

最大模式

最小模式

图3-206

加模式

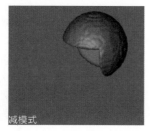
减模式

乘模式

除模式

图3-206（续）

体素尺寸：体素尺寸可以理解为模型精度，体素越小越精细，但占用的内存也会越大，在同一个体素尺寸的前提下，将光影着色（线条）与光影着色放在同一张图片中，以便于观察对比，如图3-207所示。

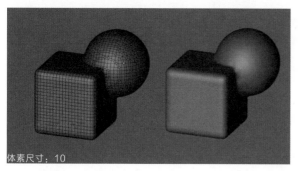
体素尺寸：10

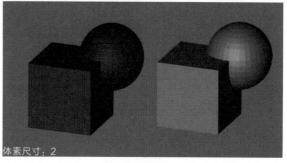
体素尺寸：2

图3-207

2. SDF 平滑

位于SDF平滑下方的所有对象最后形成的体积网格平滑，位于SDF平滑上方的对象则不受影响，如图3-208所示，图中体素类型均为SDF，体素尺寸均为2。

SDF平滑

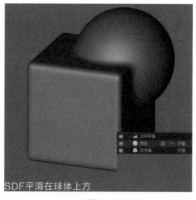
SDF平滑在球体上方

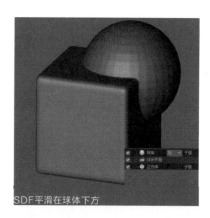
SDF平滑在球体下方

图3-208

平滑可以通过单击下方 SDF 平滑添加，也可以单击造型工具组中相应类型的平滑图标并拖入体积生成对象列表添加，一种体素类型对应一种平滑类型，如图 3-209 所示，拖入其他的平滑类型不会起到平滑作用。

执行器： 通过不同的滤镜模式产生平滑，有高斯、平均、中值、平均曲率、拉普拉斯流几种类型，如图 3-210 所示。

图3-209

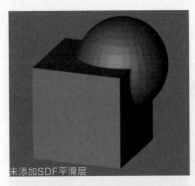

未添加SDF平滑层

高斯

平均

中值

平均曲率

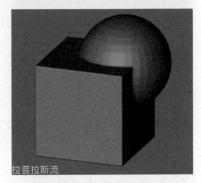

拉普拉斯流

图3-210

体素距离和迭代： 体素距离是通过体素间的距离优化，距离增大也能增加平滑。迭代是 SDF 平滑的计算次数，迭代次数越多，理论上会越平滑，但是也会有更多的计算量。高斯模式下不同体素距离和迭代次数的效果如图 3-211 所示。

体素距离:1，迭代：1

体素距离:4，迭代：1

体素距离:4，迭代：4

图3-211

3. 体积生成可使用的对象

"体积生成"可以生效的对象主要有多边形对象、样条、粒子和域。

多边形对象。根据多边形的外形，生成体素。勾选"使用网格点"时以多边形的点为体素生成源，可控制半径，如图 3-212 所示。

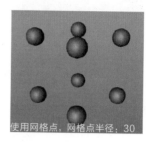

图3-212

样条对象。根据样条的外形，生成体素，如图 3-213 所示。

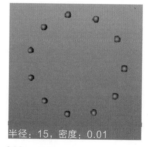

图3-213

粒子对象。根据粒子，生成体素，如图 3-214 所示。

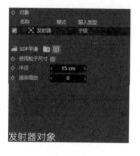
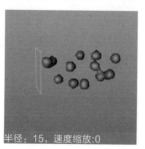

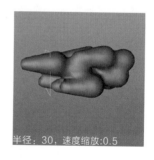

图3-214

域对象。利用域的外形，生成体素，如图 3-215 所示。

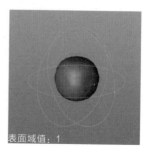

图3-215

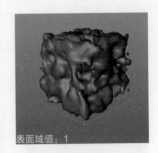

球体域对象　表面域值：0.1　表面域值：0.5　表面域值：1

图3-215（续）

3.6.2　体积网格

体积网格将生成的体素转化成真实的模型，作为体积生成的父级使用，体积网格属性中"对象"选项卡各参数如图3-216所示。

通常根据需求调整体素范围阈值，会对体积外形产生影响，如图3-217所示。

图3-216

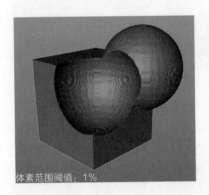
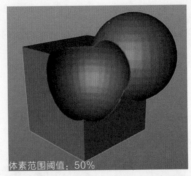
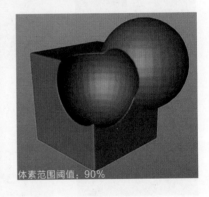

体素范围阈值：1%　体素范围阈值：50%　体素范围阈值：90%

图3-217

自适应主要是调整模型的分段线，自适应值越大分段越少，如图3-218所示。

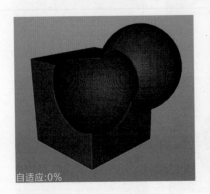
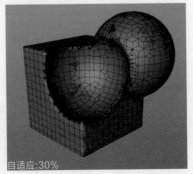
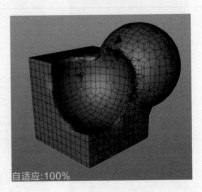

自适应：0%　自适应：30%　自适应：100%

图3-218

实战案例 1：室内场景

本案例为一个比较简单的室内场景，主要是先熟悉一些基础工具，在案例中设置属性参数时，不需要完全参照数值，因为对象的大小不同，所需要的属性数值也会不相同，所以大家不要死记硬背数值，需要根据实际情况来调整具体数值，本章案例最终结果如图 3-219 所示。

主要掌握知识点： 这是比较简单的一个案例，案例中用到的工具并不是很多，都是重复的基础操作，是为了让大家熟悉建模工具的使用方法。

图3-219

挤压： 挤压中比较常用的是"移动"数值，"移动"中 x、y、z 对应的是样条的 x、y、z 轴，所以在用挤压时，如果效果不对，可以修改"移动"中的 x、y、z 数值。另外一个常用是"封盖"数值，默认的挤压边缘是硬角的，在建模的时候可以根据实际情况来做调整。

对称： 对称能让我们免于重复制作模型相同的部分。

体积生成和体素网格： 比较灵活也比较便捷的建模工具，样条对象的父子级关系会影响到体素网格的最终结果。

旋转： 用样条来创建对象的横切面，然后再形成完整的模型。所以在使用"旋转"时，需要注意，样条的轴心和旋转的轴心都要在对象的中心位置。

1. 创建沙发

01 创建一个矩形样条，样条启用圆角，再创建挤压，挤压命名为"坐垫"，将样条作为挤压的子级，调整好挤压的移动数值及封盖圆角数值，生成挤压，如图 3-220 所示。

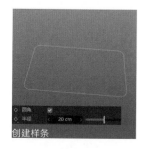
创建样条

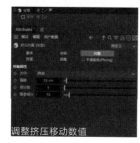
调整挤压移动数值

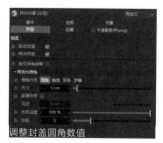
调整封盖圆角数值

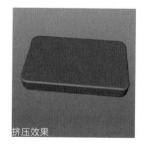
挤压效果

图3-220

02 创建一个扶手形状的样条，再创建挤压，挤压命名为扶手，将样条作为挤压的子级，调整好挤压的移动数值和封盖圆角数值，生成挤压，如图 3-221 所示。

创建样条　　　调整挤压移动数值　　　调整封盖数值　　　最终效果

图3-221

03 复制坐垫，调整好位置，将复制的坐垫命名为靠背，如图 3-222 所示。

图3-222

04 创建一个矩形样条，调整好样条点，再把样条类型改为 B- 样条，创建一个圆环，作为矩形样条的子级，创建体积生成作为样条的父级，再创建体积网格作为体积生成的父级，体积网格命名为靠垫，体积生成体素尺寸为 2，对象列表中添加平滑层，然后再复制一个靠垫，调整好位置，如图 3-223 所示。

创建样条

 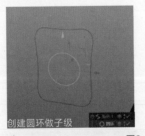  

样条改成B-样条　　　创建圆环做子级　　　体积网格　　　最终效果

图3-223

05 创建圆锥，设置圆锥的大小，顶部半径、底部半径，高度，及封盖圆角数值，创建两个对称，注意父子级关系，一个对称镜像平面为 zy，另一个对称镜像平面为 xy，然后移动圆锥，使两个对称都能生效，最后移动到坐垫底部，调整好位置，如图 3-224 所示，注意修改名称为沙发脚垫。

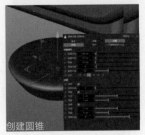

创建圆锥

图3-224

圆锥

创建对称

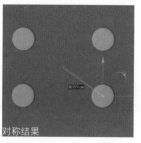
对称结果

最终效果

图3-224（续）

06 复制沙发脚垫，调整圆锥的半径和高度，重命名为沙发脚，最后将创建的模型都放到一个空白组中，命名为沙发，如图 3-225 所示。

修改圆锥属性

沙发脚

沙发组

图3-225

2. 创建凳子

01 创建一个立方体，修改立方体的大小，并设置圆角数值，再用沙发脚同样的对称方法创建凳脚，稍微旋转对称后的立方体，再移好位置，最后再添加凳脚横条，如图 3-226 所示。

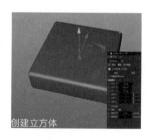
创建立方体

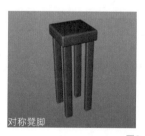
对称凳脚

旋转凳脚

添加凳脚横条

图3-226

02 创建一个样条，样条点插值方式为统一，增加数量；创建旋转，作为样条的父级，如图 3-227 所示。

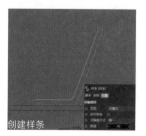
创建样条

创建旋转

图3-227

03 创建 3 个样条，挤压为花瓣，如图 3-228 所示。

  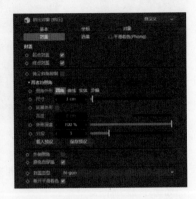

图3-228

04 先创建 3 个样条，再创建圆环样条，然后创建扫描，将圆环及一根样条作为扫描子级，扫描调整封盖数值，其他两个样条用相同方法设置，如图 3-229 所示。

  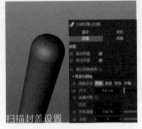 

图3-229

05 调整好扫描对象的位置，调整好花瓣和扫描的位置，让它们各自错开，最后记得整理图层组及命名，如图 3-230 所示。

图3-230

3. 创建柜子

01 创建样条，给样条添加挤压作为父级，调整挤压的移动数值及封盖数值，如图 3-231 所示，将挤压命名为柜体。

创建样条

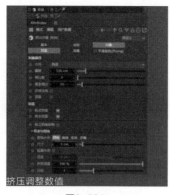
挤压调整数值

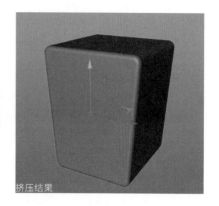
挤压结果

图3-231

02 创建一个立方体，调整立方体圆角；复制柜体，调整大小，命名为抽屉；创建胶囊，调整大小，作为抽屉拉手，调整抽屉位置，如图 3-232 所示。

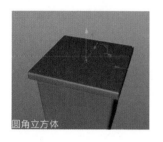
圆角立方体

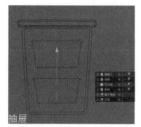
抽屉

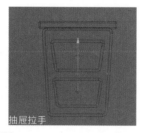
抽屉拉手

调整抽屉及拉手位置

图3-232

03 创建样条，给样条添加挤压做父级，调整挤压的封盖数值；给挤压添加对称生成器作为挤压的父级，调整对称的镜像平面为 xy，对称后命名挤压为柜脚，并调整好位置，柜子部分的对象放到一个组里，命名为柜子，如图 3-233 所示。

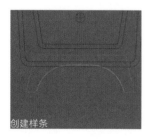
创建样条

挤压封盖调整

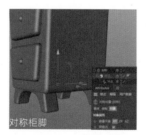
对称柜脚

最终结果

图3-233

04 创建样条，给样条添加旋转父级，命名为花盆，如图 3-234 所示。

创建样条

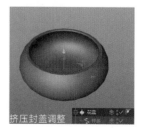
挤压封盖调整

图3-234

05 创建样条，给样条添加挤压做父级，调整挤压的封盖数值；给挤压添加对称作为父级，调整对称的镜像平面为 xy，对称后命名为花瓣，如图 3-235 所示。

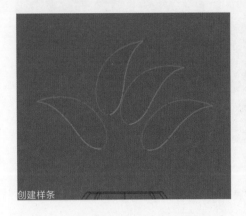

图3-235

06 创建建 4 个样条制作花茎，创建圆环样条，再创建扫描，将圆环及一根样条作为扫描子级，扫描调整封盖数值，其他样条使用相同设置方法，最后再将花茎和叶子调整一下前后位置，如图 3-236 所示。

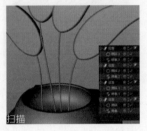

图3-236

4. 创建墙面装饰

01 创建立方体和样条，给样条添加挤压作为父级，调整挤压的移动数值及封盖数值，启用约束；将挤压对称到另一边，并调整好大小及位置，如图 3-237 所示。

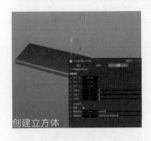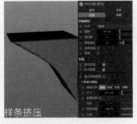

图3-237

02 创建样条，给样条添加旋转作为父级，命名为笔筒；创建圆柱，调整大小，再创建圆锥，将圆锥底部半径设置成和圆柱半径一样大小，圆锥顶部半径为 0.1cm，设置高度，圆柱和圆锥可以放到一个组里，再复制这个组，多做几支不同角度的笔，如图 3-238 所示。

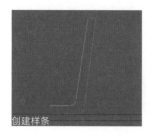  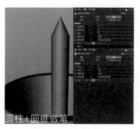 

创建样条　　　　　　　　旋转样条　　　　　　　圆柱+圆锥做笔　　　　　　复制笔

图3-238

03 创建样条，给样条添加旋转作为父级，命名为花盆，如图 3-239 所示。

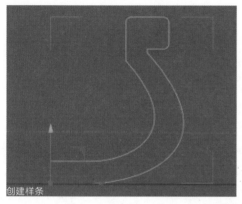 

创建样条　　　　　　　　　　　　　　　　旋转样条

图3-239

04 创建样条，给样条添加挤压作为父级，调整挤压的封盖数值；创建样条，创建圆环样条，再创建扫描，将圆环及一根样条作为扫描子级，调整扫描的封盖数值，其他两个样条使用相同的扫描方法，最后调整好扫描的位置，如图 3-240 所示。

创建样条　　　　　　　　挤压样条　　　　　　　创建样条　　　　　　扫描样条并调整位置

图3-240

05 创建一大一小两个矩形，再创建扫描，两个矩形作为扫描的子级。需要注意，小矩形在大矩形上面，这一步是要做相框的边框；做出边框后再创建立方体，给边框做一个封底；再创建一个圆角立方体，调整旋转值，让相框立起来；然后把相框放到一个组里，并命名；最后调整相框的大小及位置，如图 3-241 所示。

创建矩形

图3-241

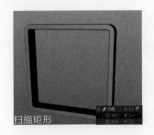
扫描矩形

立方体封底

相框效果

墙面装饰效果

图3-241（续）

5. 拼场景

创建两个立方体，一个作为地面，另一个作为背景墙，然后把刚刚创建的几个模型按照位置排好，如图3-242所示。

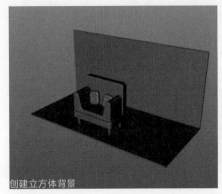
创建立方体背景

最终场景

图3-242

实战案例 2：网络购物

案例2依然是熟悉工具的过程，基础工具不会太复杂，我们需要尝试用不同的工具组合做出不同效果的场景，逐步地去掌握它们的属性。哪怕是同一个物体，也可以尝试用不同的工具来做，大家在尝试的过程中不断学习，本章案例最终结果如图3-243所示。

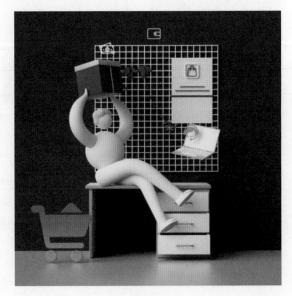

图3-243

主要掌握知识点： 使用基础工具创建场景，在创建场景的过程中慢慢掌握这些基础工具使用方法，为后面的建模打下坚实的基础。这里再次强调，做案例的时候不要死记硬背对象的属性数值，只要呈现出的最终结果是自己想要的即可。

克隆： 通常在有多个相同物体，并且这些物体要按照一定的逻辑来排列时，克隆是比较省事的一个工具。

融球： 融球可以使子级对象融合到一起，该案例中的人物头发是偏卡通类型的，可以用很多个球体融合的方式制作头发，这种类型的头发是比较灵活多变的。

布尔： 布尔是在建模中偶尔会用到的工具，案例中主要是用布尔来给模型挖洞，挖洞之后该模型就可以和其他部件之间形成缝隙。

晶格： 晶格是以子级的分段线为基础，将模型转化成条的模式，在做类似于镂空对象时比较方便。

阵列： 阵列与克隆比较类似，也是在有相同物体时使用，阵列没有克隆灵活，但是可以让物体错开不在一个水平线上，案例中主要用阵列来做叶子。

在看步骤前，大家思考一下如何去制作该案例。

1. 创建办公桌

01 创建两个立方体，调整好数值，大的立方体作为桌面，小的立方体作为桌侧边，调整好位置，注意为立方体的命名，如图 3-244 所示。

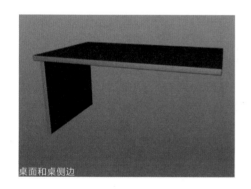 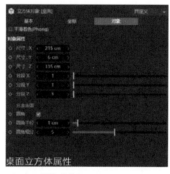 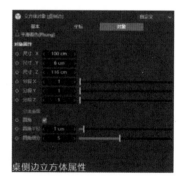

图3-244

02 创建一个立方体作为抽屉柜，移好位置；复制这个立方体，将高度调小点，作为抽屉，创建克隆，将克隆作为立方体的父级，调整好克隆数值，让抽屉柜刚好放下 3 个立方体；创建布尔，将布尔作为立方体和克隆的父级，如图 3-245 所示。注意当布尔类型为 A 减 B 时，抽屉柜需要在克隆上层。

 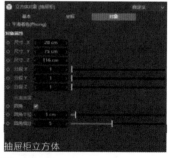

图3-245

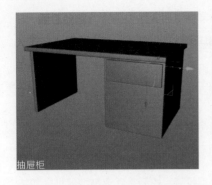
抽屉柜

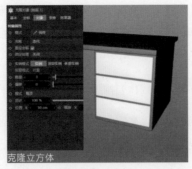
克隆立方体

抽屉布尔

图3-245（续）

03 复制抽屉，先把克隆禁用，再用 5 个立方体拼成抽屉的形状，抽屉的总宽、高都比上一步布尔的立方体小一点，为了便于观察，布尔的立方体启用了透显，抽屉面板稍微比其他立方体高一点，如图 3-246 所示。

布尔的立方体透显

抽屉形状

抽屉面板

图3-246

04 创建抽屉拉手样条，注意启用圆角，再创建一个小的样条，创建扫描，将两个样条作为扫描的子级，注意小样条在大样条上层；然后将抽屉的所有对象放到一个空白中组，启用克隆，调整克隆位置 Z 的数值，让 3 个抽屉错开，如图 3-247 所示。

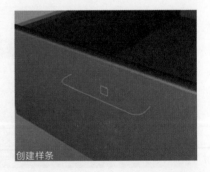
创建样条

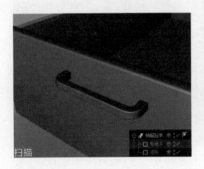
扫描

启用克隆并修改数值

抽屉面板

图3-247

2. 创建笔记本电脑

01 下载笔记本电脑的矢量图，在 Cinema 4D 菜单栏中执行"文件"→"合并项目"命令，选择刚刚保存的 AI 文件，打开即可将样条导入 Cinema 4D 中，如图 3-248 所示。

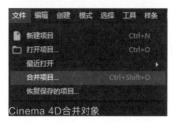

图3-248

02 导入的 AI 文件会形成一个 AI 生成器，在生成器的对象属性中勾选层次结构，可以逐个调节 AI 文件中的样条，将样条分开后，然后整理样条，为了便于展示，不同的分类用了不同的颜色显示，如图 3-249 所示。选中不同的挤压对象调节偏移数值和坐标，如图 3-250 所示。

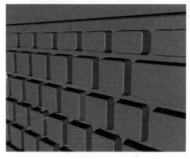

图3-249   图3-250

03 复制挤压，将复制的挤压子级里的样条替换成键盘组中那个小一些的矩形的样条（即步骤 03 中的绿色样条）；创建布尔作为两个挤压的父级，要注意复制的挤压在原挤压的下层，再将复制的挤压往外移一点，使布尔生效，如图 3-251 所示。

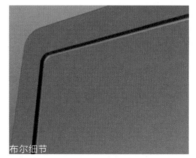

图3-251

04 布尔属性中启用"隐藏新的边"（隐藏新的边只是为了让布线更干净，可做可不做），复制接屏口的样条，放到小
方形样条同一层级，父级挤压启用"层级"，移动接屏口样条，使布尔生效，如图 3-252 所示。

隐藏新的边

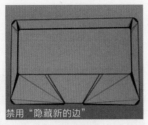
禁用"隐藏新的边"

启用用"隐藏新的边"

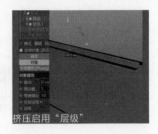
挤压启用"层级"

图3-252

05 创建挤压作为几个小圆点的父级，调整挤压的移动和封盖数值，启用"层级"，然后稍微移动一下挤压，让这几小
圆点露出来，如图 3-253 所示。

挤压对象属性

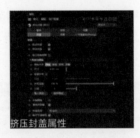
挤压封盖属性

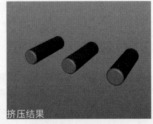
挤压结果

移动挤压

图3-253

06 创建一个和键盘外框一样大小的方形，再创建一个小方形，再创建扫描作为这两个样条的父级，注意小方形在显示
屏样条的上层；然后再复制出一个显示器样条，创建挤压作为父级，调整好挤压数值和位置，如图 3-254 所示。

调整属性及坐标

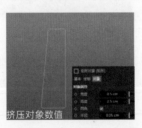
挤压对象数值

挤压封盖数值

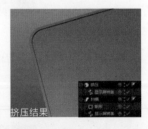
挤压结果

图3-254

07 案例中的笔记本电脑并不需要太真实，其实只要一个大概的外形即可，
毕竟不是做有近景的产品建模，如图 3-255 所示。

图3-255

3. 创建人物

01 创建一个球体作为身子，复制球体并调小作为头部；再创建球体作为头发，创建融球作为头发球体的父级，融球的编辑器细分和渲染器细分都改成 1，然后再继续复制作为头发的球体，灵活调整复制后球体的位置和大小，以结果为准，当球体足够的时候，融球融合的这些球体就会形成卡通人物头发的形状，如图 3-256 所示（为了便于展示，将头部的球体设置了透显）。

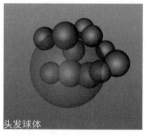

图3-256

02 切换到二维视图，创建一个样条作为腿，再创建一个多边形，多边形侧边改为 24，创建扫描作为这两个样条的父级，注意多边形在腿部样条的上层，扫描属性中，修改缩放曲线图，让扫描的一端稍微小一点，如图 3-257 所示。

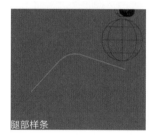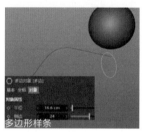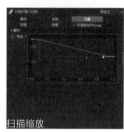

图3-257

03 创建鞋底样条，启用轴心▣（快捷键为 L），将样条的轴心移到顶上，再禁用轴心▣（快捷键为再次按 L）；创建放样作为样条的子级，复制样条，并调整样条的大小及位置（大小和位置可以根据放样的实际效果来调整，边调整样条边观察放样结果）。下面的示例中，鞋子有 6 根样条组成，需要注意它们的排列顺序，为了区分，不同的样条设置了不同的颜色，如图 3-258 所示。

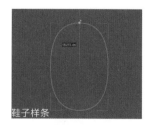

图3-258

04 创建鞋带样条，调整样条点，使样条整体与鞋子比较贴合；创建多边形，设置多边形侧边数量为 24，再创建扫描作为这两个样条的父级。需要注意，如果对扫描结果不满意，可以尝试调整多边形属性中的"平面"；复制扫描，观察并调整两个鞋带，如图 3-259 所示。

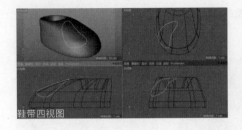  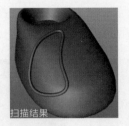 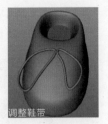

鞋带四视图　　　　　　扫描　　　　扫描结果　　　　调整鞋带

图3-259

05 将鞋底和鞋带放到一个空白组中，命名为鞋子，调整位置和大小，把鞋子穿到脚上；鞋子和腿部再放到一个空白组中，命名为腿，然后复制腿，调整位置（若对坐标调整效果不满意，可以调整腿部样条的点），让两腿呈现效果更加自然，如图 3-260 所示。

 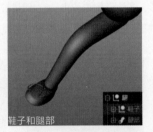  

鞋子组调整大小　　　鞋子和腿部　　　调整后的腿部样条　　　腿部效果

图3-260

06 创建手臂样条，再创建侧边数量为 24 的多边形，创建扫描作为两个样条的父级，调整扫描的缩放及封盖数值，让手指方向的扫描细一点；然后再创建对称作为手臂的父级，如图 3-261 所示。

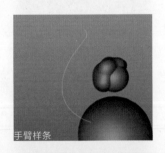

手臂样条

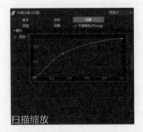  

扫描缩放　　　　扫描封盖　　　　扫描结果　　　　手臂对称

图3-261

07 创建两个立方体作为礼物盒，作为盒盖的立方体稍微大一点，再创建方形样条，样条刚好能框住礼物盒，再创建一个小的方形样条，添加扫描作为两个方形样条的父级，如图 3-262 所示。

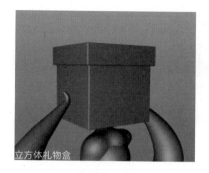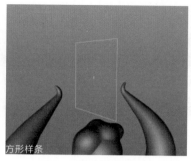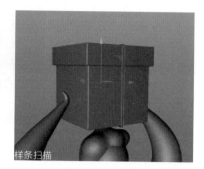

图3-262

08 创建花瓣样条，调整样条对象的数值和位置；再创建侧边为 24 的多边形，创建扫描作为两个样条的父级；然后创建球体，球体类型为半球体，调整大小及位置，将礼物盒放到同一个组里并命名，如图 3-263 所示。最后把人物的所有对象都放到一个空白组中，并命名为人物。

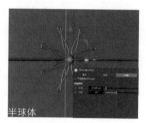

图3-263

4. 场景制作

01 先确定主体的大体位置，把前面做的几个模型摆好，再创建两个立方体做地面和背景；创建平面，调整好位置及大小，给平面添加父级晶格，晶格圆柱半径和球体半径一致，如图 3-264 所示。

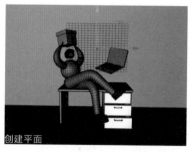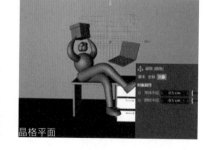

图3-264

02 创建叶子样条，再创建挤压作为叶子的父级，调整叶子移动的数值，复制挤压并调整位置及大小，让叶子错落有致，如图 3-265 所示。注意把这些叶子放到一个空白组中，并命名为大叶子。

图3-265

03 创建花茎样条，创建侧边数量为 24 的多边形，再创建扫描作为这两个样条的父级；复制一个挤压的叶子作为小叶子，调整大小，并将轴心移到叶子底部，如图 3-266 所示。

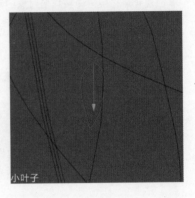

图3-266

04 选择小叶子，按 Alt 键的同时创建阵列（按 Alt 键再创建的阵列会直接成为小叶子的父级，并且轴心一致），调整阵列的属性让叶子上下错开；调整好阵列后发现叶子是重叠在一起的，选择小叶子，单击轴心图标█启用轴心，调整小叶子的轴心，阵列结果小叶子不重叠为准，调整好后再次单击轴心图标█禁用轴心，如图 3-267 所示。

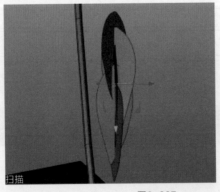

图3-267

05 选择阵列，按 Ctrl 键的同时创建克隆，克隆模式为对象，将花茎样条拖到对象框中，这里会发现叶子反了，可以在克隆的变换中调整位置及旋转，如图 3-268 所示。

克隆

克隆结果

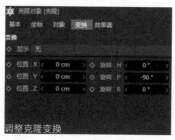
调整克隆变换

最终结果

图3-268

06 将叶子和花茎放到一个空白组，调整大叶子和花茎的高度，让模型不要穿插，复制叶子和花茎的空白组，调整位置及大小；创建一个样条，然后扫描作为绳子，将两个大叶子连在一起，如图3-269所示。最后把这些模型都放到组里并命名为植物。

大叶子和花茎

调整后

复制并调整

绳子

图3-269

07 创建Wi-Fi样条，创建侧边数量为24的多边形，创建扫描作为这两个样条的父级，用球体来做Wi-Fi下面的那个小圆点，如图3-270所示。

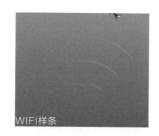
WIFI样条

扫描

添加球体

图3-270

08 创建购物袋样条，创建挤压作为样条的父级，调整挤压的移动和封盖数值，再调整样条的前后位置，让挤压的样条错开，以便袋子成型，如图3-271所示。

Wi-Fi样条

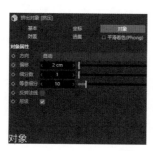
对象

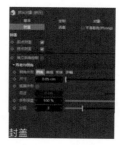
封盖

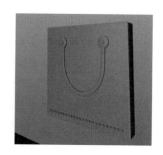

图3-271

09 其他的点缀物也是同样的做法，都是用样条＋挤压＋调整样条前后位置做出来的，这里不重复说明，点缀物做完之后调整它们的位置及大小，完善整个场景，如图 3-272 所示。

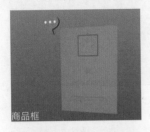
商品框

钱币

客服

信用卡

钱包

推车

招牌

最终场景

图3-272

实战案例 3：文字海报

文字海报的案例由大家自行去分析，尝试创建出类似的场景。我们看到场景的时候，可以尝试去拆分，看看场景中都是分为哪几个物体，而每个物体又是由哪些几何体组成的，我们可以用哪些工具来做出这样的一个场景，学会举一反三，才能不断地进步。

主要掌握知识点： 文字的笔画设计，要与自己的海报贴合。像该案例中，整体会是比较可爱的效果，所以笔画就会比较圆润，且点缀类的物体也是比较可爱的、圆润的，如图 3-273 所示。主题为"你看起来很好吃"，试想一下，如果用那种比较锋利的笔画，且点缀物又比较尖锐的，那它看起来又是另外一种风格了。

图3-273

建模工具进阶

学完基础工具之后，就该学习进阶版工具了。我们所有的模型都需要通过建模工具来建立。想要让自己的作品视觉冲击力强，就必须熟练使用建模工具。而建模工具有很多，并不是所有工具都要很熟练。每个人的建模思路不同，所使用的工具也会不同。我们在学习时，要先掌握基础的操作，熟练了之后就可以快速地建成自己所需要的模型。

4.1 变形器

Cinema 4D 的变形器是建模流程中的核心工具。这个工具非常强大且有趣，它通过给对象（包括样条）添加变形，让它们的形状、大小及位置在空间中产生一些变化，从而快速创建出我们想要的几何形态。

在 Cinema 4D 中，想让变形器生效，则变形器要作为对象的子级，或变形器与对象在同个父级中是平级的，如图 4-1 所示。

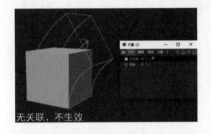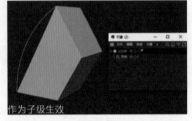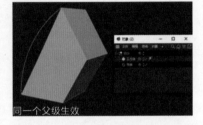

图4-1

老白提醒

使用变形器时，对象需要有足够的分段线，如图4-2所示，否则变形出来的效果有可能不太理想。

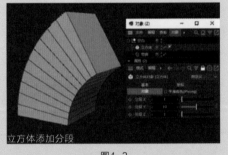

图4-2

变形器创建之后，都会自动激活，此时变形器的对象管理器中会出现绿色的复选图标；要停用变形器，则单击绿色复选图标，图标变成红叉，此时变形器无效。一个模型对象可以添加多个变形器，变形器会按层级中从上到下的顺序生效。图 4-3 所示为变形器操作示例。

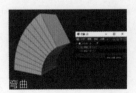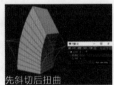

图4-3

大多数变形器都有衰减属性，衰减属性可以更好地控制局部范围内的效果；运动图形能更直观地演示衰减参数的操作模式，衰减的详细说明可以参阅"7.3.1 衰减"一节的内容。

图 4-4 所示为 Cinema 4D 中常见的变形器工具。

图4-4

4.1.1　弯曲

弯曲变形器可以让物体弯曲变形。使用变形器时，模型对象需要有足够的分段线，否则变形后的效果有可能不太理想。

1. 弯曲属性 - 对象

弯曲的"对象"选项卡中的各个参数如图 4-5 所示。

图4-5

尺寸：定义变形器的范围。变形器的尺寸会根据模式来确定对对象变形的区域。

对齐：设置变形器的方向。

匹配到父级：当变形器作为对象的子级时，此选项可自动将变形器的大小与位置匹配到父级对象，将父级对象完全容纳在范围框内并整体变形；这意味着我们不需要再手动调整变形器的尺寸和位置。但有时候变形器未匹配到父级也能做出一些有趣的效果。匹配到父级和未匹配到父级的效果如图 4-6 所示。

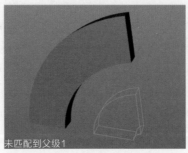
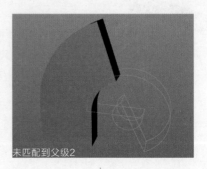

图4-6

模式：定义弯曲变形的模式，这里有 3 种模式可选。

限制：整个对象都受变形器影响；对象在弯曲范围框内的部分会被弯曲变形，且范围框外的部分会跟随弯曲部分平移，以适应弯曲。

框内：对象只有在弯曲范围框内才会弯曲变形，框外部分仍保持原样。

无限：整个对象都受变形器影响，对象不受弯曲范围框的限制。

不同模式下，设置 90° 的弯曲变形强度时的变形效果如图 4-7 所示。

图4-7

强度 / 角度：定义弯曲变形的强度 / 角度变化。这里可以控制强度 / 角度的具体数值；也可以选中变形器，在视窗中通过手动变形器的橙色手柄直接更改。不同强度和角度下的案例效果如图 4-8 所示。

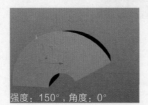

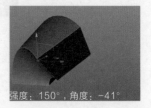

图4-8

保持长度：启用后，弯曲变形的对象始终保持本身原有的长度不变。启用和禁用"保持长度"选项的效果如图 4-9 所示。

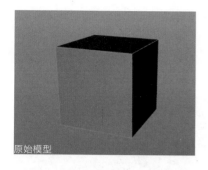  

图4-9

2. 弯曲小案例：铺地毯

01 创建一个立方体，注意分段线。

02 创建弯曲变形器，作为立方体的子级。注意调整弯曲的坐标及尺寸，以达到我们想要的弯曲效果，如图 4-10 所示。

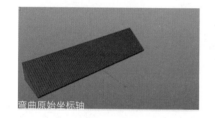 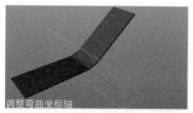 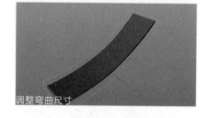

图4-10

03 调整弯曲的"强度"，发现立方体都扭成了一团，不像地毯被卷起来的样子。继续调整弯曲的 R 坐标参数，让立方体卷起来的部分错开，如图 4-11 所示。

 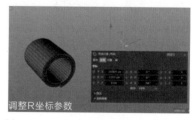

图4-11

04 移动弯曲的 z 轴位置，卷起的部分会慢慢被打开。给弯曲的 z 轴记录关键帧，就可以做出铺地毯的动画了，如图 4-12 所示。

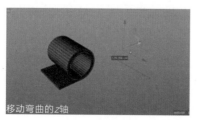 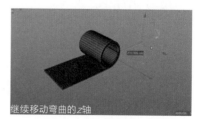

图4-12

4.1.2 膨胀

膨胀变形器就是让物体膨胀或收缩，以达到变形的目的。使用变形器时，模型对象需要有足够的分段线，否则变形后的效果有可能不太理想。

膨胀属性 - 对象

膨胀对象的"对象"选项卡中各个属性参数如图4-13所示。

膨胀的属性参数与弯曲基本相同，这里只说"弯曲"和"圆角"两个参数。

弯曲：定义膨胀或收缩变形的曲率。

图4-14所示为不同强度值和不同弯度值的案例效果。其中每个小图中左边的数字是强度值，右边的数字是弯曲值。

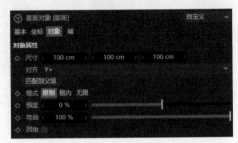

图4-13

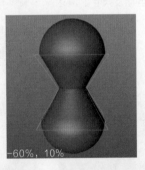

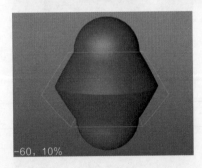
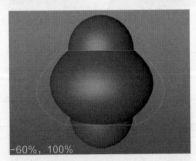
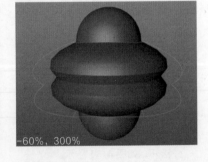

图4-14

圆角：启用此选项后，膨胀或收缩的过渡会更平滑。两组相同强度下禁用和启用"圆角"的效果对比如图4-15所示。

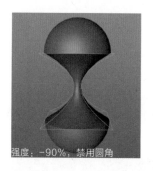 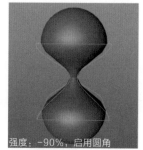 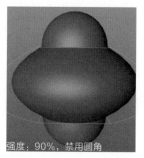 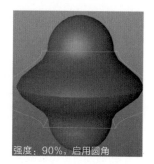

强度：-90%，禁用圆角　　强度：-90%，启用圆角　　强度：90%，禁用圆角　　强度：90%，启用圆角

图4-15

4.1.3　斜切

斜切变形器就是让物体被倾斜剪切。使用变形器时，模型对象需要有足够的分段线，否则变形后的效果有可能不太理想。

斜切的属性参数与膨胀基本相同，这里不重复说明斜切的参数设置及其相应效果如图 4-16 所示。

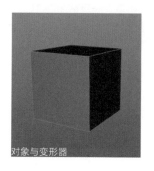   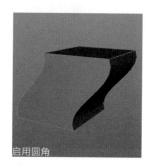

对象与变形器　　　　　强度：100%　　　　　强度：100%，弯曲200%　　　启用圆角

图4-16

4.1.4　锥化

锥化变形器就是让物体朝向一端变窄或变宽。

锥化的属性参数与弯曲基本相同，这里不重复说明。锥化的参数设置及其相应效果如图 4-17 所示。

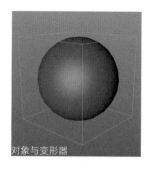 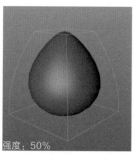 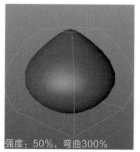 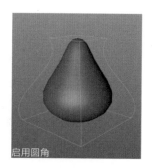

对象与变形器　　　　　强度：50%　　　　　强度：50%，弯曲300%　　　启用圆角

图4-17

4.1.5　扭曲

扭曲变形器就是让物体沿着 y 轴扭转。使用变形器时，模型对象需要有足够的分段线，否则变形后的效果有可能不太理想。

1. 扭曲属性－对象

扭曲的对象属性参数与弯曲基本相同，如图4-18所示，这里只说角度这个参数。

图4-18

角度：定义扭曲的变形方向。不同角度下扭曲效果对比如图4-19所示。

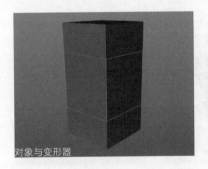
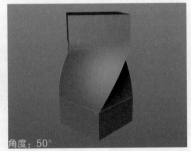
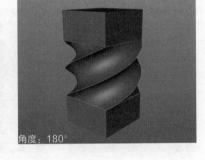

图4-19

2. 扭曲小案例：制作电缆线

01 创建圆柱，注意添加分段线。

02 给圆柱添加"克隆"生成器，克隆模式改为放射，调整数量及平面。

03 添加"扭曲"变形器，与克隆编成组，然后调整扭曲的角度。

操作过程及参数设置如图4-20所示。

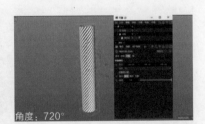

图4-20

4.1.6 FFD

FFD 变形器的作用是通过 FFD 外框控制对象，用任意数量的网格点自由地变换对象。与其他变形器相比，FFD 网格只能在点模式下对 FFD 的网格点进行移动、缩放、旋转操作。使用变形器时，模型对象需要有足够的分段线，否则变形后的效果有可能不太理想。

有时候修改模型会遇到很多分段线，直接在模型上修改会很麻烦，FFD 变形器可以让这种烦琐的步骤变得简单。如图 4-21 所示，原始对象的分段线密密麻麻的，直接在原始对象上改线是不明智的，FFD 可以通过自身的网点数量来决定分段线，然后在点模式下，修改 FFD 上的点元素，从而带动模型的变化，以简化修改模型的步骤。

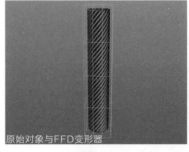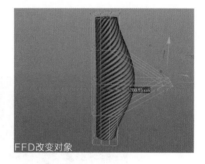

图4-21

FFD 属性 - 对象

FFD 对象的"对象"选项卡中各个属性参数如图 4-22 所示。

栅格尺寸：定义 FFD 变形器的范围。

水平网点 / 垂直网点 / 纵深网点：定义 FFD 变形器在 x、y、z 方向轴上的网格分段数，如图 4-23 所示。

重置：在改变 FFD 网点后，单击"重置"按钮，会让 FFD 归为初始状态。

图4-22

图4-23

4.1.7 摄像机

摄像机变形器可以通过网格点使对象变形。摄像机变形器只会影响模型的视觉效果，对模型本身并不会产生影响，如图 4-24 所示。

原始模型与摄像机变形器　　　　　　调整摄像机变形器的网格点

图4-24

摄像机属性 - 对象

摄像机"对象"选项卡中各个属性参数如图 4-25 所示。

图4-25

重置：使当前选定的网格点恢复到初始状态。如果没有选中网格点，则摄像机所有网格点都重置。

摄像机：启用了此功能后，就只能在此摄像机视图中编辑摄像机变形器的网格点；此选项为空时，则无论视角如何，都能看到摄像机变形器的网格点。

安全框：启用后，可将变形器的网格约束到场景边界（将呈现的内容框架）；禁用后，摄像机变形器的网格会扩展到整个视图窗口，则场景边界外的对象也可以变形。启用和禁用安全框的效果如图 4-26 所示。

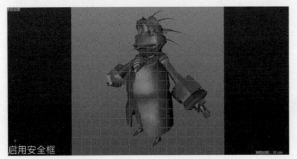 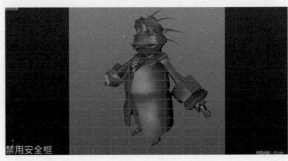

启用安全框　　　　　　　　　　禁用安全框

图4-26

4.1.8 修正

修正变形器可以修改对象上元素的位置，如图 4-27 所示。

修正变形器可以非破坏性地修正对象元素。这意味着，在使用参数化几何体时，可以在不转换为可编辑对象的情况下，对参数化几何体进行调整。

图4-27

1. 修正属性 – 对象

修正的"对象"选项卡中各个属性参数如图 4-28 所示。

锁定：启用后，可以锁定修改变形器当前的状态，使其无法更改。

图4-28

缩放：启用后，当对象的大小改变时，修改变形器所修改的点也会随着改变。如图 4-29 所示，左边球体的修正变形器禁用了"缩放"，右边球体的修正变形器启用了"缩放"功能。图 4-30 所示为球体半径为 100cm 和 200cm 的效果对比，将球体半径改为 200cm 时，右边球体的尖点会随着球体缩放。

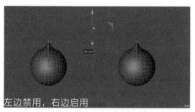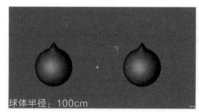

图4-29   图4-30

映射：定义创建修正变形器结构的计算方法。

强度：定义修正变形器对对象的影响程度。

更新：如果基础对象有更改，则单击"更新"按钮，可以让修正变形器更新多边形 / 点数。

重置：将修正变形器修改过的所有点恢复到初始位置。

2. 修正变形器设置选集

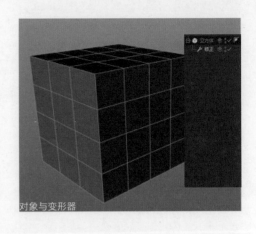

对象与变形器

01 创建立方体，将修正变形器作为立方体的子级。

02 选择修正变形器，多边形模式下，选择多边形，按快捷键 V，在弹出快捷菜单中执行"选择"→"存储选集"命令，选集标签将被添加到修正变形器。

03 将修正变形器的选集拖到立方体上，让这个选集成为立方体的选集。

04 给立方体创建一个材质球，设置材质球属性。将刚刚的选集标签拖放到选集框中。

操作过程及效果如图 4-31 所示。

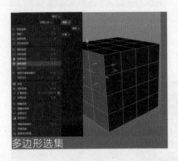

多边形选集

多边形选集给立方体

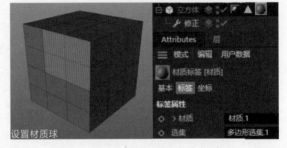

设置材质球

图4-31

3. 修正小案例：做折扇动画

01 创建圆盘，设置圆盘分段为 1，终点为 5°，将修正变形器作为圆盘的子级。

02 选择修正变形器，每间隔一个点进行选择。

03 将选择的点往上或往下移动，与原点位置错开。

04 给圆盘的终点设置不同数值并记录关键帧，即可做出折扇的动画。

操作过程及效果如图 4-32 所示。

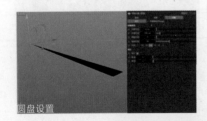

圆盘设置

间隔选点

移动点

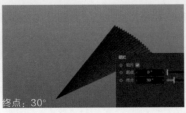

终点：30°

终点：100°

图4-32

4.1.9　网格

网格变形器如同 FFD 的升级工具，它也是通过外框来控制对象变形，不同的是网格变形器可以自由创建一个低模外框，用来控制高模的变形。使用变形器时，模型对象需要有足够的分段线，否则变形后的效果有可能不太理想。

网格变形器操作过程中的参数设置及其相应效果如图 4-33 所示。

01 创建一个多边形对象。这个多边形对象将定义模型对象的变形（我们称之为网笼），如图 4-33 中第 2 幅图所示。

02 创建网格变形器，作为模型对象的子级，将多边形对象拖动到网格的网笼列表中，然后单击初始化按钮，如图 4-33 中第 3 幅图所示；初始化后如图 4-33 中第 4 幅图所示。

03 修改多边形的形态，则多边形可以带动模型对象变形，如图 4-33 中第 5 幅图所示。

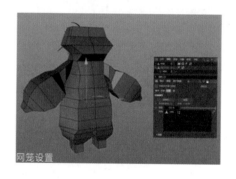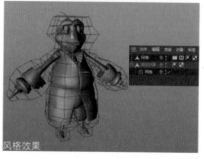

图4-33

网格变形器是非常方便的工具。因为它的网笼是多边形，所以可以给网笼添加任何其他的变形器或表达式，用以控制网笼，网笼又能控制模型对象变形。

网格在建模过程中还能非破坏性地快速修改模型的比例。比如说建了个模型，但是不确定接下来的修改是不是自己想要的，那就可以用网格变形器来修改。如果修改完成后觉得不想要这种效果，就可以单击网格变形器的"恢复"按钮，则模型就会恢复到初始状态。

如图 4-33 中第 1 幅图所示，模型对象有着密密麻麻的分段线。如果想调整模型的某个部位，可通过网格变形器调整这些分段线实现。

1. 网格属性－对象

初始化： "初始化"按钮在设置了网笼对象后才会被激活。这个功能将记录网笼的初始状态，并将每个点的权重值分配给模型对象。

恢复："恢复"按钮在执行了"初始化"命令后才会被激活。这个功能可以使网笼恢复至初始状态。

自动初始化：启用后，网格变形器将自动记录网笼的初始状态。但是要注意的是，如果使用高模网格，自动初始化会降低计算机的性能。

强度：定义网笼对模型对象的影响程度。强度值为 0% 时，模型对象不受网笼影响。

网笼：定义控制模型对象的网笼，可直接将网笼拖入列表中。

精度：定义执行初始化命令时，初始权重计算的准确程度。如果在变形时发现模型产生了一些错误的变形，可以在执行"恢复"命令后，提高精度值，并重新执行"初始化"命令，如图 4-34 所示。这样可以有效避免这个问题。不同精度下的变形效果如图 4-35 所示。需要注意的是，精度提高后，可能会因计算量增加而导致计算机速度变慢。

图4-34

精度：10%　　　精度：50%

图4-35

外部：定义网笼范围外的点将如何变形。

忽略：网笼范围外的点保持原状，不会跟着网笼范围内的点变形。

表面：将网笼外部的点与距离网笼最近的点一起移动，在网笼的表面区域改变时拉伸或挤压体积。

表面（面积）：这个模式和"表面"几乎相同，只是在网笼表面区域改变时，网笼外部的点的距离会成比例地改变。

不同变形方式的效果如图 4-36 所示。

网笼初始形态

网笼旋转

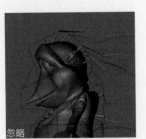

忽略

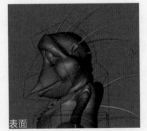

表面

表面（面积）

图4-36

2. 网格小案例：砸车

01 沿着车模外框创建一个网笼，如图 4-37 所示。

02 创建网格变形器作为车模的子级，设置网笼，然后单击"初始化"按钮，效果如图 4-38 所示。

03 右击网笼，在弹出的快捷菜单中执行"模拟标签"→"柔体"命令。在弹出的窗口中，选择"动力学"选项卡，将动力学开启。选择"柔体"选项卡，硬度调整为 20，弹性极限调整为 10cm，如图 4-39 所示。

图4-37　　　　　　　　　　　　图4-38　　　　　　　　　　　　图4-39

04 创建一个平面作为地面。右击地面，在弹出的快捷菜单中执行"模拟标签"→"碰撞体"命令。选择"柔体"选项卡，将硬度调整为 120，弹性极限调整为 10cm，如图 4-40 所示。

05 创建一个球体。右击球体，在弹出的快捷菜单中执行"模拟标签"→"刚体"命令，将球体移高一点，然后播放动画即可，如图 4-41 所示。

图4-40

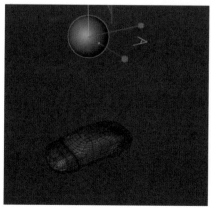 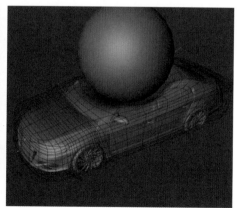

图4-41

4.1.10 爆炸

爆炸变形器是将对象分解成多个多边形碎片，并以变形器的中心点为原点向外炸散开。爆炸形成的多边形碎片的数量及形状由模型对象本身的多边形决定。模型分段线不同，爆炸效果也不同，如图4-42所示。使用变形器时，模型对象需要有足够的分段线，否则变形后的效果有可能不太理想。

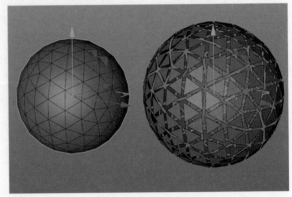

图4-42

爆炸属性 - 对象

爆炸的"对象"选项卡中各个属性参数如图4-43所示，图中将各个参数进行了注解。

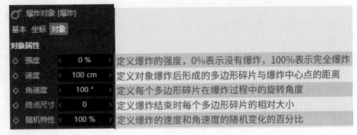

图4-43

强度：可以理解为爆炸的开始与结束。强度可以通过在视窗中直接拖动爆炸变形器的橙色手柄进行调整。不同强度的爆炸效果如图4-44所示。

图4-44

速度：默认速度为 100cm，则多边形碎片距离中心点 100cm。数值越大，多边形碎片离中心点越远；反之则越近。不同速度数值情况下的效果如图 4-45 所示。

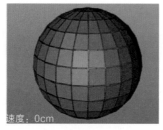

图4-45

角速度：每个多边形碎片的旋转轴方向都是随机的，并且在爆炸过程中会随机发生变化。不同角速度数值情况下的效果如图 4-46 所示。

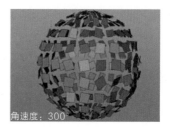

图4-46

终点尺寸：定义爆炸结束时每个多边形碎片的相对大小。如果终点尺寸为 1，则在爆炸过程中，多边形碎片的大小将不会有任何改变。如果终点尺寸为 0，则在爆炸结束时，多边形碎片消失，也就是说爆炸过程中多边形碎片会经历一个从有到无的转变过程。不同终点尺寸的效果如图 4-47 所示。

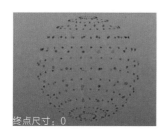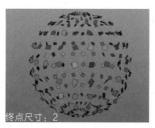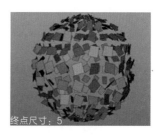

图4-47

随机特性：定义"速度"和"角速度"的随机变化。

4.1.11 爆炸 FX

爆炸 FX 变形器是将对象分解成多个多边形碎片，并以变形器的中心点为原点向外炸散开。爆炸形成的多边形碎片的数量及形状由模型对象本身的多边形决定。爆炸 FX 相对于爆炸多了厚度，也多了更多的随机效果与调节细节的参数，因此爆炸 FX 产生的爆炸效果更逼真。使用变形器时，模型对象需要有足够的分段线，否则变形后的效果有可能不太理想。

爆炸 FX 会有 3 个范围框，如图 4-48 所示。

蓝色框：重力产生影响的范围。

红色框：冲击范围和冲击速度。

绿色框：爆炸范围。只有绿色框碰到了对象，对象才会爆炸。

图4-48

1. 爆炸 FX 属性 - 对象

爆炸 FX 的"对象"选项卡中各个属性的参数如图 4-49 所示。

时间：定义爆炸的范围。和绿色框相同，"时间"也可以通过在视窗中直接拖动绿色框的黄色手柄进行调整。

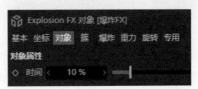

图4-49

2. 爆炸 FX 属性 - 爆炸

爆炸 FX 的"爆炸"选项卡中各个属性参数如图 4-50 所示。图中对各个参数进行了注解。

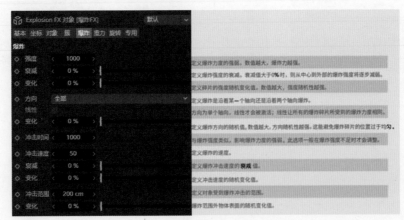

图4-50

冲击速度：冲击速度也是由绿色框来显示，只是绿色框的橙色手柄不能控制冲击速度；在爆炸（绿色框范围）到达之前，模型对象保持原形态不变。

衰减（冲击速度）：冲击速度的衰减值为0%时，表示没有随机变化；大于0%时，则表示从中心到外部的冲击速度将逐步减弱；如果重力范围（蓝色框）大于爆炸范围（绿色框），则衰减值将代替重力范围。

冲击范围：爆炸范围（绿色框）外的物体表面不会加速爆炸；在爆炸范围内加速爆炸的物体表面可以超出爆炸范围。

3. 爆炸 FX 属性 – 簇

爆炸 FX 的"簇"选项卡中各个属性参数如图 4-51 所示。图中对主要参数进行了注解。

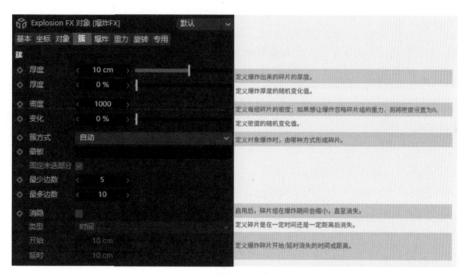

图4-51

厚度：定义爆炸出来的碎片的厚度。通过在对象表面挤出厚度来表现体积。正数时为沿着法线的方向挤压；负数时为沿着法线的反方向挤压；0 则是不挤压，碎片没有厚度。

4. 爆炸 FX 属性 – 重力

爆炸 FX 的"重力"选项卡中各个属性参数如图 4-52 所示。图中对主要参数进行了注解。

图4-52

5. 爆炸 FX 属性 – 旋转

爆炸 FX 的"旋转"选项卡中各个属性参数如图 4-53 所示。图中对主要参数进行了注解。

图4-53

6. 爆炸 FX 属性 – 专用

爆炸 FX 的"专用"选项卡中各个属性参数如图 4-54 所示。

风力：定义风的大小。默认方向为 z 轴，风不考虑物体本身的重量。

变化（风力）：定义风的大小随机变化值。

螺旋：定义风的旋转。默认方向是沿 y 轴旋转。当螺旋值为正数时，风逆时针旋转；当螺旋值为负数时，风顺时针旋转。

变化（螺旋）：定义风的旋转随机变化值。

图4-54

7. 爆炸 FX 小案例：制作碎裂效果

01 创建一个立方体，分段线改为 20 × 20 × 20，如图 4-55 所示。

02 给立方体创建一个爆炸 FX 变形器作为子级，如图 4-56 所示。

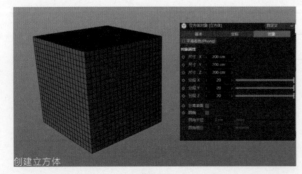

图4-55

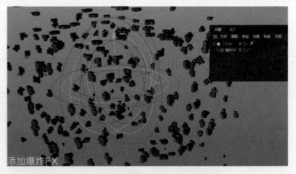

图4-56

03 修改爆炸 FX 变形器的参数。在"对象"选项卡中，设置时间为 10%；在"爆炸"选项卡中，设置强度为 0.01，调整冲击范围为 150cm 左右；在"簇"选项卡中，设置厚度为 5cm、最多边数为 22；在"重力"选项卡中，设置"加速度"为 0、"范围"为 230cm 左右，参数设置及效果如图 4-57 所示。

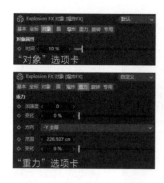
"对象"选项卡

"重力"选项卡

"爆炸"选项卡

"簇"选项卡

立方体与变形器

图4-57

04 右击立方体，在弹出的快捷菜单中执行"当前状态转对象"命令，新生成一个立方体。为了区分，将新生成的立方体重命名为"爆炸体"。隐藏原始的立方体。

05 在菜单栏执行"运动图形"→"分裂"命令，将分裂作为爆炸体的父级。

06 选择分裂，在菜单栏执行"运动图形"→"效果器"→"随机"命令，将随机效果器添加为分裂的效果器。

操作过程和效果如图4-58所示。

转对象并隐藏

分裂生成器

随机效果器

爆炸体与分裂

图4-58

07 在菜单栏执行"运动图形"→"矩阵"命令，在矩阵的"对象"选项卡中设置"模式"为"对象"。将立方体拖到"对象"框中。

08 在"随机分布"窗口中，选择"域"选项卡，将刚才创建的矩阵拖到"域"列表框中。此时会弹出一个菜单，选择"点对象"。

09 选择"域"列表中的矩阵。在0帧时，半径设置为0cm。记录关键帧，然后移到70帧，半径调整为100cm。再记录关键帧。（关于"域"，请参阅"7.3 域"的内容。关于添加帧，请参阅 "7.1 基础动画" 的内容）

操作过程如图4-59所示。

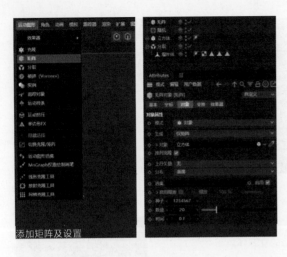
添加矩阵及设置

随机域为矩阵

0帧时矩阵记录关键帧

70帧时矩阵记录关键帧

图4-59

10 右击分裂，在弹出快捷菜单中执行"模拟标签"→"刚体"命令。在"力学体标签"窗口中，选择"动力学"选项卡，设置激发类型为在峰速；打开"碰撞"选项卡，将继承标签类型设置为应用标签到子级，独立元素设置为全部。

11 播放动画，即可模拟碎裂效果。

操作过程和效果如图 4-60 所示。

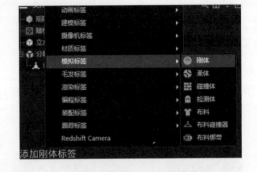
添加刚体标签

刚体属性设置

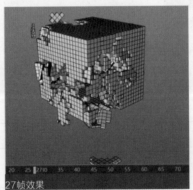

27帧效果

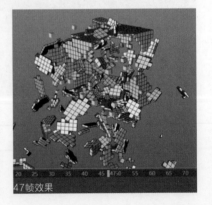
47帧效果

图4-60

4.1.12 融化

融化变形器可以让对象融化，以达到变形目的。默认的融化变形器没有范围框，融化变形器会将模型对象融化到变形器中心点的 y 轴处，y 轴以下的部分都会被融化。使用变形器时，模型对象需要有足够的分段线，否则变形后的效果有可能不太理想。

融化属性 - 对象

融化的"对象"选项卡中各个属性参数如图 4-61 所示。图中将各个参数进行了注解，此处不再赘述。

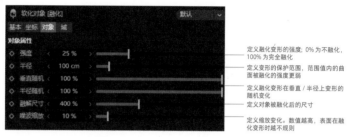

图4-61

4.1.13 碎片

碎片变形器可以让对象变成多个碎片并自然掉落，默认水平面为地面。碎片将沿着变形器的 y 轴掉落，所以通常破碎变形器会放在对象的底部模型对象与变形器的坐标位置及碎片效果如图 4-62 所示。使用变形器时，模型对象需要有足够的分段线，否则变形后的效果有可能不太理想。

碎片变形器形成的多边形碎片的数量及形状由模型对象本身的多边形决定。

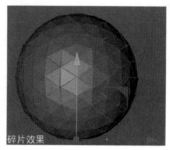

图4-62

碎片属性 - 对象

碎片的"对象"选项卡中各个属性参数如图 4-63 所示。

强度：定义碎片变形的强度。0% 是指没有破碎，100% 是指完全破碎并掉落至地面。强度可以通过在视窗中直接拖动碎片变形器的黄色手柄进行调整。

图4-63

终点尺寸：定义变形结束后碎片的相对大小。如果"终点尺寸"的值为1，则在破碎过程中，多边形碎片的大小将不会有任何改变；如果"终点尺寸"的值为0，则在破碎结束时，多边形碎片消失，多边形碎片会经历一个从有到无的转变过程。

4.1.14　颤动

颤动变形器一般在做动画的时候才会用到，它可以让对象颤动变形。例如，在设计动画中胖嘟嘟的角色时，想让角色的肚子产生颤动效果，可以用这个变形器。使用变形器时，模型对象需要有足够的分段线，否则变形后的效果有可能不太理想。

1. 颤动属性 – 对象

颤动的"对象"选项卡中各个属性参数如图 4-64 所示。

弹簧：定义主要影响颤动的弹簧数量。弹簧数量越少，颤动就越明显。

迭代：迭代数值越大，颤动效果越僵硬。

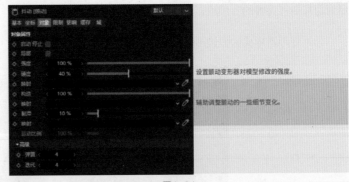

图4-64

2. 颤动属性 – 限制

颤动的"限制"选项卡中各个属性参数如图 4-65 所示。

图4-65

3. 颤动属性 – 影响

颤动的"影响"选项卡中各个属性参
数如图 4-66 所示。

图4-66

4.1.15 挤压与伸展

挤压与伸展是让对象挤压或伸展。在做弹性动画时，挤压与伸展变形器可以让我们事半功倍。使用变形器时，模型对象需要有足够的分段线，否则变形后的效果有可能不太理想。

挤压与伸展属性 – 对象

挤压与伸展的"对象"选项卡中各个属性参数如图 4-67 所示。

顶部：定义模型对象挤压或伸展的最大范围，该值始终位于伸展与挤压变形器的正 y 轴上。

中部：定义挤压或伸展的中心位置。数值为 0% 时，中心位置精确地位于顶部和底部中间；正值时，中心位置靠近顶部；负值时，中心位置靠近底部。中部在模型对象的中间时，则模型对象沿着变形器的正/负 y 轴挤压或伸展；中部在模型对象底部时，则模型对象沿着变形器的正 y 轴挤压或伸展；中部在模型对象顶部时，则模型对象沿着变形器的负 y 轴挤压或伸展。

底部：定义模型对象挤压或伸展的最小范围。该值始终位于伸展与挤压变形器的负 y 轴上。

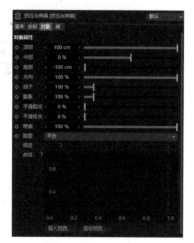

图4-67

以上参数调整好后，调整因子才会生效。

不同挤压或伸展方向的效果如图 4-68 所示。

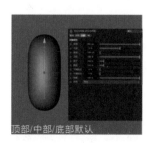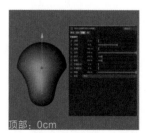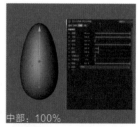

图4-68

方向：定义变形器在 x 轴上挤压或伸展的强度。不同方向值的效果如图 4-69 所示。

 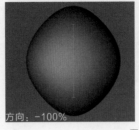  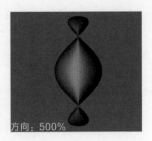

方向：0%　　方向：-100%　　方向：200%　　方向：500%

图4-69

因子：定义模型对象整体挤压或伸展的强度。使用挤压与伸展变形器，只有先调整因子，其他的参数才会生效。不同因子的效果对比如图 4-70 所示。

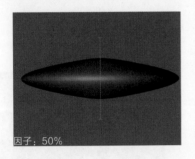  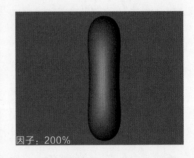

因子：50%　　　　因子：100%　　　　因子：200%

图4-70

膨胀：调整模型对象相对于中心的挤压或伸展的强度。伸展时，膨胀值越大，变形物体的中心位置越窄；挤压时，膨胀值越大，变形物体的中心位置越宽，如图 4-71 所示。

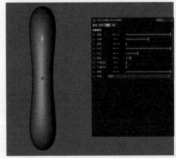 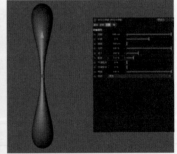

伸展时变窄

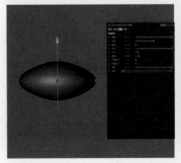 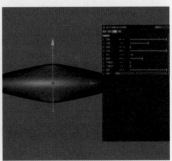

挤压时变宽

图4-71

平滑起点 / 平滑终点：定义挤压与伸展时，模型对象起点 / 终点的程度。数值越大，起点 / 终点越圆润，如图 4-72 所示。

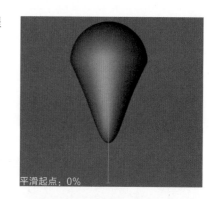

平滑起点：0%

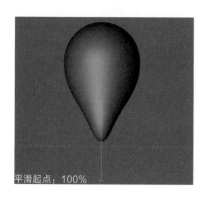

平滑起点：100%

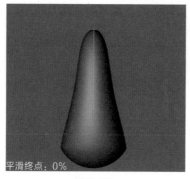

平滑终点：0%

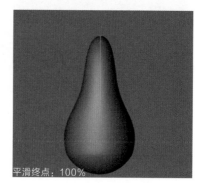

平滑终点：100%

图4-72

弯曲：为变形器 y 轴上的变形效果添加弯曲变化，如图 4-73 所示。

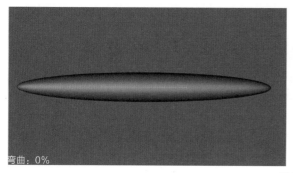

弯曲：0%

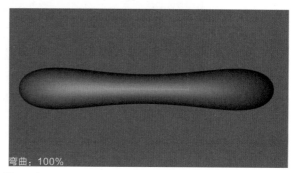

弯曲：100%

图4-73

类型：定义挤压与伸展变形的函数曲线类型。

强度："类型"为"自定义"时，此项才会被激活。手动定义挤压与伸展的强度。

曲线："类型"为"样条"时，曲线才会被激活，可以用于调整函数曲线。

4.1.16 碰撞

碰撞变形器可以通过网格点模拟两个对象碰撞时被推拉的状态。使用碰撞变形器可以简单地模拟对象碰撞时产生的凹陷效果，如图4-74所示。使用变形器时，模型对象需要有足够的分段线，否则变形后的效果有可能不太理想。

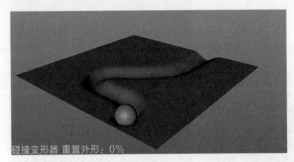 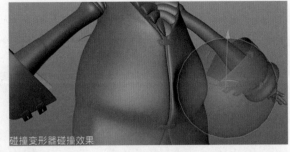

图4-74

1. 碰撞属性 – 对象

碰撞的"对象"选项卡中各个属性参数如图 4-75 所示。

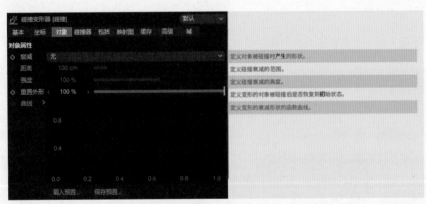

图4-75

距离 / 强度：衰减选项设置为"无"以外的任意一个类型，此选项才会被激活。

重置外形：重置外形的值为 0% 时，碰撞完成后，模型对象不会恢复原状，就像从雪地上走过后会留下脚印。不同重置外形的数值对比效果如图 4-76 所示。

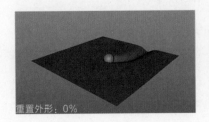 

图4-76

法线的方向将定义衰减和碰撞检测的方向。因此，当碰撞出现意外的效果时，请确保法线对齐且朝外。

曲线：曲线控制点高于 0 时，则变形后会高于模型的初始位置；曲线控制点低于 0 时，则变形后会低于模型的初始位置。

2. 碰撞属性 – 碰撞器

碰撞的"碰撞器"选项卡中各个属性参数如图 4-77 所示。

图4-77

对象：对象可以包含层级结构，而如果需要停止使用某个碰撞对象时，可以直接在对象列表中将碰撞对象停用，而不一定要删除碰撞对象。

3. 碰撞属性 – 包括

碰撞的"包括"选项卡中的属性参数如图 4-78 所示。

图4-78

4. 碰撞小案例：制作气泡

01 创建平面，宽度分段和高度分段均设置为 50。

02 在菜单栏中执行"模拟"→"粒子"→"发射器"命令。默认的发射器 z 轴与世界坐标轴一致，需要将发射器旋转 90°，让发射器的 z 轴朝上，然后将发射器移到平面的下面。

03 在"发射器"窗口中，选择"发射器"选项卡，调整水平尺寸和垂直尺寸，使发射器大小与平面尺寸差不多。

操作过程及效果如图 4-79 所示。

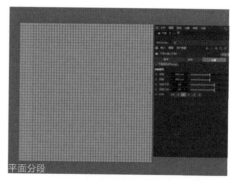

图4-79

创建发射器

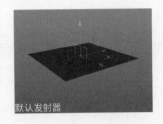
默认发射器

发射器调整

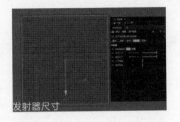
发射器尺寸

图4-79（续）

04 创建球体，调整球体的尺寸；在菜单栏执行"运动图形"→"克隆"命令，将"球体"作为"克隆"的子级。

05 在"克隆"属性中，将"对象"选项卡中的"模式"调整为"对象"，将发射器拖到"对象"列表中。

06 在"对象"选项卡中选择"克隆"，在菜单栏执行"运动图形"→"效果器"→"随机"命令，将"随机"添加到克隆的"效果器"列表中。

07 在"随机"窗口中，选择"参数"选项卡，禁用"位置"，启用"缩放"，启用"等比缩放"，设置"缩放"值为-0.5。

08 给平面添加碰撞变形器并将其作为子级。选择"碰撞器"选项卡，将"解析器"调整为"内部"，然后将"克隆"拖到碰撞变形器的"对象"列表中。

09 播放动画，平面就可以产生气泡效果。

操作过程及效果如图4-80所示。

克隆球体

克隆设置

随机与碰撞

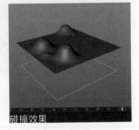
碰撞效果

图4-80

4.1.17 收缩包裹

收缩包裹变形器可以将一个对象（源对象）投射到另一个对象（目标对象）上，使源对象的形状贴合目标对象的形状，即使这两个对象的形状完全不相同并且具有不同的点数。在使用收缩包裹变形器的时候，需要注意源对象与目标对象的大小比例。如果源对象比目标对象大，则投射出来的模型可能会存在破面的情况，如图4-81所示。使用变形器时，模型对象需要有足够的分段线，否则变形后的效果有可能不太理想，如图4-82所示。

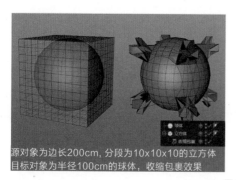
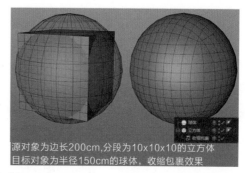

源对象为边长200cm, 分段为10x10x10的立方体
目标对象为半径100cm的球体, 收缩包裹效果

源对象为边长200cm, 分段为10x10x10的立方体
目标对象为半径150cm的球体, 收缩包裹效果

图4-81

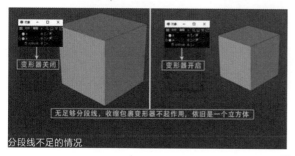

图4-82

1. 收缩包裹属性－对象

收缩包裹的"对象"选项栏各个属性参数如图4-83所示。

图4-83

2. 收缩包裹的应用

我们想让一个立方体既保持立方体的形态, 又使它的尾部能贴合球体表面, 可以通过将其底部的面收缩包裹以后再重新缝合对象这一操作来实现, 如图4-84所示。

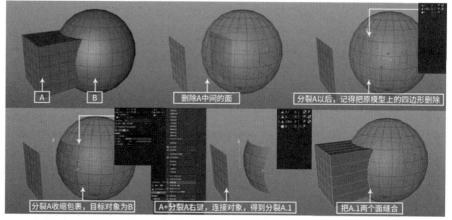

图4-84

4.1.18 球化

球化变形器可以将对象变形为球体。球化变形器有两个黄色手柄，如图4-85所示。靠内的黄色手柄可以控制变形器的半径，靠外的黄色手柄可以控制变形器的强度。使用变形器时，模型对象需要有足够的分段线，否则变形后的效果有可能不太理想。

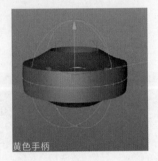

原始对象　　　　　　球化效果　　　　　　黄色手柄

图4-85

球化属性 - 对象

球化的"对象"选项卡中各个属性参数如图4-86所示。

图4-86

半径：定义对象变形为球体后的半径。半径可以通过在视窗中直接拖动球化变形器内部的黄色手柄进行调整。

强度：定义对象变形为球体的强度。强度可以通过在视窗中直接拖动球化变形器外部的黄色手柄进行调整。

匹配到父级：让变形器的大小与父级相匹配。

4.1.19 Delta Mush

Delta Mush 变形器用于平滑网格。它主要用于角色和蒙皮变形器，但也可以用于任何对象和变形器。与常规平滑变形器不同，Delta Mush 变形器最好用于保留最大数量的细节以及它影响的对象的体积。

Delta Mush 的"对象"选项卡中各个属性参数如图 4-87 所示。

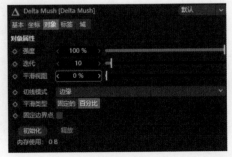

图4-87

强度：定义源对象变形的强度。

迭代：定义平滑算法应用次数。

平滑视图：定义平滑的程度。

如图 4-88 所示，Delta Mush 既平滑了网格对象，也尽量保留了网格细节。

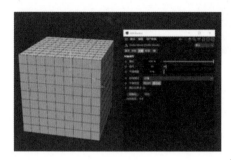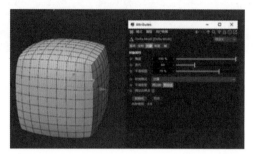

图4-88

4.1.20 平滑

平滑变形器可以让对象产生平滑的效果，它可以像平滑模式下的画笔工具一样，使几何体变平滑，如图 4-89 所示。使用变形器时，模型对象需要有足够的分段线，否则变形后的效果有可能不太理想。

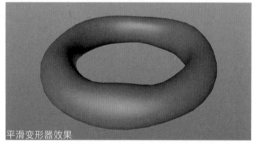

图4-89

平滑属性 - 对象

平滑的"对象"选项卡中各个属性参数如图 4-90 所示。

初始化：初始化平滑变形器当前的状态为初始状态。

恢复：将平滑变形器恢复到初始状态。

迭代：数值变大可以获得更精确的平滑，但是需要注意，数值过大时，有可能会造成软件崩溃。

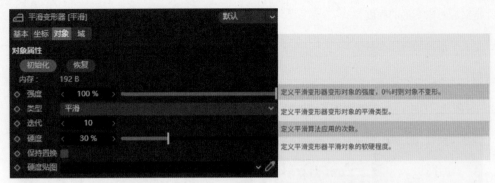

图4-90

4.1.21 表面

表面变形器可以使一个对象（源对象）跟着另一个对象（驱动对象）的表面变形。例如，当布料变形时，用表面变形器可以让布料上的补丁随着布料变形，而无须再对补丁做额外的计算。如图4-91所示，使用表面变形器后，驱动对象形态改变，源对象也会跟着改变，而其实只有驱动对象使用了布料标签。使用表面变形器后，源对象不能移动、旋转、缩放，它只能跟着驱动对象变换。使用变形器时，模型对象需要有足够的分段线，否则变形出来的效果有可能不太理想。

图4-91

表面属性 - 对象

表面的"对象"选项卡中各个属性参数如图4-92所示。

初始化：表面设置了驱动对象后，"初始化"功能才会被激活。使用表面变形器时，只有初始化后，源对象才会被锁定到驱动对象上，并且记录源对象当前的状态。每次需要更改源对象的初始状态时，都需要重新初始化。

恢复：恢复源对象被记录下来的初始状态。

强度：定义源对象变形的强度。0% 时，则源对象恢复到初始状态，且不会被驱动对象带动变形；100% 时，则源对象完全跟着驱动对象带动变形。

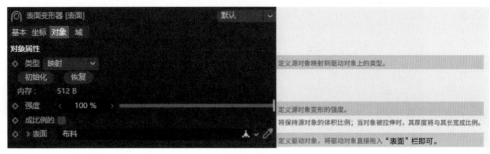

图4-92

4.1.22 包裹

包裹变形器可以使对象呈包裹姿态地变形。如图 4-93 所示，包裹变形器有一个曲面和一个平面：曲面表示球体或圆柱体的一部分，而模型对象将变形成这个曲面的形态；平面表示模型对象的原始形态。

图4-93

包裹属性 - 对象

包裹的"对象"选项卡中各个属性参数如图 4-94 所示。

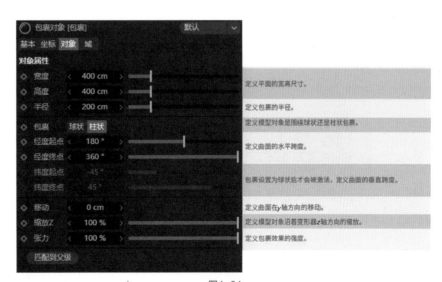

图4-94

宽度/高度:
如果模型对象大于平面，它将包裹在曲面上并超出曲面范围。如果模型对象小于平面，它将包裹在曲面表面并在曲面范围内。这两种情况如图4-95所示。

模型对象大于平面

包裹效果

模型对象小于平面

包裹效果

图4-95

移动: 定义曲面在 y 轴方向的移动。这个选项可以调出螺旋的包裹方式：正数为向上螺旋，负数为向下螺旋。

张力: 定义包裹效果的强度。0% 时，则模型对象保持平面形态；100% 时，则模型对象完全沿着曲面包裹。

4.1.23　样条

样条变形器可以通过两条样条曲线来使对象变形。一条线为原始曲线，另外一条线为修改曲线。样条变形器将根据这两条样条曲线位置和形状的差异使模型对象变形，如图4-96所示。使用变形器时，模型对象需要有足够的分段线，否则变形后的效果有可能不太理想。

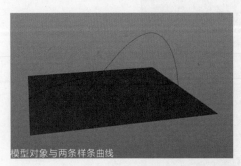
模型对象与两条样条曲线

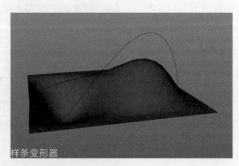
样条变形器

图4-96

样条属性 - 对象

样条的"对象"选项卡中各个属性参数如图 4-97 所示。

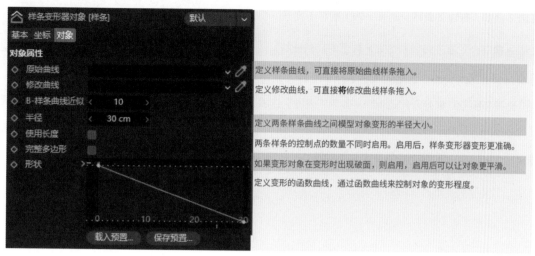

图4-97

原始曲线： 位于要变形对象的表面上，否则将会导致模型对象的原始形态发生改变。

B- 样条曲线近似： 如果原始曲线是 B- 样条，则可以通过此选项来定义样条的细分数。增加细分数可以让模型对象的变形更准确，但计算时间会更长。

4.1.24 导轨

导轨变形器可以通过样条曲线改变对象的边缘形状，如图4-98所示。导轨变形器最多可以设置4条样条曲线，利用这4条样条曲线使对象变形，也可以只用一条样条曲线控制对象变形。样条曲线必须以相对于参考对象的特定方式排列，参考对象可以是样条曲线本身，也可以是场景中的任何对象。通常情况下，我们会让4条样条曲线都在同一个平面上，并按照上下左右的方式摆放，以便于我们区分。使用变形器时，模型对象需要有足够的分段线，否则变形后的效果有可能不太理想。

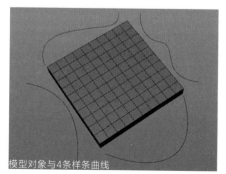
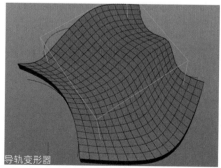

图4-98

导轨属性 – 对象

导轨"对象"选项卡中各个属性参数如图 4-99 所示。

左边 Z 曲线 / 右边 Z 曲线：定义 z 轴上的样条曲线。

上边 X 曲线 / 下边 X 曲线：定义 x 轴上的样条曲线。

参考：定义参考对象。参考对象的 z 轴定义样条轨道的变形方向。可直接将参考对象拖入此选项中。如果"参考"选项为空，则用样条曲线本身作为参考对象。

模式：定义导轨变形器变形的模式。

尺寸：定义导轨变形器变形的大小。

图4-99

4.1.25 样条约束

样条约束变形器可以通过样条曲线控制对象的变形，还可以让对象沿着样条曲线移动变形，如图 4-100 所示。如果样条曲线具有多段，则为每段分配模型对象的副本以变形，其功能和克隆类似。样条插值的质量将会影响变形的质量，变形对象的分段数会直接影响最终的变形效果。使用变形器时，模型对象需要有足够的分段线，否则变形后的效果有可能不太理想。

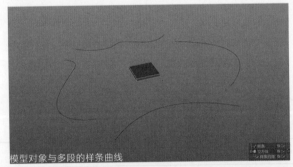
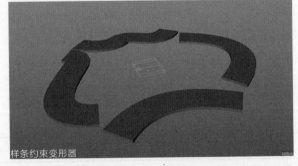

模型对象与多段的样条曲线   样条约束变形器

图4-100

1. 样条约束属性 – 对象

样条约束"对象"选项卡中各个属性参数如图 4-101 所示。

模式：定义对象跟随样条变形的长度拉伸类型。

结束模式：定义对象在样条约束终点是否超出样条范围。

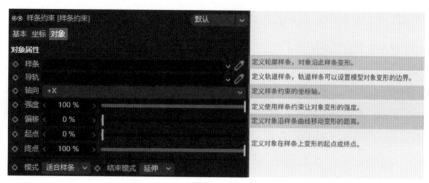

图4-101

2. 样条约束属性 - 对象 - 尺寸

样条约束"对象"选项卡中"尺寸"
卷展栏的各个属性参数如图4-102所示。

一般情况下，我们会通过调整样条
尺寸的函数曲线调整样条约束对象的大
小。这样在做样条约束动画时比较不容易
出错。

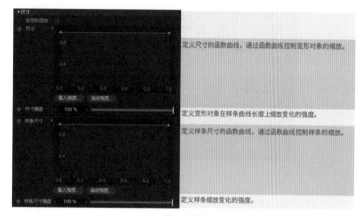

图4-102

3. 样条约束属性 - 对象 - 旋转

旋转参数与尺寸参数类似，一般情况下，我们会通过调整样条旋转的函数曲线控制对象的旋转。

4.1.26 置换

置换变形器可以通过读取纹理图片的黑白信息，让对象产生凹凸的位移效果，如图4-103所示。置换变形
器比材质球的置换通道更常用。因为材质球的置换通道需要渲染才能看到效果，而置换变形器可以很直观地在视
图窗口中看到参数的变化结果，这在很大程度上省去了渲染测试的时间。使用变形器时，模型对象需要有足够的
分段线，否则变形后的效果有可能不太理想。

具有足够分段线的平面

置换贴图

置换变形器效果

图4-103

置换变形器可以应用于样条曲线。使用置换变形器后的样条仍可以与其他工具配合使用,如图4-104所示。

原始样条曲线　　摩波着色器　　置换变形器效果

图4-104

置换属性 - 对象

置换的"对象"选项卡中各个属性参数如图4-105所示。

图4-105

仿效:如果模型对象在材质的置换通道中已经设置了置换参数,则"仿效"启用后,置换变形器将以置换通道的参数来模拟对象的位移;禁用后,则使用置换变形器自身的参数来模拟模型对象的位移。

4.1.27　公式

公式变形器可以通过数学公式使对象变形,如图4-106所示。使用变形器时,模型对象需要有足够的分段线,否则变形后的效果有可能不太理想。

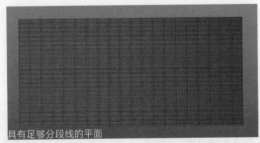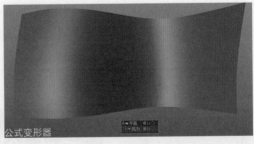

具有足够分段线的平面　　公式变形器

图4-106

4.1.28 点缓存

点缓存变形器只有一个用途，它通过变形器将使用点缓存标记录制的动画传输到另一个对象，而不是直接传输动画。点缓存的"对象"选项卡中各个属性参数如图 4-107 所示。

图4-107

标签：添加已经计算好的点缓存标签。

4.1.29 风力

风力变形器可以模拟风让对象产生的波纹变形，风力变形器的正 x 轴方向为风吹动的方向。使用变形器时，模型对象需要有足够的分段线，否则变形后的效果有可能不太理想。

风力属性 - 对象

风力的"对象"选项卡中各个属性参数如图 4-108 所示。

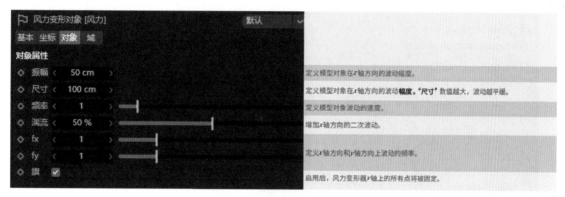

图4-108

振幅：振幅也可以通过在视窗中直接拖动风力变形器 z 轴上的橙色手柄进行调整。

旗：如图 4-109 所示，要做一面随风飘扬的旗子，可以将风力变形器移动到固定在旗杆上的一端，则这一端就会固定不动，就像已经被绑在旗杆上一样。

原始模型

用风力变形器做旗子

图4-109

4.1.30 倒角

倒角变形器可以让对象产生倒角效果。这个功能和基础建模工具中的倒角工具基本相同,不同的是,倒角变形器对模型进行的是非破坏性修改,而倒角工具对模型进行的是破坏性修改。使用变形器时,模型对象需要有足够的分段线,否则变形后的效果有可能不太理想。倒角变形器可以使用选集标签来决定哪些元素要进行倒角,再配合其他工具就可以轻松做出一些有意思的模型,如图4-110所示。

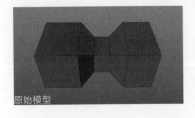
原始模型

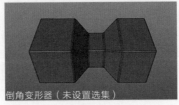
倒角变形器(未设置选集)

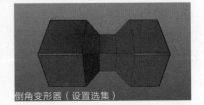
倒角变形器(设置选集)

图4-110

1. 倒角属性-选项

倒角的"选项"选项卡中各个属性参数如图4-111所示。

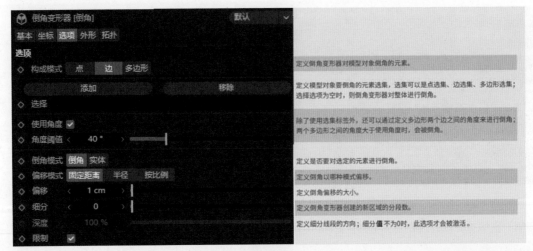

图4-111

构成模式: 定义倒角变形器对模型对象倒角的元素,主要有点、边、多边形这3种模式,不同效果如图4-112所示。

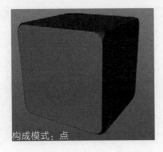
构成模式:点

构成模式:边

构成模式:多边形

图4-112

使用角度/角度阈值：除了使用选集标签外，还可以通过定义多边形两个边之间的角度来进行倒角；两个多边形之间的角度大于使用角度时，会被倒角，如图4-113所示。

图4-113

倒角模式：定义是否要对选定的元素进行倒角。实体模式时，模型对象没有倒角，只是沿相邻多边形的边添加平行线；倒角模式时，模型对象有倒角，如图4-114所示。

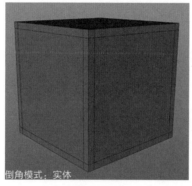

图4-114

深度：用于定义细分线段的方向，如图4-115所示。"细分"值不为0时，该参数才会被激活。

图4-115

限制： 当偏移值超出模型本身的大小时，启用限制可以避免模型破面，如果禁用则模型会有许多重叠的多边形。禁用和启用的效果如图 4-116 所示。

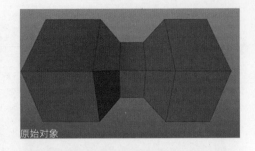
原始对象

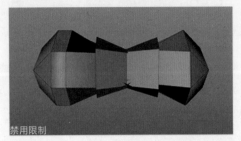
禁用限制

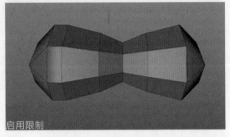
启用限制

图4-116

2. 倒角属性 - 外形

倒角的"外形"选项卡中各个属性参数如图 4-117 所示。

图4-117

4.2 基础建模工具

在建模过程中，只有将物体转换为可编辑对象，才能对物体的点、线、面进行编辑（在 Cinema 4D 参数命令的名称中，线的名称为边，面的名称为多边形）；也可以按住 Ctrl 键转换模式选择。

在物体为可编辑对象时，点、边、多边形模式下，右击，即可调出相应的工具快捷菜单，如图 4-118 所示。

点模式右击快捷菜单　　　　边模式右击快捷菜单　　　　多边形模式右击快捷菜单

图4-118

4.2.1 创建点

创建点的快捷键为M~A，点、边、多边形模式下都有创建点这个工具，它可以给对象添加新的点，如图4-119所示，点模式下创建点和边模式下创建点的效果看上去是一样的。

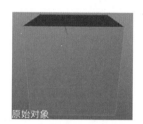

原始对象　　　　　　点模式创建点　　　　　　多边形模式创建点

图4-119

1. 在元素上创建点的步骤

01 选择创建点工具，将鼠标指针移到元素上时，该元素将高亮显示。

02 单击即可为该元素添加点（当添加的点不是在自己想要的位置时，可以按住鼠标左键不松开，直接将鼠标指针拖动到想要的位置，即可移动新加点的位置）。

2. 多边形模式创建点

在多边形模式下创建点，则会自动创建新的边，将新点连接到相邻的点上。在N-gons上创建点时，则会移除N-gons，并将点连接到相邻的点上。

3. 边模式创建点

在边模式下创建点，则边会从创建点的位置分成两条边；在四边面的边上添加点时，四边面会生成N-gons。

4. 点模式创建点

在点模式下创建的点会结合多边形模式和边模式的性能，可以在边上创建点，也可以在多边形上创建点，新点可以移除N-gons，并将点连接到相邻的所有点上。

4.2.2 桥接

桥接的快捷键为M~B，点、边、多边形模式下都有桥接这个工具，桥接需要在同一个可编辑模式下操作（如果是两个或两个以上的对象，则选中所有模型，右击，在弹出的快捷菜单中执行"连接对象 + 删除"命令 `连接对象+删除` ，（或右击，在弹出的快捷菜单中执行"连接对象"命令 `连接对象` ）。桥接可以将断开的面连接在一起。

桥接的使用方法：选中一个桥接元素并拖动，将其与另一边的桥接元素相连，松开鼠标，即可创建连接。

在使用桥接时，将两个断开的元素相连之前，会有一个高亮的桥接预览效果，如图4-120所示。

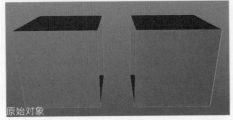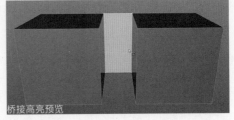

图4-120

1. 点模式桥接

在点模式下，桥接的是点，不会自动生成多边形，最少要桥接3个点，才会创建一个多边形，如图4-121所示。

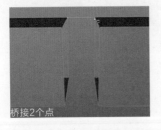

图4-121

2. 边模式桥接

在边模式下，桥接的是边，会在两边之间新建一个多边形，如图4-122所示。

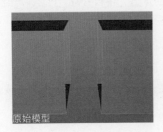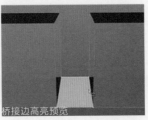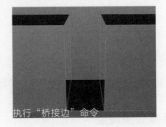

图4-122

3. 多边形模式桥接

在多边形模式下，桥接的是多边形，在桥接之前，需要选择要桥接的两个多边形，再使用桥接工具，从一个多边形拖到另一个多边形即可。

多边形桥接时会有高亮预览显示，这里需要注意桥接的多边形的起始位置，桥接位置出错时有可能出现破面或非法面，如图 4-123 所示。

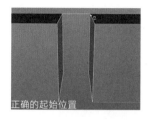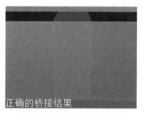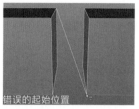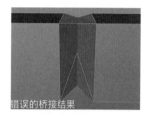

图4-123

4. 桥接属性 - 删除原始多边形

多边形模式下使用桥接工具，删除原始多边形选项才会被激活。启用后执行"桥接"命令，则原始多边形被删除；禁用后执行"桥接"命令，则原始多边形被保留，形成非法面。

如图 4-124 所示，为了便于观察，桥接后删除了一个多边形，以便能看到原始多边形。

图4-124

4.2.3 笔刷

笔刷的快捷键为 M~C，点、边、多边形模式下都有笔刷这个工具，笔刷工具可以在设定的范围内修改模型上点的位置。需要注意的是，使用笔刷工具调整后的模型对象要添加细分曲面，以保障模型的平滑度。

笔刷属性

"笔刷"窗口中各个属性参数如图 4-125 所示。

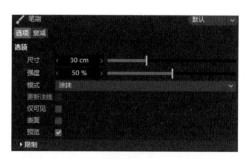

图4-125

表面：启用后，笔刷只能影响当前视图中可见的点；禁用后，在笔刷范围内的点都会被影响。

预览：启用后，打开笔刷的半径预览。

衰减：定义笔刷工具以什么类型衰减。

模式：定义笔刷工具以哪种模式来修改模型对象。

更新法线：只有在法线模式下可以勾选，法线跟随笔刷产生变化。

强度：定义笔刷工具的强度，笔刷强度可以修改强度参数数值，也可以在视图窗口中，按住鼠标中键上下拖动鼠标来修改强度数值。

尺寸：定义笔刷工具的半径大小，笔刷半径大小在视图窗口中以圆形高亮显示（启用预览的前提下），笔刷半径的设置可以修改半径参数数值，也可以在视图窗口中，按住鼠标中键左右拖动鼠标来修改半径数值。

使用了笔刷工具的前后效果如图 4-126 所示。

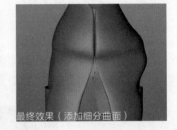

原始模型　　　　　　　　笔刷工具调整　　　　　　最终效果（添加细分曲面）

图4-126

限制：用于限制笔刷在 $x/y/z$ 轴的影响强度。

4.2.4　封闭多边形孔洞

封闭多边形孔洞的快捷键为 M~D，点、边、多边形模式下都有封闭多边形孔洞这个工具，当多边形有未封闭的边界口时，封闭多边形孔洞可以封闭边界口，如图 4-127 所示。

将封闭多边形孔洞移到边界口时，会出现一个封闭孔洞的高亮多边形预览，单击即可封闭孔洞。

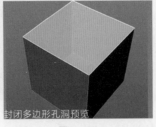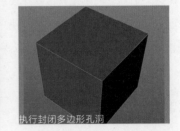

原始模型　　　　　　　封闭多边形孔洞预览　　　　执行封闭多边形孔洞

图4-127

封闭多边形孔洞属性参数如图 4-128 所示。

多边形类型：定义创建面的优先类型。

选择新多边形：面模式下勾选会自动选择新生成的多边形。

选择外轮廓：线模式下勾选会自动选择新生成多边形的外轮廓。

断开外轮廓平滑着色：勾选只断开外轮廓的平滑着色。

未封闭多边形和不同多边形类型效果如图 4-129 所示。

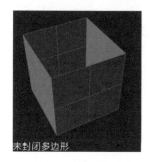   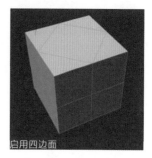

图4-129

4.2.5 连接点 / 边

连接点 / 边快捷键为 M~M，点、边模式下都有连接点 / 边这个工具，在连接点 / 边之前，必须先选择要桥接的两个同类型元素，再使用连接点 / 边工具，即可直接连接点 / 边。未选择任何元素的情况下则默认连接全部点 / 边。

1. 点模式连接点 / 边

在点模式下，选择相邻的两个或两个以上的点（点不在同一条线上），再执行该命令，可依次连接点并生成新的边，如图 4-130 所示。

图4-130

2. 边模式连接点 / 边

在边模式下，选择两条或两条以上带有相邻的边，执行该命令，则选择的边会经过中点被连接并生成新的边；如果选择的边不相邻，则在选择的边中点位置添加新的点，同时也自动创建 N-gons 以将新点连接到其他点，如图 4-131 所示。

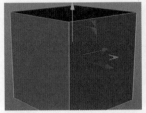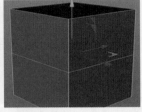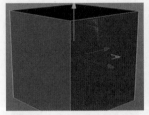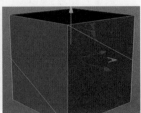

选择相邻的边，执行连接点/边命令　　　　　选择不相邻的边，执行连接点/边命令

图4-131

4.2.6　多边形画笔

多边形画笔快捷键为 M~E，不管是在哪个模式下，多边形画笔都可以对点、边进行编辑。如图 4-132 所示，3 张图都是点模式，可以编辑不同元素，无须切换模式。

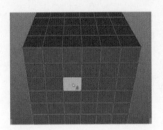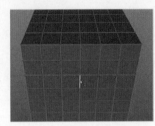

图4-132

多边形画笔几乎是一个通用的工具，它不仅可以作为多边形绘画工具，同时也可以编辑现有的几何体。它融合了许多其他工具的功能，如缝合、移动、挤压等，笔刷工具还可以在现有的几何体上创建点、边和多边形。

1. 编辑现有的几何体

使用多边形画笔工具编辑现有几何体，鼠标指针悬停在元素上时，元素将以白色高亮显示并可以移动，默认情况下，使用的是缝合功能将点或边捕捉到另一个点或边上并缝合，如图 4-133 所示。

原始模型　　　　多边形画笔移动并缝合点　　　　多边形画笔移动并缝合边

图4-133

◆ 多边形画笔工具与快捷键

下面示意图以红圈来标出原始元素。

● 按住 Ctrl 键选中并拖动点以创建一个新点，如果原始点位于外边缘，则将创建两个新的三角形，将新点与原始点以及两个相邻点连接起来，如图 4-134 所示。

图4-134

● 按住 Ctrl 键选中并拖动以挤出一条新边，挤出边后，要一直按住鼠标左键不松开，再按住 Shift 键，则新边可以围绕垂直于多边形法线的中心旋转，如图 4-135 所示。

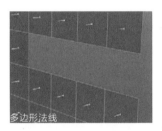 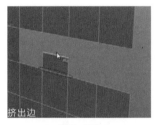 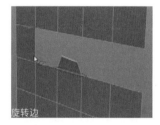

图4-135

● 按住 Ctrl+Shift 快捷键，单击多边形，将多边形沿着法线方向移动，如图4-136所示。

图4-136

● 按住 Ctrl 键选中并拖动以挤压出新多边形，而挤压出多边形后，再按住 Shift 键，则新多边形可以围绕其法线旋转，如图 4-137 所示。

  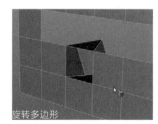

图4-137

● 按住 Ctrl 键，单击元素。单击多边形时，多边形被删除；单击点或边时，如果点或边在边缘，则点或边被删除，如果点或边不在边缘，则点或边被融解，如图 4-138 所示。

单击多边形

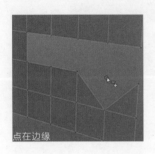
点在边缘

边在边缘

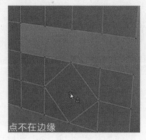
点不在边缘

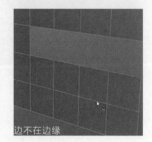
边不在边缘

图4-138

● 先按 Ctrl+Shift 快捷键，再将鼠标指针悬停在边上，待边以白色高亮显示后，拖动鼠标创建具有可变半径的弧线，然后在任意地方单击，即可将边改成曲线，但是会创建新的 N-gons；将边改成曲线时，如果按下鼠标左键后不松开，直接左右移动，则可更改曲线的分段数，如图 4-139 所示。

鼠标悬停

弧线高亮预览

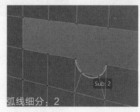
弧线细分：2

弧线细分：3

图4-139

● 按住 Shift 键，可在边上添加新的点，按住鼠标左键，则该点可以在边上任意移动，松开鼠标后，确定新点的位置。

● 单击边或点，释放鼠标，再单击另一个边或点，则可创建新的切割线，如图 4-140 所示。

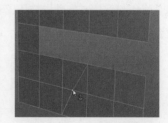

图4-140

2. 自由绘制 / 多边形画笔属性

多边形画笔绘制模式可以不依赖几何体，从点到边再到多边形都可以自由绘制。自由绘制多边形时，可以在菜单栏执行"网格"→"创建工具"→"多边形画笔"命令，找到多边形画笔工具，即可开始绘制多边形。多边形画笔工具属性如图 4-141 所示。

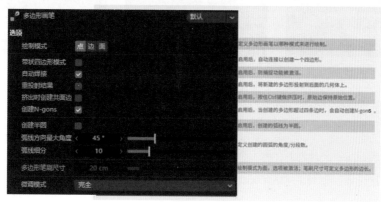

图4-141

绘制模式：定义多边形画笔以哪种模式来进行绘制。

点：绘制的都是点，当有两个点时，会自动连接，当多边形画笔绘制了 3 个或 3 个以上的点时，都可以看到封闭多边形的指针。在最后一个点时双击或回到起点单击，就能形成一个多边形；创建第一个点后，移动鼠标，都会有白色高亮预览，只要没有完成多边形的创建，它们都只是预览，按 Esc 键可以删除未完成的绘制，如图 4-142 所示。

图4-142

边：绘制的都是边，单击起点和终点，则创建一条边。此时创建出来的边只是临时边，只要这些边没有完成多边形的创建，最终临时边都会被删除。按住 Ctrl 键将临时边拖出，从而创建多边形，也可以按住 Ctrl 键将一条临时边拖到另一条临时边上，则以这两条临时边来创建多边形，如图 4-143 所示。

图4-143

面：在多边形绘制模式下，多边形画笔可以像刷子一样工作，刷过的地方都会自动创建多边形。如果想从现有的多边形创建一条新的多边形，则可先按住 Shift 键，再拖动鼠标，如图 4-144 所示。

自由绘制　　　　　　按住Shift键显示高亮　　　　　　在多边形上创建新的多边形

图4-144

带状四边形模式：使用点模式时，创建 3 个点后，将自动封闭以创建四边形；使用边模式时，创建两条边后，将自动连接两条边以创建四边形。

自动焊接：启用后，同一个对象下，将一个元素拖到另一个相同元素上时，会自动焊接；禁用后，不会捕捉任何元素，也不会焊接元素，如图 4-145 所示。

原始多边形　　　　　　启用自动焊接　　　　　　禁用自动焊接

图4-145

挤出时创建共面边：此选项可根据实际操作决定启用或禁用；在某些情况下，启用此选项会出现非法面，如图 4-146 所示。

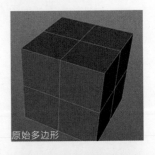

原始多边形

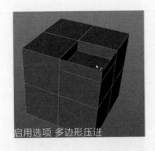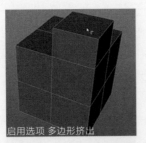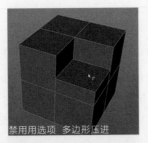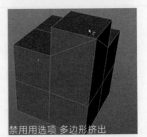

启用选项 多边形压进　　启用选项 多边形挤出　　禁用用选项 多边形压进　　禁用用选项 多边形挤出

图4-146

创建 N-gons：启用后，当创建的多边形超过四条边时，会自动创建 N-gons；禁用后，当创建的多边形超过四条边时，会自动将此多边形切割为四边形和三边形。

创建半圆：此选项配合 Shift+Ctrl 快捷键使用（具体方法可回看前面的多边形画笔工具与快捷键的讲解），启用后创建的弧线为半圆，如图 4-147 所示。

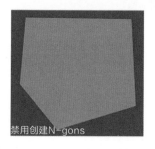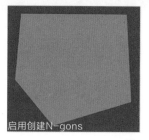

图4-147

4.2.7 消除

消除的快捷键为 M~N，点、边、多边形模式下都有消除这个工具，消除可以消除选定的元素；消除与删除不同，删除会让多边形形成孔洞，如图 4-148 所示。

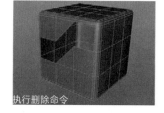

图4-148

4.2.8 切割边

切割边的快捷键为 M~F，只有边模式下才有切割边这个工具。使用切割边工具，需先选择要分割的边，选择切割边工具，在视窗中任意位置单击，即可细分选定的边，如图 4-149 所示。

图4-149

◆ 切割边属性

切割边属性各参数如图4-150所示。

细分数：定义新点的数量。

N-gons：有3种不同的N-gons类型，效果对比如图4-151所示。

图4-150

无：无N-gons。

全部：全部生成为N-gons。

转角：自动连接新点。

图4-151

4.2.9 熨烫

熨烫的快捷键为M~G，点、边、多边形模式下都有熨烫这个工具，左右拖曳鼠标可以调整元素的平整度；有选定的元素时，熨烫选定元素，没有选定的元素时，熨烫整个对象。需要注意的是，熨烫工具一般是在模型布线不太均匀的情况下使用，它可以让布线比较平滑；而如果模型布线本来就很均匀，熨烫工具是没有作用的，如图4-152所示。

图4-152

4.2.10 线性切割

线性切割的快捷键为 K~K，点、边、多边形模式下都有线性切割这个工具，切割工具无须选定元素，在视图窗口中拖曳鼠标或单击即可切割元素，在没有完成切割时，可自由调节控制点位置，按 Esc 键或切换到另一个工具，完成切割命令。

◆ 线性切割工具搭配快捷键（未完成切割时可用）。

● 按住 Ctrl+Shitf 快捷键，移动控制点，相邻的切割点停留在原地不被移动。

● 按住 Shift 键，执行切割命令，切割会以水平或垂直或按设定的角度来切割。

● 按住 Ctrl 键，单击控制点，可以删除控制点。

3 种操作方法如图 4-153 所示。

图4-153

◆ 线性切割属性

需要注意的是，完成切割后再来调整属性是不会有任何作用的，所以属性参数应在执行切割命令前设置好。线性切割属性参数如图 4-154 所示。

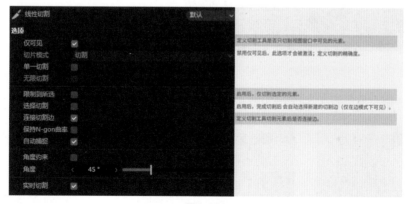

图4-154

仅可见： 启用后，则切割工具只能切割视图窗口中可见的元素；禁用后，不可见的元素也会被切割，如图 4-155 所示。

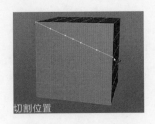

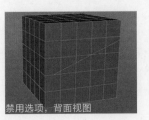

切割位置　　　　　　正面视图　　　　　　禁用选项，背面视图　　　　　　启用选项，背面视图

图4-155

连接切割边：启用后，切割工具将切割边和多边形；禁用后，切割工具只切割边，不连接的点将自动创建 N-gons。

4.2.11 平面切割

平面切割的快捷键为 K~J，点、边、多边形模式下都有平面切割这个工具；平面切割就是沿着平面的表面切割，与线性切割有些类似，但是平面切割可以在切割后通过属性参数来调整整个切割线的移动和旋转。

◆平面切割属性

平面切割属性参数如图 4-156 所示，各个参数的含义在图中已经标注清晰，不再逐一赘述。

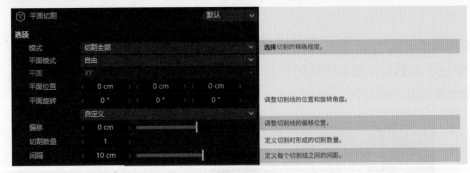

图4-156

不同切割数量和间隔数值的效果如图 4-157 所示。

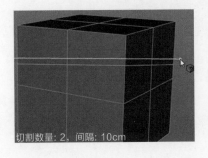
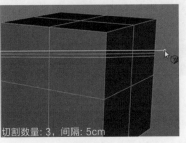

切割数量：2，间隔：10cm　　　　切割数量：3，间隔：5cm　　　　切割数量：4，间隔：20cm

图4-157

4.2.12 循环/路径切割

循环/路径切割的快捷键为 K~L，点、边、多边形模式下都有循环/路径切割这个工具；循环/路径切割是完整的循环线，它可以更精细地细分循环边。循环/路径切割工具可以通过自己的 HUD 元素来调整切割线的数量和位置。

循环/路径切割工具的使用步骤如下，效果如图 4-158 所示。

01 将鼠标指针悬停在对象的网格上，将会有一个白色高亮的切割预览循环线；

02 单击创建循环线，此时循环线为橙色，并未完成切割；

03 通过 HUD 元素、鼠标或切割属性调整切割线；

04 按 Esc 键或切换到另一个工具，完成切割命令。

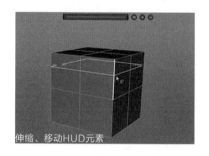 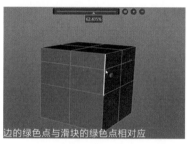 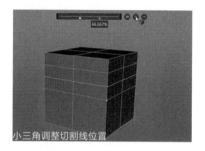

图4-158

1. HUD 元素调整切割线

HUD 元素可以移动、伸缩，HUD 元素的移动、伸缩对切割结果没有影响，只是为了便于操作。

循环切割线为橙色时，HUD 元素被激活。

滑块表示切割的边的长度，滑块的左边表示切割的边的起点（在对象上创建切割线时，被切割的边上将自动显示绿色圆点和线标记，绿色圆点表示该边的起点）。

滑块上的小三角形手柄分别代表一个切割循环线在边上的位置，可以在小三角形处按住鼠标左键不松开，移动小三角形来调整切割线位置，也可以双击小三角形下的数值框，输入具体的数值来进行调整；将手柄拖出滑块外，可删除相应的切割线。

滑块右侧 3 个图标，从左到右分别表示：创建一个统一的循环间距、添加循环切割、删除循环切割。

HUD 元素也可以通过配合快捷键来进行调整。

● 按住 Ctrl 键，单击滑块，创建新的循环切割线。

● 按住 Ctrl 键，并移动小三角形手柄，复制并移动相应的循环切割线。

● 按住 Shift 键，移动小三角形手柄，将手柄捕捉到固定间距。调整效果如图 4-159 所示。

伸缩、移动HUD元素

边的绿色点与滑块的绿色点相对应

小三角调整切割线位置

按住shift键捕捉固定间距

图4-159

2. 鼠标调整切割线

按住Shift键，即可将循环线捕捉到固定间距（可以在创建切割线时使用此快捷键，也可以创建循环切割线后，使用此快捷键来调整橙色切割线）。创建循环切割线后，直接移动橙色切割线，即可调整切割线位置。按住Ctrl键，移动橙色切割线，即可复制并移动切割线。过程如图4-160所示。

按住Shift键创建切割线
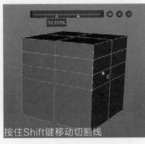
按住Shift键移动切割线
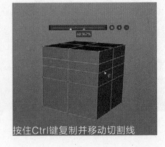
按住Ctrl键复制并移动切割线

图4-160

3. 循环 / 路径切割属性 – 选项

循环 / 路径切割"选项"属性参数如图4-161所示。

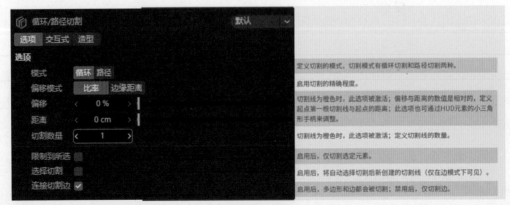

图4-161

模式：定义切割的模式，切割模式有循环切割和路径切割两种。

循环：多边形组合成一圈可循环的面，我们称为循环面；循环切割模式会在循环面上进行切割。

路径：当有选定的面时，路径切割会优先对选定的面进行切割；没有选定的面时，进行循环切割。

不同模式下，有、无选定面的效果如图 4-162 所示。

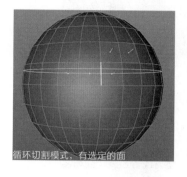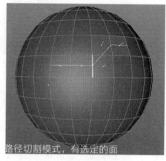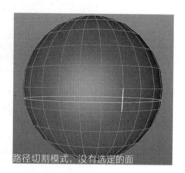

图4-162

偏移模式：启动切割的精确程度。

比率：以相邻边的距离比例进行切割（距离由偏移值定义）。

边缘距离：以平行于相邻边的距离进行切割。

不同偏移模式的效果如图 4-163 所示。

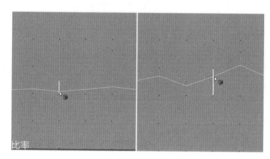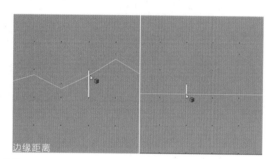

图4-163

切割数量：定义切割线的数量，修改数值后，切割线的间距将均匀分布；此选项可以通过 HUD 元素的 功能来修改。

连接切割边：启用后，多边形和边都会被切割；禁用后，仅切割边。禁用和启用该选项的效果如图 4-164 所示。

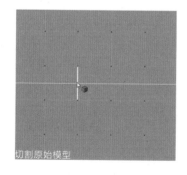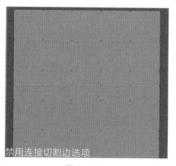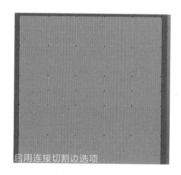

图4-164

4. 循环 / 路径切割属性 - 交互式和造型

循环 / 路径切割交互式和造型属性参数如图 4-165 所示。

重复切割：当第一次切割时，设定了较复杂的属性，启用此选项，可以直接在后面的切割中沿用此复杂属性，而无须重新设置，如图 4-166 所示。

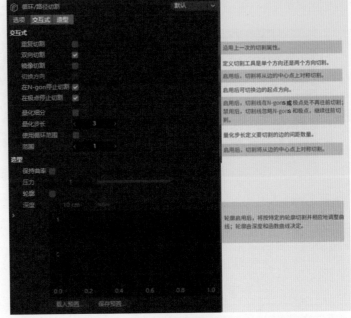

图4-165

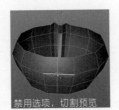
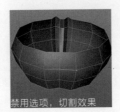
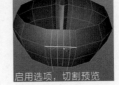

图4-166

双向切割：启用后，则从鼠标指针处的边向两个方向切割元素；禁用后，切割线仅从鼠标指针处的边向一个方向切割，不同的效果如图 4-167 所示。

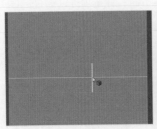

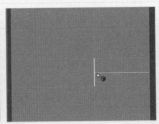
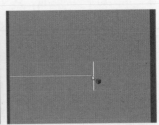

启用双向切割　　　　　禁用双向切割

图4-167

切换方向：当偏移模式为边缘距离时，此选项被激活。

在 N-gon 停止切割 / 在极点停止切割： 启用后，切割线在 N-gons 停止或极点处不再向前切割；禁用后，切割线忽略 N-gons 和极点，继续往前切割，如图 4-168 所示。

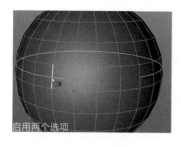 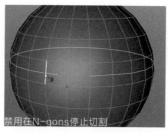 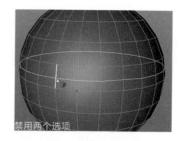

图4-168

量化细分 / 量化步长： 启用量化细分后，切割线可直接捕捉到固定间距；禁用量化细分后，需按住 Shift 键，切割线才能捕捉到固定间距。

使用循环范围 / 范围： 启用后，切割将从边的中心点上对称切割，禁用和启用效果如图 4-169 所示。

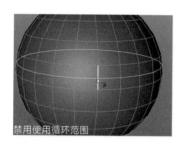 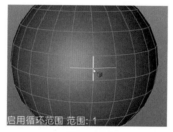 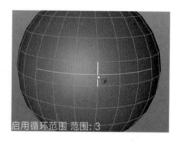

图4-169

轮廓： 启用后，切割将按设定的深度曲线来切割出轮廓形状，如图 4-170 所示。

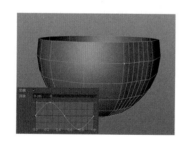  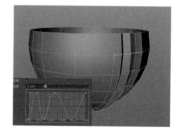

图4-170

4.2.13　磁铁

磁铁的快捷键为 K~I，点、边、多边形模式下都有磁铁这个工具；磁铁类似于笔刷工具，对多边形进行大形体的调整。

4.2.14 镜像

镜像的快捷键为M~H，点、多边形模式下都有镜像这个工具；镜像工具以鼠标单击的地方为分界线来镜像复制元素，复制的元素与原始模型为同一对象；在点模式下，仅镜像选定的点（不镜像曲面），如果没有选定的点，则镜像所有点；在多边形模式下，镜像选定的多边形，如果没有选定的多边形，则镜像所有多边形，如图4-171所示。

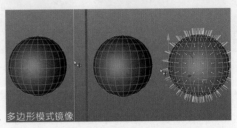

图4-171

4.2.15 设置点值

设置点值快捷键为M~U，点、边、多边形模式下都有设置点值这个工具；设置点值工具可以通过具体数值来移动点、边、多边形。

4.2.16 滑动

滑动的快捷键为M~O，点、边模式下都有设置点值这个工具。在建模工具中，滑动工具算是比较强大的，它不仅可以将元素沿着边来滑动，它也包含了挤压、嵌入、倒角、切刀等功能。

1. 滑动元素

滑动点：滑动工具可以让点在边上滑动，滑动点时，一次只能滑动一个点。

滑动边：当有选定的边时，滑动工具将选定的边同时进行滑动，没有选定的边时，只滑动鼠标指针处的边。

2. 滑动属性

滑动属性的参数如图4-172所示。

偏移：当偏移模式为固定距离时，偏移为实数；当偏移模式为等比例时，偏移为百分比数值。

偏移模式：定义滑动模式。

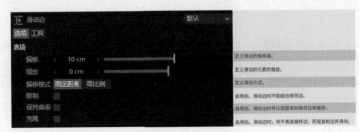

图4-172

固定距离：以平行于边的原始方向来滑动。

等比例：以相邻边的距离的百分比数值来滑动。

不同偏移模式的效果如图 4-173 所示。

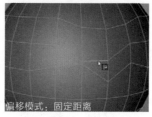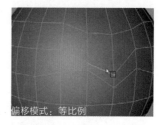

图4-173

限制：启用后，滑动边时不能超出相邻边，禁用和启用限制选项的效果如图 4-174 所示。

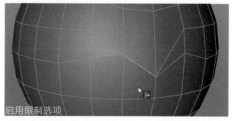

图4-174

保持曲率：启用后，滑动边时将以弧度来向相邻边来偏移；禁用后，滑动边时将沿着多边形的表面上滑动。禁用和启用该选项的效果如图 4-175 所示，以红色的圆来表示弧度。

图4-175

3. 滑动工具与快捷键的搭配使用

● 选定边，按住 Ctrl 键并拖动鼠标，即可克隆选定的边，可往外或往内进行克隆，如图 4-176 所示。

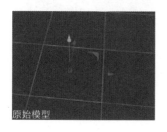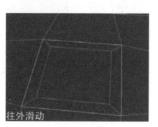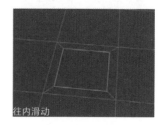

图4-176

这个功能在做边缘的嵌入时特别方便。需要注意的是，如果边有曲率的话，做嵌入时，应在属性中禁用"保持曲率"选项，否则嵌入会出错，滑动效果如图4-177所示。

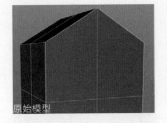
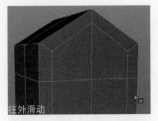
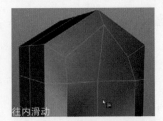

图4-177

当物体一些面大小不一，而我们又想做嵌入时，如果直接用嵌入工具，可能得到的效果不会太令人满意，因为嵌入之后多出来的点信息并没有在原来的线上。这时可以按住 Ctrl 键并移动鼠标来解决这个问题（同理，这里也需要把属性中的"保持曲率"选项禁用），如图 4-178 所示。

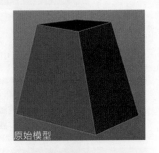

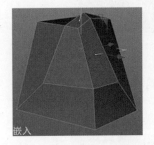
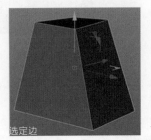
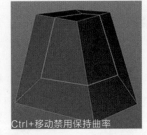
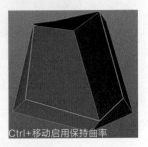

图4-178

按住 Ctrl 键并移动鼠标可以通过克隆边来修改圆角平滑度。当只想修改其中一个角的平滑度时，通过切刀工具加线，会影响到其他边角的平滑度，而通过滑动克隆，就可以只修改某个角，不会影响到其他的多边形，如图 4-179 所示。

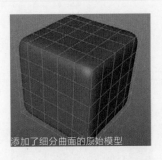
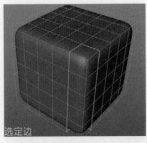
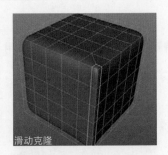

图4-179

这个功能和倒角工具类似，在属性中启用"保持曲率"选项，再滑动克隆，即可做出倒角效果。滑动克隆跟倒角工具的区别在于：倒角会改变原始边的位置，未达到弧面的效果，且倒角工具是将边往两侧倒；滑动克隆不会改变原始边的位置，且可以只修改一侧的多边形，图4-180所示的效果就比较适合用滑动克隆。

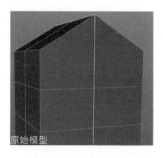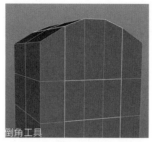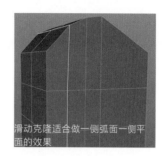

图4-180

- 选定边，按住 Shift 键并拖动鼠标，即可将选定的边沿着法线方向移动。
- 选定边，按 Ctrl+Shift 快捷键并拖动鼠标，即可挤压选定的边所形成的多边形；挤压出多边形后，松开 Shift 键，可以缩放挤出的多边形，如图 4-181 所示。

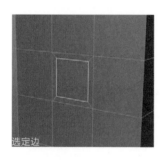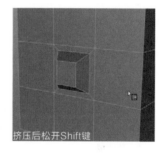

图4-181

4.2.17 旋转边

旋转边的快捷键为 M~V，只有在边模式下才有旋转边这个工具。先选定边，再执行旋转边命令，即可将边旋转并连接到相邻的点上；旋转边命令可重复执行，每执行一次，选定的边都以顺时针方向旋转，如图4-182所示。在修改布线时会经常用到这个工具。

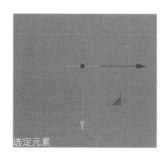

图4-182

4.2.18 缝合

缝合的快捷键为 M~P，点、边、多边形模式下都有缝合这个工具，缝合工具可以将具有相同分段数的边连接在一起。使用缝合工具时，在点或边模式下，鼠标指针悬停在元素上时，元素将以白色高亮显示。按住鼠标左键不放，有白色小圆点来标示起点，拖动鼠标将其与另一相同元素相连，则以相同方式显示另一边的元素，松开鼠标即可将元素缝合，如图 4-183 所示。

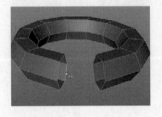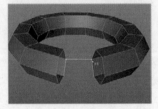

图4-183

缝合工具搭配快捷键。

● 按住 Ctrl 键并拖动鼠标，则边被缝合在两条边的中点位置。

● 按住 Shift 键并拖动鼠标，则中间新创建一个多边形以连接两条边。

以上两种方式的效果如图 4-184 所示。

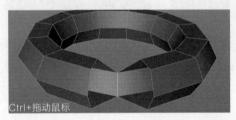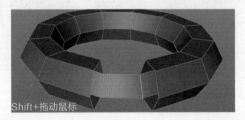

图4-184

● 选定元素，按住Shift键并拖动鼠标，则自动创建多边形连接依次连接多条边；使用这个功能的时候，需要注意前后顺序。由外往内拖动缝合时，多边形的法线是反的，而由内往外拖动缝合时，法线是正确的，如图 4-185 所示。

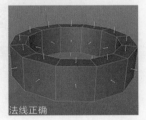

图4-185

232

4.2.19 焊接

焊接的快捷键为M~Q，点、边、多边形模式下都有焊接这个工具。焊接工具可以将对象多个点或多个样条点焊接到单个点。

选定元素，拖动鼠标到任何位置，此时将有白色高亮显示预览，单击后，所有点都将焊接到单击位置，如图4-186所示。

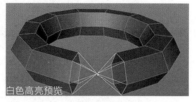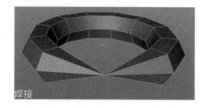

图4-186

未选定元素时，按住Ctrl键并拖动鼠标将一个点移至另一个点上，点被焊接在第二个点的位置（此快捷键仅在点模式下适用）。按住Shift键并拖动鼠标将一个点移至另一个点上，则两个点被焊接到中间位置，如图4-187所示。

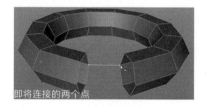

图4-187

4.2.20 倒角

倒角的快捷键为M~S，点、边、多边形模式下都有倒角这个工具。倒角工具可以将尖锐的边缘变得圆润、平滑，它在点、边、多边形不同模式下的倒角方式也会不同，如图4-188所示。倒角后的模型（没有做其他操作的前提下），黄色边代表倒角的偏移值，新创建的边可调整深度。

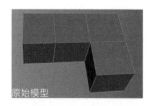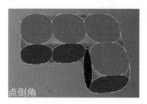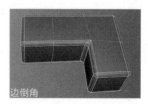

图4-188

在边模式下使用倒角，倒角后，按住 Ctrl 键并单击黄色边可以进行子选定。子选定的边可单独定义偏移值（偏移值可通过拖动鼠标或在属性管理器中设置数值），如图 4-189 所示。按住 Ctrl 键，再次单击子选定的边可以取消选定，在空白区域单击即可取消全部选择。

图4-189

在多边形模式下使用倒角，抓取多边形边缘，则可以左右移动鼠标以控制倒角的偏移值，上下移动鼠标以控制倒角的拉伸，如图 4-190 所示。

  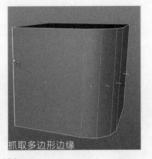 

图4-190

1. 倒角属性 - 工具选项

倒角属性的"工具选项"选项栏中的参数如图 4-191 所示。

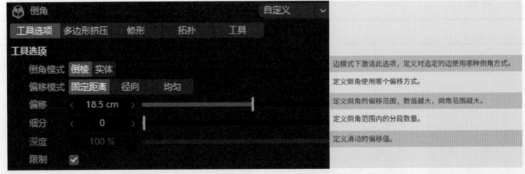

图4-191

倒角模式：定义对选定的边使用哪种倒角方式，如图 4-192 所示。

图4-192

细分：定义倒角范围内的分段数量，也就是黄色高亮区域内的线段数量（不包含黄色线）。如果细分数为0，则倒角为硬角，数值越大倒角越平滑，如图4-193所示。

  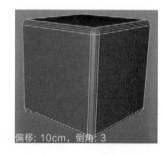

图4-193

深度：定义滑动的偏移值，不同深度值的效果如图4-194所示。

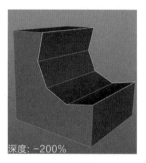 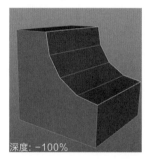 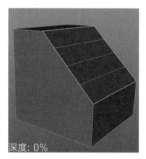 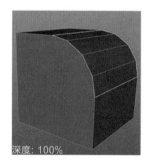

图4-194

限制：启用后，倒角偏移值超出相邻元素时，元素会被合并；禁用后，倒角偏移值可以超出相邻元素，如图4-195所示。

 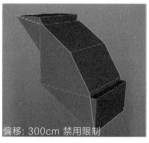 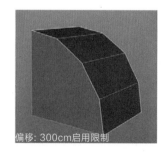

图4-195

2. 倒角属性 – 修形

倒角属性的"修形"选项卡中的参数如图4-196所示。

图4-196

外形：定义倒角新生成的多边形的形状，如图4-197所示。

圆角：倒角形状为圆形，形状不可修改。

用户：倒角形状可通过函数曲线来自定义。

轮廓：倒角形状可通过样条线来定义，使用样条线来定义倒角形状时需注意，样条线是可编辑对象且未封闭。

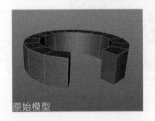

图4-197

张力：定义倒角边缘的形状，如图4-198所示。

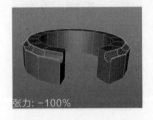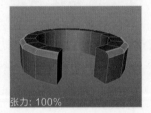

图4-198

3. 倒角属性 – 拓扑

倒角属性的"拓扑"选项卡中的参数如图4-199所示。斜角、末端、局部圆角3个选项只有在边模式下修形属性才会被激活。

斜角：斜角的所有方式中，只有均匀不会在多边形上形成N-gons，不同斜角方式如图4-200所示。

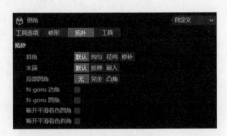

图4-199

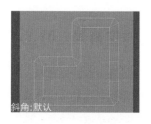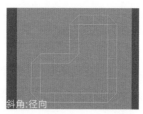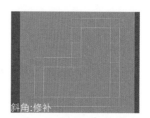

图4-200

末端：当选定的边不在转折处时，用末端来定义边的过渡类型，不同类型的末端效果如图 4-201 所示。

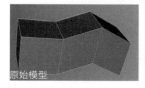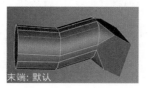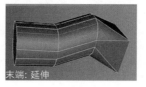

图4-201

局部圆角：定义倒角新生成的多边形的形状。

N-gons 边角 /N-gons 圆角：启用后，在做倒角时，边角 / 圆角处没有连接线，自动创建 N-gons，禁用和启用的效果对比如图 4-202 所示。

图4-202

断开平滑着色圆角 / 断开平滑着色斜角：启用后，在做倒角时，圆角 / 边角处断开平滑着色，不再光滑；图 4-203 中为了更直观地进行对比，将倒角后的模型添加了 1 级细分曲面。

图4-203

4.2.21 挤压

挤压的快捷键为 D，点、边、多边形模式下都有挤压这个工具；选择挤压工具，选定元素左右拖动鼠标，即可对选定的元素挤出或压进，没有选定的元素时，则将整个对象挤出或压进。一般情况下，挤压时是沿着法线方向进行挤压，如图 4-204 所示。

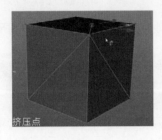

图 4-204

挤压属性 - 选项

挤压属性的"选项"选项卡中的参数如图 4-205 所示。

图4-205

偏移 / 偏移变化 / 变量（偏移）：定义挤压的距离及随机值变化，如图 4-206 所示。

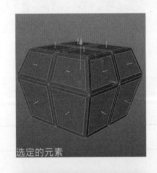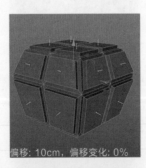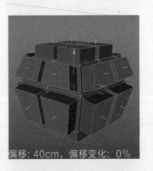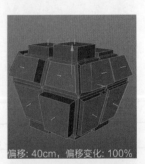

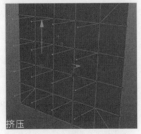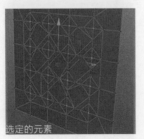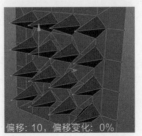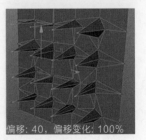

图4-206

细分数：定义挤出的多边形的分段数，如图 4-207 所示。

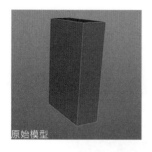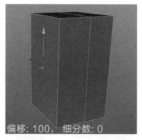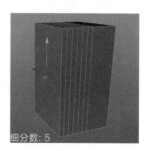

图4-207

创建 N-gons：启用后，细分数不会再是实际的边，而是 N-gons。

创建封顶：多边形模式下，此选项才会被激活。启用后，原始多边形将保留在原地，并复制原始多边形进行挤压。创始封闭多边形时适用，但是如果模型本身就是封闭多边形，则启用此选项会造成非法面，如图4-208 所示。（图 4-208 中最后一张已经删掉一个多边形以便观察到内部的非法面）。

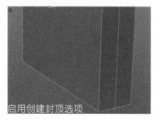

图4-208

保持群组：多边形之间的角度在不超过最大角度的前提下，这个命令可以定义挤出的多边形是单个对象还是合并对象，如图 4-209 所示。

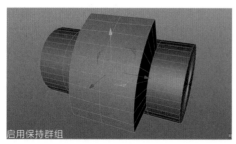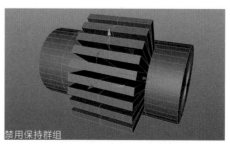

图4-209

4.2.22 嵌入

嵌入的快捷键为 I，只有多边形模式下才有嵌入这个工具；嵌入工具与挤压工具类似，但它是将选定的多边形在一个平面上往内挤压。

嵌入的属性参数与挤压一样，一个需要注意的地方是，嵌入的偏移值设置的数值不能超出多边形本身的大小，偏移值设置得过高时，会导致非法面，如图 4-210 所示。

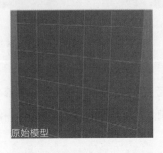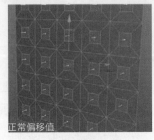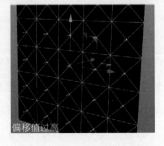

图4-210

4.2.23 矩阵挤压

矩阵挤压的快捷键为 M~X，只有多边形模式下才有矩阵挤压这个工具，矩阵挤压工具与挤压工具类似，但它可以一次执行多次重复挤压。

矩阵挤压属性 - 选项

矩阵挤压属性的"选项"选项卡中的参数如图 4-211 所示。

图4-211

步：定义每个多边形重复挤出的数量。

多边形坐标：启用此选项后，矩阵挤压将向多边形的法线方向挤压；禁用后，矩阵挤压将按世界坐标轴方向挤压，启用和禁用的效果对比如图 4-212 所示。

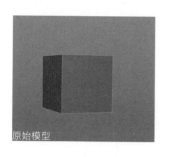  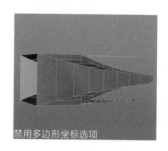

原始模型　　　　　　启用多边形坐标选项　　　　禁用多边形坐标选项

图4-212

移动/缩放/旋转：定义每个挤压步骤挤出的距离/缩放/旋转角度，如图4-213所示。

  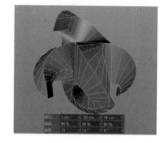

移动/缩放/旋转数值上的一些变化

图4-213

4.2.24 偏移

偏移的快捷键为M~X，只有多边形模式下才有偏移这个工具。偏移工具与挤压工具类似，但属性管理器中的最大角度将决定是否在两个多边形之间创建新的连接曲面，其他参数与挤压相同，如图4-214所示。

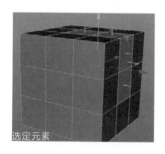  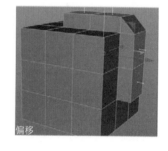

选定元素　　　　　　挤压　　　　　　　　偏移

图4-214

4.2.25 法线相关工具

1. 沿法线旋转/沿法线缩放/沿法线旋转

只有多边形模式下才有沿法线旋转/沿法线缩放/沿法线旋转这个工具。它可以沿着多边形的法线方向进行缩放、旋转、移动。

2. 对齐法线/反转法线

只有多边形模式下才有对齐法线/反转法线这个工具，此工具可以修正法线的错误朝向。

4.2.26 阵列

点、多边形模式下才有阵列这个工具，阵列工具不能通过鼠标在视图窗口上操作，只能通过属性管理器调整某个数值之后按 Enter 键执行阵列命令。它可以按特定规则来复制选定元素并均匀排列（在没有设置变量的前提下），如果没有选定元素，则复制整个对象，阵列复制的元素自动与原始模型合并为一个对象，如图 4-215 所示。

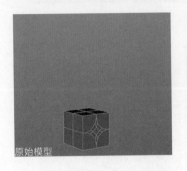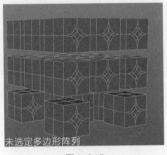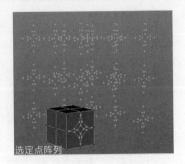

图4-215

4.2.27 克隆

点、多边形模式下才有克隆这个工具，克隆工具不能通过鼠标在视图窗口上操作，只能通过属性管理器调整某个数值之后按 Enter 键执行阵列命令。克隆工具与克隆生成器类似，但有两点不同：一点是克隆工具可以克隆选定的元素也可以克隆整个对象，而克隆生成器只能克隆整个对象；另外一点是，克隆工具克隆的对象自动与原始模型合并为一个对象，而克隆生成器则不会合并对象。

4.2.28 坍塌

只有多边形模式下才有坍塌这个工具，使用坍塌工具，需要先选定多边形，再执行坍塌命令。执行命令后，选定的多边形上的点将缩小到其中心点，并焊接在一起，如图 4-216 所示。

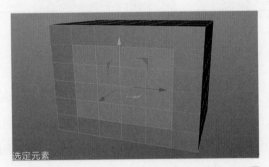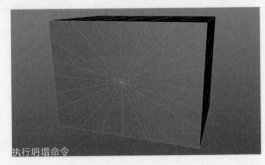

图4-216

4.2.29 断开连接

点、多边形模式下都有断开连接这个工具，使用断开连接工具，需要先选定多边形，再执行命令。执行命令后，选定的多边形将从原始模型上分离出来，但是分离出来的多边形仍停留在原位，此时移动分离的多边形，不会影响到原始对象的任何区域，如图 4-217 所示。

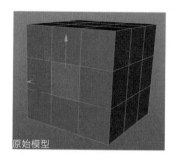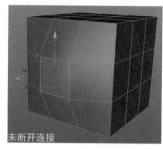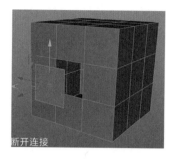

图4-217

4.2.30 融解

点、边、多边形模式下都有融解这个工具，使用融解工具，需要先选定多边形，再执行命令。执行命令后，选定的多边形将被融化消除。

点模式下使用，则删除选定的点，连接到该点的多边形将转换成 N-gons。

边模式下使用，则删除选定的边，边上的点如果没有连接到其他多边形，则该点也会被删除，如果点连接到其他多边形，则该点保留。

多边形模式下使用，则删除所选多边形内部的边。

不同模式下使用该工具的效果如图 4-218 所示。

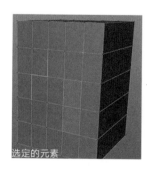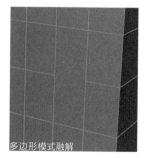

图4-218

4.2.31 优化

优化的快捷键为 U~O,点、边、多边 形模式下都有优化这个工具。优化工具可 以合并相邻且未焊接的点,也可以删除未 连接到任何多边形上的多余点。优化的常 用参数如图 4-219 所示。

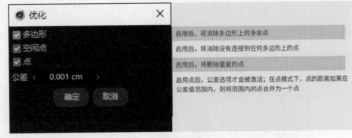

图4-219

4.2.32 分裂

分裂的快捷键为 U~P,点、边、多边形模式下都有分裂这个工具。分裂工具可以将选定的元素原地复制成 为一个单独的对象,分裂不会对原始模型有任何更改。下图中最后一张为将分裂对象从原地移开,以便观察到原 始模型,可以看到原始模型并没有被修改,如图 4-220 所示。

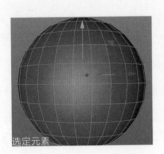

图4-220

4.2.33 细分

细分的快捷键为 U~S,只有多边形模式下才有细分这个工具。细分工具可以将选定的多边形进行细分,如 果没有选定多边形,则对整个模型对象进 行细分。这里的细分与细分曲面生成器功 能是一样的,不同的是,这里的细分工具 对模型是破坏性的改变。细分完后再做其 他操作,此细分不可再逆转,而细分曲面 生成器是随时可以修改的。细分的常用参 数如图 4-221 所示。

图4-221

细分: 这里需要注意的是，如果多边形开始只有1个面，则细分一次后会变成4个面，细分两次则变成16个面，细分三次则变成256个面，也就是每次细分面数都会以 N×N 的方式来增长，所需内存也会急剧增长，细分次数过多，可能造成软件的崩溃。

老白提醒

细分如果遇到N-gons，则会在N-gons的中心创建点并连接到周围的点之后再细分。

细分曲面: 启用后，将修改现在的点的位置以形成曲面结构；禁用后，则会保留现有的点位置，并且在细分时不会平滑曲面。

最大角度: 定义曲面在保持硬边缘时具有的最大角度；如果此角度小于定义的值，则会被修改成曲面。

4.2.34 三角化

只有多边形模式下才有三角化这个工具，三角化工具可以将选定的多边形转化为三角曲，如果没有选定多边形，则对整个模型对象三角化，如图 4-222 所示。

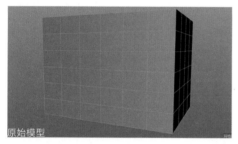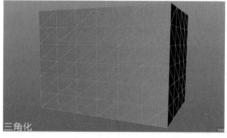

图4-222

4.2.35 反三角化

只有多边形模式下才有反三角化这个工具。反三角化工具可以将选定的多边形转化为四边面（与三角化刚好是相反作用），如果没有选定多边形，则对整个模型对象反三角。要转换的三角面能形成平面四边形时，此选项才有效，无法转换的三角形将保持原状。细分的常用参数如图4-223 所示。

图4-223

4.2.36 平滑着色相关

1. 断开平滑着色（Phong）

只有边模式下才有断开平滑着色这个工具。断开平滑着色（Phong）工具可以将选定的边断开，不再进行平滑着色，断开平滑着色后，会导致对象表面不平滑。

2. 恢复平滑着色（Phong）

只有边模式下才有恢复平滑着色这个工具。恢复平滑着色（Phong）工具可以将选定的边恢复平滑着色。

3. 选择平滑着色（Phong）断开边

只有边模式下才有选择平滑着色断开边这个工具。选择平滑着色（Phong）断开边工具可以快速选择断开平滑着色的所有边。

4.3 雕刻工具

雕刻建模是一种有别于传统建模方法的建模方法，它通过在三维空间中使用各种雕刻工具来精细地塑造形象。就像黏土一样，我们可以对模型对象任意造型，增加对象的凹凸特征来塑造模型对象的真实立体感，让形象更加栩栩如生。雕刻建模可以说是一种造型艺术，所以与其说是在建模，不如说我们是用雕刻工具创造一件艺术品，给予它生命。

Cinema 4D 软件提供有功能比较基础的雕刻模块，这个模块足以满足我们做一些基本的雕刻工作，并且 Cinema 4D 雕刻有一个比较大的好处是可以多级别雕刻，每一个雕刻过程我们都可以保留并单独修改。

在 Cinema 4D 的菜单栏中，有基础的雕刻工具，但是更多时候我们会将界面改为 Sculpt 界面，如图 4-224 所示。图 4-225 所示就是 Cinema 4D 系统默认的雕刻界面。雕刻工具只对可编辑对象生效，所以在使用雕刻工具时，一定要记得先把对象转换为可编辑对象。

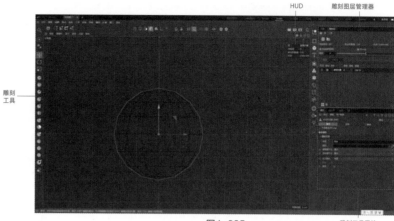

图4-224

图4-225

HUD　　雕刻图层管理器

雕刻工具

雕刻工具属性

4.3.1　雕刻图层管理器

在雕刻图层管理器中，可以对雕刻层进行管理。可以单击添加层图标，也可以右击，在弹出快捷菜单中选择"添加层"选项。层的好处是它是非破坏性的工作，与 Photoshop 中的图层类似，可以对单独的层进行修改，但是层与层之间是一种叠加的效果。我们在做雕刻时，最好养成使用图层的好习惯，便于后续的修改调整，如图 4-226 所示。

层1

层2

层1+层2

图4-226

雕刻图层管理器下方的图标，可以对层进行一些操作，也可以右击层，在快捷菜单中选择相应的命令来进行操作，它们的功能是相同的，如图 4-227 所示。

雕刻中的图层不能通过按 Delete 键直接删除，而是要通过删除层功能来操作。

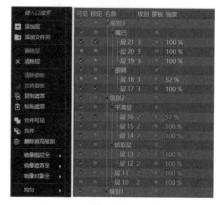

图4-227

4.3.2 雕刻笔刷属性

雕刻笔刷的属性基本类似，这里以绘制笔刷为例。

1. 基本

绘制笔刷的"基本"选项卡参数如图 4-228 所示。

链接尺寸 / 链接压力 / 链接镜像：如果启用了 3 个选项之一，则该值将被应用于其他笔刷。如使用绘制笔刷时，尺寸为 10，启用链接尺寸后，切换到平滑笔刷，则平滑笔刷的尺寸值也为 10。

图4-228

背面：启用后，可以在多边形的背面进行雕刻，在背面雕刻时，笔刷指针颜色为蓝色。就个人体验来说这个功能意义有限，因为不管启用或是禁用背面，大多数笔刷都是沿着法线方向拉动。

保持可视尺寸：启用此选项后，笔刷大小与视窗的大小成比例，在对窗口进行缩放时，笔刷大小也会跟着进行缩放；禁用后，则无论视图如何缩放，笔刷都会保持同一个尺寸大小。

预览模式：定义在鼠标指针周围显示的笔刷预览模式，不同模式的效果如图 4-229 所示。

无：不显示笔刷预览；

屏幕：笔刷预览始终垂直于视窗显示；

位于表面：笔刷预览在平均法线的方向上显示，通常情况下，会启用位于表面预览，这样方便我们观察笔刷的雕刻方向。

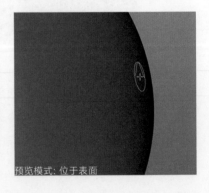

图4-229

笔刷预置：预置里可以保存或导入一些设置好的笔刷以供使用，是一个比较便捷的操作方式。

载入：从可用预置列表中加载笔刷预置。默认的笔刷预置有很多，可以为我们节省大量的雕刻时间。如图4-230所示，只要选择好图案，轻轻一刷就可以实现这种复杂的效果。

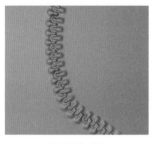

系统预置笔刷效果

图4-230

保存：将当前笔刷设置保存为预置。

重置：将笔刷重置为默认设置。

2. 设置

绘制笔刷的"设置"选项卡参数如图4-231所示。

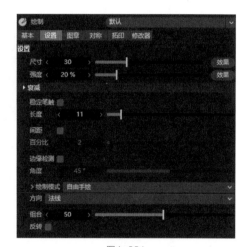

尺寸：定义笔刷的大小。可以通过这里的滑块来修改笔刷大小，也可以在视窗中，按住鼠标中键左右拖动，以更改笔刷大小。

强度：定义笔刷的强度，压力值越大，则笔刷强度越大。可以通过这里的滑块来修改笔刷强度，也可以在视窗中，按住鼠标中键上下拖动，更改笔刷强弱。

稳定笔触：启用后，可以更轻松地创建笔直的笔触。

长度（稳定笔触）：定义稳定笔触的长度，值越大，笔直效果越好。

图4-231

间距/百分比：定义笔刷之间的距离；这个跟PS中画笔的间距类似，如图4-232所示。

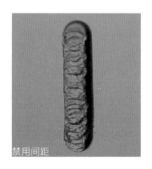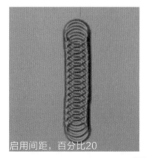

图4-232

绘制模式：定义笔刷雕刻的模式。

方向：定义笔刷效果的方向。

反转：反转笔刷的效果，即应该凸起的笔刷效果将变成凹下。该选项仅在绘制前修改有效，绘制完成后再修改，则对已经绘制完成的效果没有任何作用。

3. 图章

绘制笔刷的"图章"选项卡参数如图 4-233 所示。

使用图章：使用 / 禁用图章功能。

图像：可以加载黑白位图来定义图章效果。

材质：图章效果不仅可以使用图像来定义，还可以使用材质来定义。它可以读取材质中的黑白信息，并将此黑白信息作为笔刷的效果。

4. 对称

绘制笔刷的"对称"选项卡参数如图 4-234 所示。

图4-233

图4-234

在有些雕刻过程中，如果模型对象是对称的，则可以开启对称，比如眼睛、耳朵等，启用对称后，我们可以只雕刻一边，对称的另外一边也会自动雕刻成型。

轴心：定义对称功能的镜像平面的基础坐标系统，有世界、局部、工作平面 3 个坐标系统可以选择。

X(YZ)/Y(XZ)/Z(XY)：定义对称应垂直于哪个轴上。

径向：启用后，可创建径向对称效果，适用于创建重复的造型。

径向对称模式：定义径向对称的分散类型，如图 4-235 所示，为了便于观察，在中心点位置做了一个拉起的小点。在设置了径向对称模式后，鼠标指针悬停在雕刻对象上时，径向对称位置会有白色高亮显示。

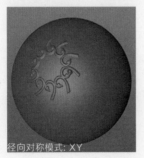

图4-235

径向笔触数量：定义径向笔触的数量，当笔触数量值较高时，可以创建交织的形状，不同笔触数量的效果如图4-236所示。

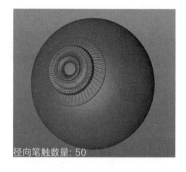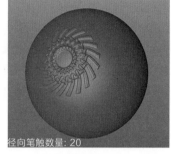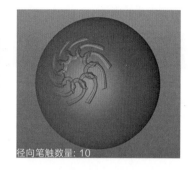

图4-236

　　径向间隙角：定义径向笔刷的间隙值，设置了径向间隙角后，径向笔触的数量则是在间隙角中的分布数量，不同笔触数量和间隙角的效果如图4-237所示。

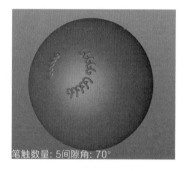

图4-237

5. 拓印

　　绘制笔刷的"拓印"选项卡参数如图4-238所示。

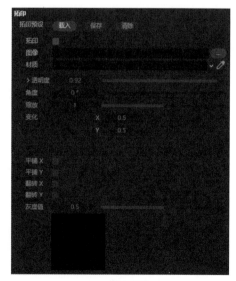

图4-238

拓印可以通过加载位图来作为雕刻的效果图像，如图4-239所示，加载进来的位置可以移动、缩放、旋转。使用笔刷在位图区域内绘制，则可以将位图上的黑白信息拓印到模型上。位图上的黑色信息不会被改变，白色信息的笔刷效果最明显。

拓印模板

拓印绘制一半时效果

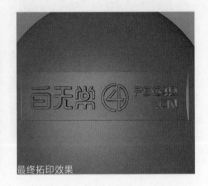
最终拓印效果

图4-239

拓印：启用 / 禁用拓印效果。

图像：可以加载一张位图来作为拓印模板，可以是带灰度的位图或带 Alpha 通道的位图。

透明度：定义拓印模板在视窗中的透明度。

角度：定义拓印模板的角度，即旋转。也可以按住 T 键并通过鼠标中键来进行旋转。

缩放：定义拓印模板的大小，即缩放。也可以按住 T 键并通过鼠标右键来进行缩放。

变化：定义拓印模板的位置，即移动。也可以按住 T 键并通过鼠标左键来进行旋转。

平铺 X/ 平铺 Y：定义拓印模板在视窗中是否平铺。

翻转 X/ 翻转 Y：定义拓印模板水平 / 垂直翻转。

实战案例 1：龙头雕刻建模

雕刻建模在很多时候会比传统的通过点、线、面的调整来塑造模型要方便得多，完全可以随心所欲地给对模型搓圆捏扁，而不用在点线面的分布上各种纠结。雕刻建模工具数量有限，只需通过不断练习，掌握好画笔的压力及大小，并且注意各个工具之间的相互配合，熟悉之后就会发现有时候它甚至比传统的建模方法更快速，精细程度更高。在 C4D 中，雕刻工具通常只是用于给模型添加细节来达到我们想要呈现的效果，本案例完成效果如图 4-240 所示。

主要掌握知识点： 我们在做雕刻建模时，一定要注意从多个角度来观察雕刻结果。很多时候，我们会只从一个角度来开始雕刻，但是这个角度即使塑造得很完美，换个角度可能就会漏洞百出。如果雕刻的模型只展示一个角度的话，这样的雕刻没什么毛病，但是如果雕刻的模型有不同角度的展示，建议大家还是在雕刻过程中不断地从各个不同的角度来观察雕刻结果，有问题时及时修改，以免后期再去做麻烦的调整，这是一个提高工作效率的好方法。

图4-240

1. 基础模型建模

01 先打开四视图，进入到正视图和顶视图，打开视窗编辑窗口（快捷键 Shift+V），把需要参考的视图角度放进去，如图 4-241 所示。并且在视窗编辑界面中调整透明度，再打开多边形画笔工具，把默认的绘制模式改成面模式，如图 4-242 所示。

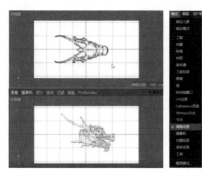

图4-241　　　　　　　　　　　　　　　　　　　图4-242

02 按住鼠标左键并拖动进行绘制，绘制出一个大致的结构即可，如图 4-243 所示。在顶视图上，我们对多边形的面进行挤压，如图 4-244 所示。对挤压后的模型添加对称，修改对称的反向让其模型成为一体，如图 4-245 所示。

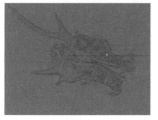

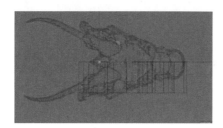
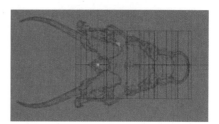

图4-243　　　　　　　　　　图4-244　　　　　　　　　　图4-245

03 按用框选模式在顶视图中把点都对齐到大概的参考图位置，如图4-246所示。再切换到透视视图，如图4-247所示。

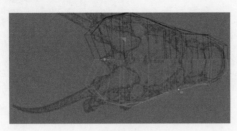

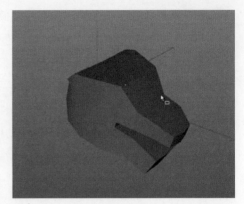

图4-246   图4-247

04 对称工具的"对象"选项卡中要确保勾选"在轴心上限制点"和"删除轴心上的多边形"两个选项，如图4-248所示，这样内部挤压时才会同时去挤压。接着我们在鼻子的前端做一个内部挤压，如图4-249所示，再在把周边的点进行调整移动。

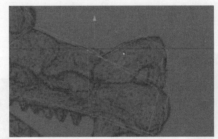

图4-248   图4-249

05 舌头的部分选中下巴里边的面，内部挤压一下，留出牙齿部分，如图4-250所示。再选中舌头面再进行挤压，调整细节，这时候会有中心没有对称的问题，可以先把对称关闭显示，如图4-251所示。之后把多余的面删除，把没有对称的面对称到中心轴方向使其对称，这时候在开启对称，效果如图4-252所示。嘴巴上边也需要向内部挤压一层。

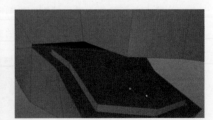

图4-250   图4-251   图4-252

06 让细分曲面作为对称的父级，把编辑器细分改为1，如图4-253所示。把细分曲面转换为可编辑对象，把一半的面删除之后，添加对称工具，方便制作眼睛时，左右可以同时进行，接着调整眼睛的部位，留出眼睛的大致位置，之后选中眼睛，向里边慢慢凹陷一些，如图4-254所示。

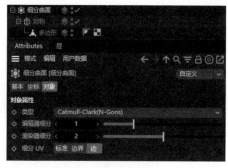

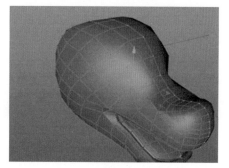

图4-253 图4-254

07 选择眼睛附近几个面，进行内部挤压，再调整对好大概位置，如图 4-255 所示。在触角的位置上进行挤压，做出大概的形状，如图 4-256 所示。胡须毛发和眉毛的地方也是用一样的步骤去做出来，慢慢调整细节，效果如图 4-257 所示。

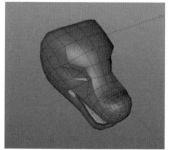

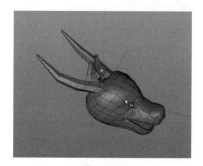

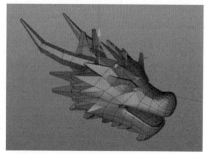

图4-255 图4-256 图4-257

08 牙齿的地方是偏向与锋利的，所以用立方体转换为可编辑对象，调整为类似于牙齿锋利的形状，排列牙齿大小形状效果，如图 4-258 所示。

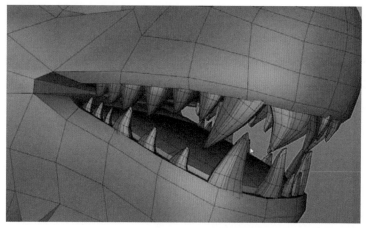

图4-258

2. 雕刻工具使用

01 在软件顶部切换到雕刻的界面，如图 4-259 所示。使用绘制工具，打开对称模式，勾选 X(YZ) 模式，如图 4-260 所示。对龙头的形体进行一些调整，要记得牙齿部分细节的调整，效果如图 4-261 所示。

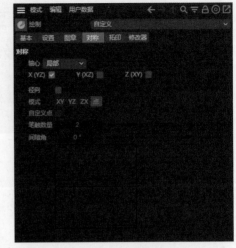

图4-260

图4-259

图4-261

02 眼睛的地方放一个球体上去并对称，效果如图 4-262 所示。

03 在鼻子、触角、眼睛、舌头各部位上做些细节上的纹理雕刻，可以用不同的工具来进行操作（记得勾选上对称），效果如图 4-263 所示。

图4-262

图4-263

04 再做一个偏向于龙肌理质感的细节，在绘制工具上，有个自定义，里边有笔刷的预设，如图 4-264 所示，再调整画笔大小和压力来进行绘制，效果如图 4-265 所示。

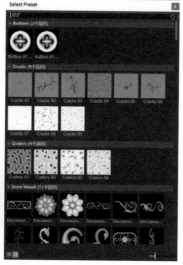

图4-264

图4-265

实战案例 2：发型设计

在使用雕刻笔刷时，不必太过刻意，雕刻主要是给对象添加细节，不一定要按照某个参数或者某个步骤来做。我们可以把雕刻当成捏泥巴，不用局限于使用某个笔刷，雕刻过程中随时切换不同的笔刷，出错也没关系，可以用其他笔刷修整，而在修整过程中，如果分段线不够，记得细分级别加一级即可继续操作，只要得到我们满意的结果即可。本案例的操作效果如图 4-266 所示。

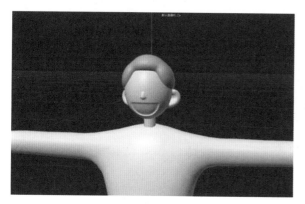
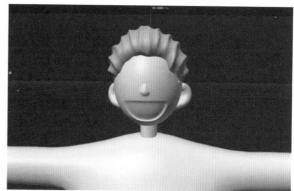

图4-266

05

Cinema 4D
建模

在前面的章节中，我们熟悉了基础参数对象及基础工具，而实际应用到的模型并不全是几何体，所以需要建模。本章从建模应用、建模方法、模型法线、模型布线来全面讲解建模，并且以实战案例来帮助读者提高建模水准。

5.1 什么是建模

　　建模就是将物体模型化，利用物体的三维坐标轴（即 x 轴、y 轴、z 轴）来体现出对象的维度，形成视觉上的立体感。目前，三维建模在各个领域上都已广泛普及，从结构精细的工业产品（如手机、汽车），到日常生活用品，再到服饰等。三维建模的应用相当广泛，在电影、动画、广告等方面的表现都非常出色，例如《星球大战》《指环王》《毁灭战士》《丛林总动员》《阿凡达》中都应用到了建模技术。三维建模技术大大节省了人力、物力，降低了拍摄成本，三维建模的强大使得它成为许多一流艺术家和电影公司的首选。

　　现如今，能制作模型的三维软件也特别多，每一款软件都有自己的独特之处，而我们今天要推荐的是 Cinema 4D，它是 Maxon 公司引以为傲的代表作。Cinema 4D 的功能相当强大，操作却非常简单，自 2014 年 Cinema 4D R9 发布，业界对它的关注就极大，并且收获了无数的赞誉，到目前发布的 R25 版本，它的功能越来越强大，操作还是一如既往的简单。

5.2 三大主流建模方法

　　NURBS 建模：NURBS 是非均匀有理 B 样条（Non-Uniform Rational B-Splines）的缩写，是一种非常优秀的建模方式，起源于船舶工业。NURBS 建模常用于工业建模，但在 C4D 中通常用于文字海报建模。优点是自带 UV、准确、光滑；缺点是表面太复杂的物体无法用 NURBS 建模来实现，如图 5-1 所示。

图5-1

Polygon 建模：又称多边形建模。一般情况下可分为两类：硬边建模和曲面建模。

硬边建模是通过倒角来给模型增加平滑度，对于布线的要求不高，可以忽略 N-gons 带来的影响。它通常适用于一些较为方正的物体的建模，如图 5-2 所示。

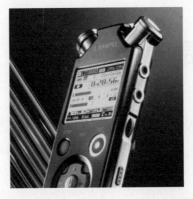

图5-2

曲面建模是对模型添加细分曲面来增加模型的平滑度，对于布线的要求严格，通常不能出现 N-gons，N-gons 会对模型的平滑造成较大的影响。曲面建模通常适用于人物、动物等细节较多的模型，如图 5-3 所示。

图5-3

雕刻建模：雕刻建模是利用雕刻画笔在模型上添加一些细致的纹理，所以通常是曲面建模之后再雕刻建模。雕刻建模能将对象的形态刻画得更加淋漓尽致，在 3 种建模方法中，它的表现最为细腻。优点是不用考虑布线，可以直接在模型上绘制纹理，缺点是较费时，需要特别注意细节上的处理。雕刻建模能精确建模，它可以增加身体质感、肌肉特征，甚至毛发等各种精细的细节，如图 5-4 所示。

图5-4

虽然建模方法有好几种，但实际上，我们在做模型的时候，并不局限一种建模方法，往往是几种建模方法混合在一起使用的，只要能快速实现我们想要的效果即可。

5.3 了解模型法线

5.3.1 法线

法线在建模中是一个较重要的指向。就像我们穿的衣服分正反面一样，法线是为了区分物体的正反面。法线指向的方向为物体的正面，反向为物体的反面。默认情况下，法线位于多边形的中心点，且垂直于多边形的面，建模工具始终沿着法线的方向移动、缩放和旋转。

5.3.2 法线视图设置

开启法线：按快捷键 Shift+V，进入"视图设置"窗口，勾选"显示"选项卡中的多边形法线和顶点法线选项，如图 5-5 所示。勾选后在操作界面就可以看到法线方向，黑色为多边形法线，白色为顶点法线，如图 5-6 所示。

图5-5

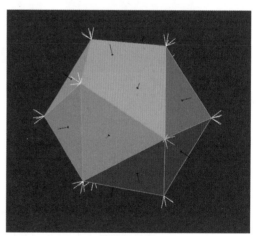

图5-6

开启背面忽略：按快捷键 Shift+V，进入"视图设置"窗口，勾选"查看"选项卡中的背面忽略选项，启用该选项后，在场景中物体的不可见面在视图中被隐藏，如图 5-7 所示。背面忽略只对视图中的显示有效，渲染结果不会变，所以遇到较大的场景，计算机出现卡顿现象时，启用背面忽略可以大大提高计算机的性能。

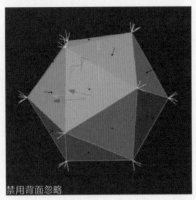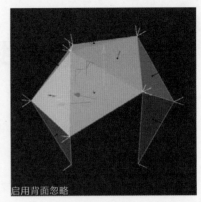

禁用背面忽略　　　　　　　　　　启用背面忽略

图5-7

5.3.3　法线的重要性

建模工具对于多边形的操作方式始终以法线方向来作为参照，比如在使用挤压工具时，如果法线方向不一致，那么挤压出来的多边形方向也会不同，且挤压之后多出来的面，法线也会不一致，如图 5-8 所示。

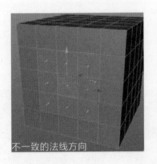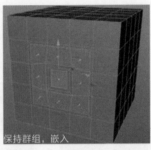

不一致的法线方向　　　　　保持群组，嵌入　　　　　保持群组，挤压

图5-8

法线方向也会影响到物体表面的平滑度。Cinema 4D 是以相邻的两个多边形表面相对的角度来衡量它们的平滑程度。如图 5-9 所示，这个物体即便加了细分曲面，我们也能看到表面上有一块像补丁一样的多边形，检查一下法线方向，就会发现问题。

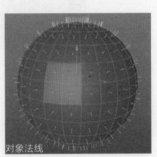

不平滑的对象　　　　　添加细分曲面的对象　　　　　对象法线

图5-9

5.3.4　法线的操作方法

法线常用的几种操作命令如图5-10所示。

沿法线移动：让多边形沿着法线为中心进行移动。多边形仅沿着法线移动时，本身的大小不会改变，但是因为位置的变化，它会影响到相邻的多边形变大或变小，如图5-11所示。

图5-10

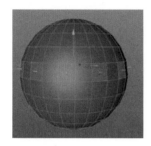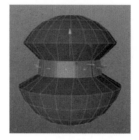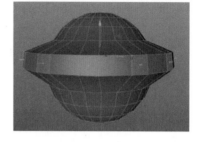

图5-11

沿法线缩放：多边形沿着法线中心进行缩放；Cinema 4D默认的缩放工具是沿着多边形的中心轴来进行缩放，有时只是想修改所选择的多边形的大小，并不想影响到物体中其他多边形的整体效果，可以用沿法线缩放这个命令，如图5-12所示。

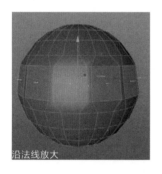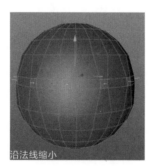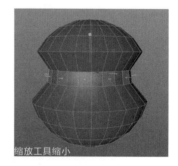

图5-12

沿法线旋转：多边形沿着法线中心进行旋转，如图5-13所示；其原理与沿法线缩放相同。

沿法线移动/缩放/旋转的功能比较单一，它们只能沿着法线的固定轴向移动/缩放/旋转；而在做模型时，如果比较希望多边形在沿着法线调整的同时，又能控制轴向，则可以使用Cinema 4D移动/缩放/旋转工具，在"移动/缩放/旋转"选项栏中，位置必须设置为选取对象，设置方向为法线，勾选"沿着法线"选项，如图5-14所示。

沿法线旋转

图5-13

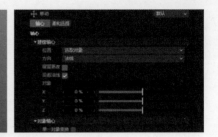

图5-14

5.4 建模布线原则

在建模的时候，会尽量让模型有合理的布线，让模型的结构和形体能更美观，布线也是后期对模型展 UV、做动画等其他操作的基础。

5.4.1 建模要尽量避免三边面和 N-gons

标准的多边形建模方法应该是使用四边面或少量的三边面来布线，五边面及以上的面叫作多边面，多边面中就会出现 N-gons，系统会自动给多边形添加假想线，让多边面转换成四边面或三边面，但它也只是一条假的线条，实际上这条线并不存在，如图 5-15 所示。

三边面

四边面

多边面

N-gons（绿色）

图5-15

在建模中，我们会更偏向于用四边面，因为四边面会比三边面或多边面的计算速度更快、也更稳定。当想用循环切割四边面时，系统会默认是由相对面的两条边所连起来的，这会更方便我们控制模型的布线方式及方向，在后面用到循环选择时，所选到的线也会

更符合自己的心意。而三边面在没有对立
线的情况下，或者在多边面系统不知道对
立线是哪根线的情况下，系统会随便替我
们选择一条线来做切割，如果想按照自己
的布线方式，只能手动切割，并且使用循
环选择时，系统替我们选择的范围会比较
杂乱，这时仍然需要一个一个地去选择，
当面数较多时，手动选择的工作是非常烦
琐的，如图 5-16 所示。

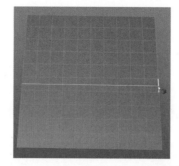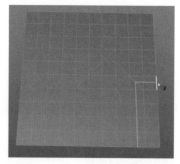

图5-16

当想消除某根线时，如果直接用消除
命令，会把这根线上的点信息也删除，所
以可以用融解命令，只消除线，不消除点，
如图 5-17 所示。

图5-17

5.4.2　布线尽量均匀

模型切线的走向尽量和模型本身的形状走向一致，当模型切线走向比较混乱时，就很容易出现 N-gons，
我们会很难去做模型的修改，并且这样的布线方式会让模型表面凹凸不平，整体看起来就会比较生硬。所以在
一开始学习建模的时候，就要尽量规整布线，避免某个区域布线很密，某个区域布线又很疏，这有助于我们更
加高效的工作。

当然，这点也并不是绝对的，比如在
做多边形建模时，一大块的平面就无须加
线以保持布线均匀，但是在曲面建模时，
布线不均匀会使得模型不光滑，如图 5-18
所示。

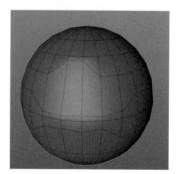

图5-18

5.4.3 尽量避免极点

极点能避免则避免。当一个顶点上连接的线的数量不等于 4 的时候，这个点为极点。当无法避免的极点时，也尽量避免让这个极点出现在转折点上。执行"模式"→"建模设置"命令，在"网格检测"选项卡中启用网格检测选项，启用后可直观看到模型中的一些信息点，如图 5-19 所示。网格检测在建模当中非常实用。

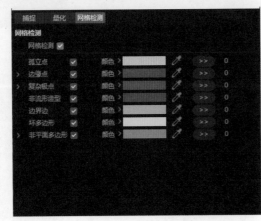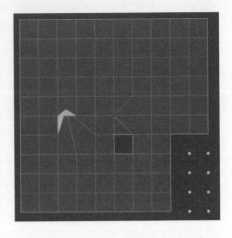

图5-19

当选择连续的边，而这条连续边上的点都是四条线时，我们就能选择到一条循环的线，但是如果这条连续的边遇到极点时，线会在极点处中断，如图 5-20 所示。

当连续的线遇到极点被中断，而又想继续选择剩下的连续线时，可按住 Shift 键加选，也可以选择开始的线，再按住快捷键 Ctrl+Shift，选择最后的一根线，则系统会自动选择两根线之间最短的连续线。

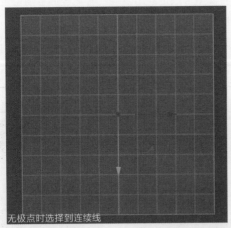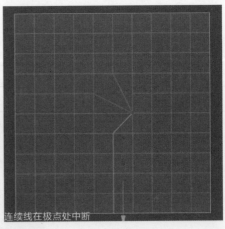

无极点时选择到连续线　　　　　　　　连续线在极点处中断

图5-20

1. 用尽量少的分段实现模型形态，积少成多，优质的模型可以在渲染的时候更加自如、快速；

2. 有转折的地方就有分段，有弧度的地方就有分段；

3. 多边形建模时，N-gons 是无法避免的，可以使用切刀加线，将 N-gons 控制在小范围内，不影响其他部位结构；且有 N-gons 的部位与相邻的边一定要有实体边，不能全部是 N-gons，否则倒角时容易出问题；

4. 尽量在世界中心建模。尤其是使用对称时，一定要建立在世界中心；x 轴表示宽度，y 轴表示高度，z 轴表示纵深。

5. 细分曲面建模时一定要消除 N-gons，用尽量多的四边面来建模。

5.5 改线与卡线

建模的时候，分段线有可能违背布线原则，为了优化模型布线，或者需要修改线段形状或数量以增加模型细节时，都需要改线或卡线。

5.5.1 改线

改线是修改分段线的分布走向，是为了让模型达到硬朗、平滑等想要的效果。

以下情况需要改线

❶ 极点出现在模型有弧度的地方时，导致转折不过渡、不平滑，则需要用改线调整极点所在位置，如图 5-21 所示。

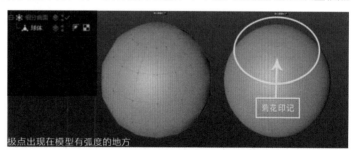

图5-21

❷ 当四边面不像四边面时，添加细分曲面以后扭曲的四边面存在面与面重叠时，用改线调整四边面形状，如图5-22所示。

❸ N-gons影响模型平滑度时，把N-gons改成四边面，如图5-23所示。

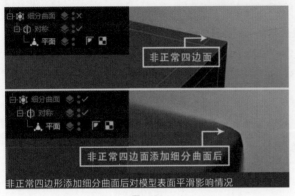

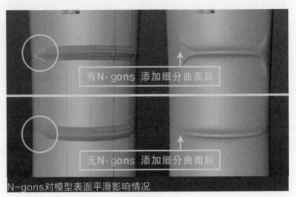

图5-22

图5-23

5.5.2　常见的几种改线方法

五边对切法：当出现五边形时，可以直接从中间卡一条线到对面的线段上，如图5-24所示。

六边对点切法：当出现六边形时，则从一个角上卡一根线到对面的角上，如图5-25所示。

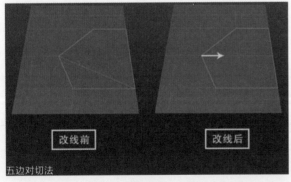

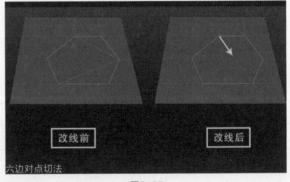

图5-24

图5-25

整体推开法：在线层级用滑动工具选择整段循环线，按住Ctrl键复制推开极点到两侧，如图5-26所示。

M字信封法：在需要卡凹角的硬角时，大部分是需要用到这个方法的，该方法操作过程如下。

01 首先在凹角的地方用切刀或是画笔工具上切一个信封，如图5-27所示。

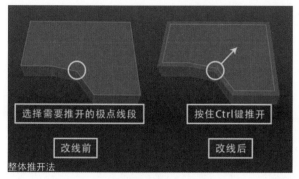

整体推开法

图5-26

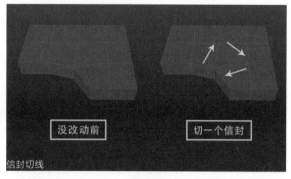

信封切线

图5-27

02 在三角形中间切一条线，然后用消除工具消除掉原有的 2 条分段线（把这个布线想象成邮箱的图标。可以这样理解，我给你寄了一封信，拿到信就要拆开。这时在信封的中间切一刀，拆开信封的外封，就是消除了原有的两条分段线，得到的两个四边形结构，是不是看起来很像两张信纸），如图 5-28 所示。

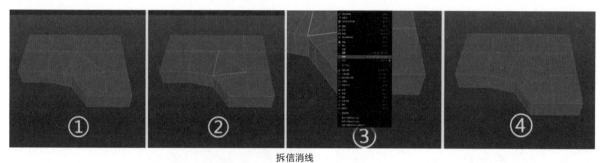

拆信消线

图5-28

03 记得滑动一下那个看起来是三边面的四边面，避免让 Cinema 4D 误会这个四边面是三边面，如图 5-29 所示。移动这个点后，新增的布线是不是就如一个"M"字一样呢？

调整四边面

图5-29

5.5.3 卡线

卡线是在过渡平滑的地方用两根线卡住中间那根线，来使某一结构变得硬朗的效果。原理是分段线越密集，模型相对越硬朗，如图5-30所示。

图5-30

1.什么时候需要卡线

添加细分曲面后增加了布线与平滑，可是无法保持边缘角硬朗，如果想让某一结构变硬朗，则需要卡线，如图5-31所示。

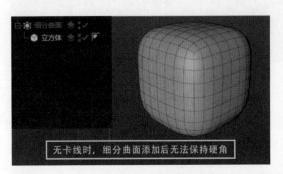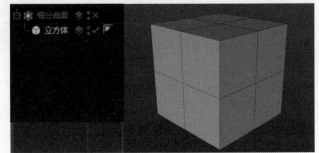

图5-31

2.如何让某一结构变得硬朗

❶ **凸角卡线**：把边角的线分布成一个立方体样式的图标，如图5-32所示。

❷ **凹角卡硬角**：把边角布线成十字样式的图标，如图5-33所示。

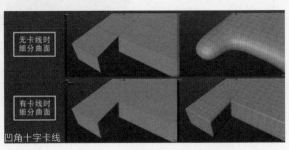

图5-32　　　　　　　　　　　　　　　　　　图5-33

❸ **倒角法**：用倒角工具直接卡线（常用于没有 N-gons、没有极点的情况下），如图 5-34 所示。

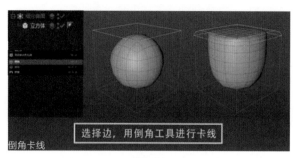

图5-34

3. SDS 权重

在使用细分曲面时，会对整个对象进行平滑处理。很多时候需要单独保留某个结构不进行平滑处理，我们通过添加 SDS 权重来达到这一目的，如图 5-35 所示。添加 SDS 权重的方式为选中需要变硬朗的线或者点，然后按住 "." 或 "。"键，并按住鼠标左键拖动，往右移动为增加，往左移动为减少。

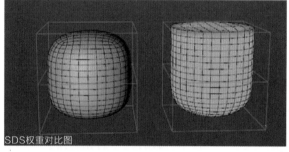

图5-35

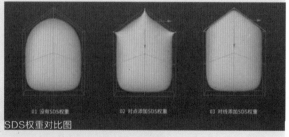

图5-36

4. SDS 权重的应用

很多时候不太适合添加分段线来处理硬角，这时就可以利用 SDS 权重来加强结构的硬朗程度。如图 5-37 所示，为了让面具看上去更机械化，突出硬朗的结构，笔者在它的结构线上添加了 SDS 权重。

图5-37

5.6 挖洞方式

常用的挖洞方式有 4 种，可以根据不同情况配合使用。

5.6.1 手动挖洞

在建模时，最原始、可以塑造最多形态的就是手动调节。值得注意的是，选择好洞的区域轮廓以后，用滑动工具克隆一条分段，用于限制这个区域外的分段不变形，缩小点与点之间拉扯的距离。再在克隆的那条分段上滑动点，调整大致形状。

5.6.2 倒角挖洞

Cinema 4D 里构成圆形的主要边数以 8 为主，或是 8 的倍数。选取两条线（或多条边）相交点右击，进行倒角，此时细分等级使用 1（若是多边，视自身需求而定，此处用八边为例），如图 5-38 所示，设置深度为 −100%，来调整圆润程度。倒角以后记得消除 N-gons，连接成为四边面。这个方法很快，但是有个缺陷，如果连接的 4 个面的形状、大小不是相等的，则无法得出圆形。

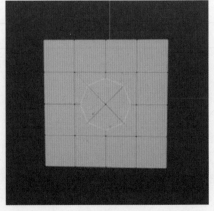

八边倒角挖洞

图 5-38

5.6.3 布尔挖洞

布尔挖洞多用于多边形建模，因为多边形建模是不需要管N-gons的，而在曲面建模时使用布尔挖洞，那么布尔的模型B布线就一定要尽量对上原模型A洞口的分段数量，这样才能有效防止产生N-gons。完成后要记得优化一遍，减少出错。这种挖洞方式速度快，但是容易出现各种问题，包括无法正常倒角等问题。基本上在多边形建模中把洞的范围用封闭多边形孔洞封起来，使用嵌入工具，再去进行厚度挤压，就能很好地避免倒角出错的情况。如果曲面建模分段不一样，或者是对不上，多数情况需要改线，如图5-39所示。

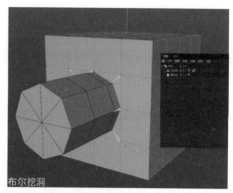

图5-39

5.6.4 捕捉挖洞

磁铁吸附到样条或转为可编辑对象的模型。新建一根多边样条或是圆盘，边数改为8或8的倍数，然后尽量保证样条与模型重合，打开吸附工具，移动点去迎合样条，如图5-40所示。不过这个方法在弧面的模型上使用时，如果表面不平滑，可配合收缩包裹变形器使用，效果更佳。

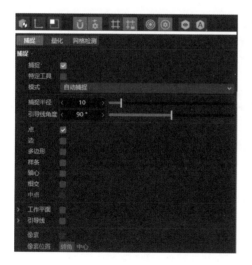
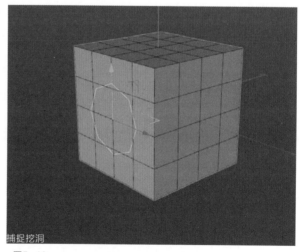

图5-40

实战案例：休闲鞋建模

1.鞋底建模

01 按快捷键 Shift+V 导入背景图，调整背景图的透明度，可以利用立方体统一背景图的尺寸，如图 5-41 所示。

02 按 F2 键进入顶视图，新建一个平面对象，转换为可编辑对象，通过加线和调整点做出鞋底形状，如图 5-42 所示。

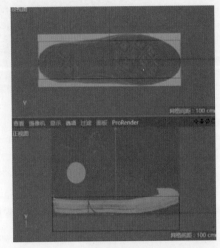

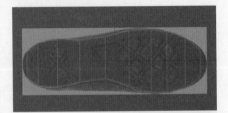

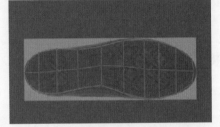

图5-41   图5-42

03 按 F4 键进入正视图，调整鞋底形状，如图 5-43 所示。

图5-43

04 选择轮廓边，按住 Ctrl 键移动。复制轮廓边，然后卡住结构线，并调整点的位置，如图 5-44 所示。

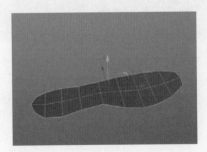

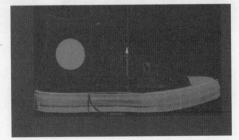

图5-44

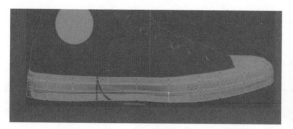
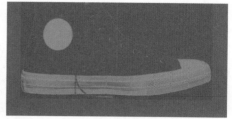

图5-44（续）

05 选中如图 5-45 所示的面，先使用嵌入工具，再使用挤压工具，卡保护线，让这个结构稍微硬朗一点。

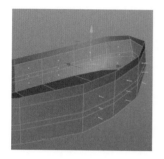
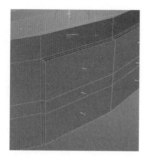
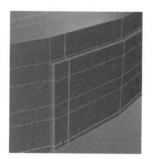

图5-45

06 选中如图 5-46 所示的面，使用挤压工具，然后给挤压多出来的面卡一根线。

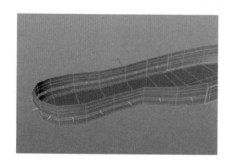

图5-46

07 选中两个挤出的中间面（注意鞋底两面的操作方法一样），删除选中的面，再选中边，右击，在弹出的快捷菜单中选择"缝合"命令（快捷键 M~P），按住 Shift 键，拖动鼠标补充缝合，如图 5-47 所示。

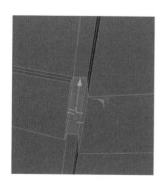

图5-47

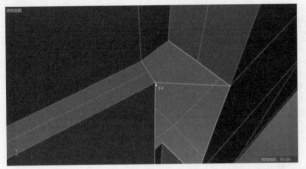

图5-47（续）

08 选中轮廓边，按住 Ctrl 键拖动鼠标复制轮廓边，然后将复制出来的边稍微向内收紧，让整体有个弧度，如图 5-48 所示。

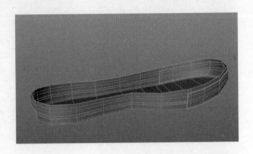

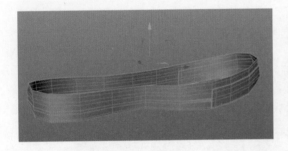

图5-48

09 选中上面的面，使用挤压工具，卡一根线，稍微向外扩大一点，如图 5-49 所示。

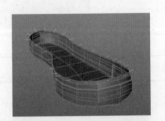

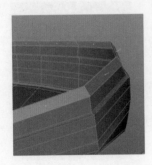
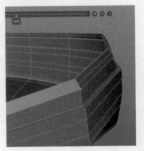
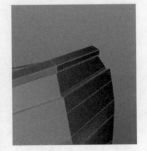

图5-49

2. 鞋后跟建模

01 选中鞋头部分多边形，按快捷键 U~P 使用分裂工具，然后把横向多余的边删除，如图 5-50 所示。

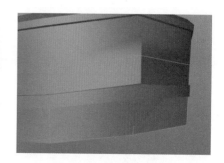

图5-50

02 给模型添加细分曲面（主要是为了观察贴合情况），卡保护线并调整。卡线时可以在切刀属性中启用镜像切割，调出对称线，如图 5-51 所示。

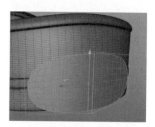

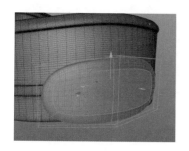

图5-51

3. 鞋身建模

01 选中顶上的一圈轮廓边，按住 Ctrl 键复制这条边。按 F4 键进入正视图，调整点的位置，可以适当给后跟鞋套添加线，然后删除中间一些点，如图 5-52 所示。

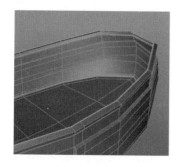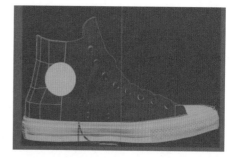

图5-52

02 选中鞋头上面的两条边，先用缩放工具将它们往中间收一点；再按快捷键 M~B 调用桥接工具将两条边桥接起来，如图 5-53 所示。

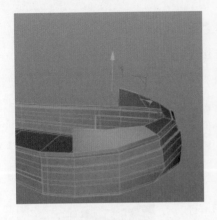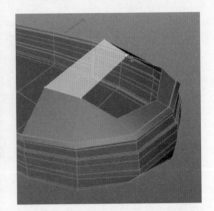

图5-53

03 按 K~L 快捷键调用循环切割工具，在桥接的面中间切一刀，然后还是用桥接工具将洞口补起来，如图 5-54 所示。

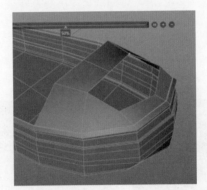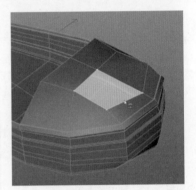

图5-54

04 选中鞋跟的多边形，在菜单栏执行"选择"→"隐藏选择"命令，如图 5-55 所示。

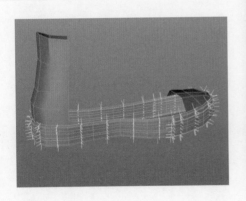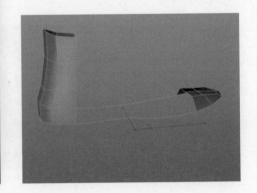

图5-55

05 在顶视图和正视图中调整鞋头和鞋面的点，以贴合到背景图，如图 5-56 所示。

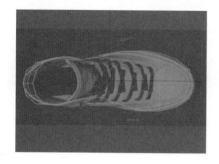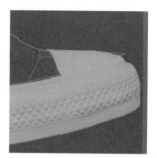

图5-56

06 在顶视图模式中选中边，按住 Ctrl 键复制这条边，在正视图中继续复制，调整位置让它顺着鞋舌的走势进行，如图 5-57 所示。

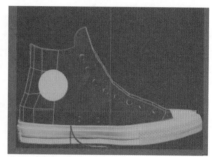

图5-57

07 在各个视图中调整鞋舌的点，如图 5-58 所示。

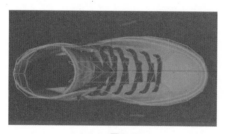

图5-58

08 调整鞋后套的点，然后选中上面两条边复制出来，在各个视图中调整好位置，如图 5-59 所示。

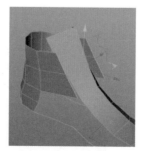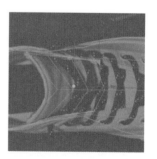

图5-59

09 在多出来的面上卡线，稍微向外扩大一点，让整个鞋子有个弧度，如图 5-60 所示。

图5-60

10 选中边，按住 Ctrl 键复制，注意要沿着参考图的走势调整点的位置，如图 5-61 所示。

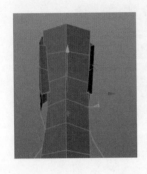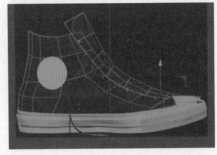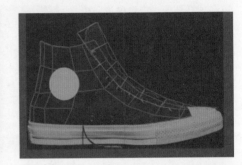

图5-61

11 选中鞋舌，执行隐藏选择命令，如图 5-62 所示。

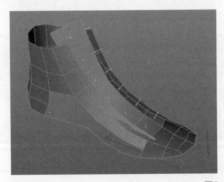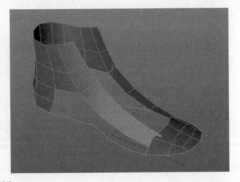

图5-62

12 在顶视图中，调整鞋面的点位置，如图 5-63 所示。

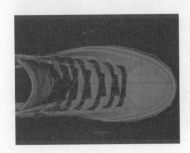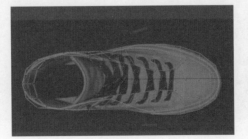

图5-63

13 多边形模式下，在菜单栏执行"选择"→"全部显示"命令，隐藏鞋舌部分，如图 5-64 所示。

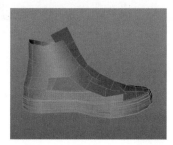

图5-64

14 使用桥接工具，把边桥接起来，如图 5-65 所示。

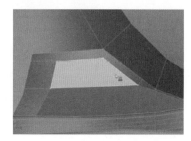

图5-65

15 添加卡线，让鞋面与鞋底有足够多的分段 线桥接，如图 5-66 所示。

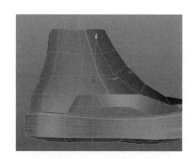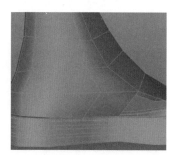

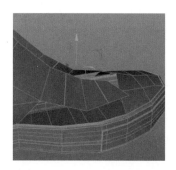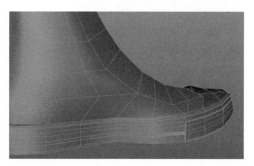

图5-66

16 选中鞋面的鞋头，使用分裂工具，删除原始多边形，如图 5-67 所示。需要注意的是，分裂鞋面的时候，要选择与鞋底连接多一圈的面，而在删除鞋面的鞋头的时候，只要删除鞋面部分即可，因为后面加细分曲面时要避免两个模型之间出现缝隙，如图 5-68 所示。

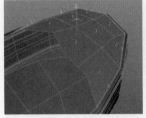
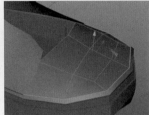

图5-67

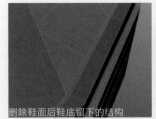

图5-68

17 调整鞋头的整体形态，如图 5-69 所示 。

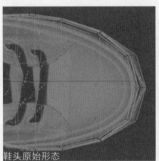
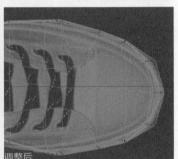

图5-69

18 选中鞋舌部位，使用分裂工具删除原始面，调整鞋舌的形态，如图 5-70 所示。

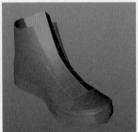
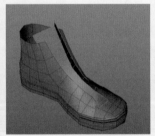

图5-70

19 调整鞋身的点，准备制作鞋带孔洞，添加卡线，如图 5-71 所示。

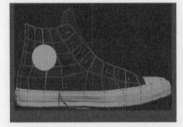
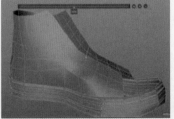

图5-71

20 给鞋身添加一级细分，转换为可编辑对象，选中外沿轮廓线，按快捷键 M~O 调
用滑动工具，按住 Ctrl 键滑动复制出一根保护线，然后在鞋底卡一根线，再将点
连接起来消除 N-gons，如图 5-72 所示。

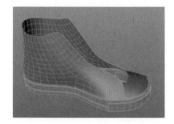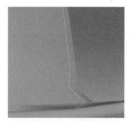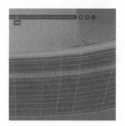

图5-72

21 选中鞋带孔洞的点，按快捷键 M~S 使用倒角工具，设置细分为 1，深度为 –100%，如图 5-73 所示。

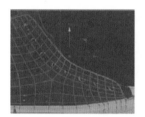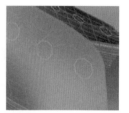

图5-73

22 使用多边形画笔消除 N-gons，如图 5-74 所示。

图5-74

23 选中鞋带孔洞的轮廓边，在菜单栏执行"网格"→"提取样条"命令，将孔洞的样条提取出来，然后删除孔洞里的
多边形，如图 5-75 所示。

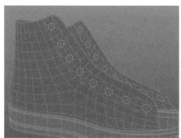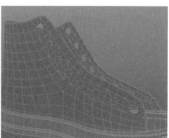

图5-75

24 选中刚刚提取出来的孔洞的样条，在对象属性中启用闭合样条。在菜单栏执行 "样条" → "分段" → "分裂片段" 命令，选择所有分裂出来的样条，将其从父级中拖出，保持所有样条都选择的情况下，按住 Alt 键，单击扫描生成器，给样条添加扫描，然后保持在选择扫描生成器的情况下，按住 Shift 键，单击多边形，给扫描添加多边形做子级，然后保持在选择多个多边形的情况下，调整多边形的属性值，相关参数设置如图 5-76 所示。鞋带孔洞就完成了，如图 5-77 所示。

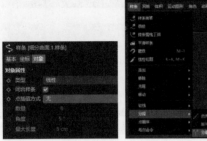

图5-76

图5-77

25 复制、移动鞋舌的边，调整点的位置，将鞋舌做好，如图 5-78 所示。

图5-78

26 新建圆盘，调整到和鞋身商标相似的大小，选中圆盘的边，按快捷键 U~Z 调用融解，然后按快捷键 M~E 调用多边形画笔消除 N-gons，再给圆角添加细分曲面，转换为可编辑对象，如图 5-79 所示。

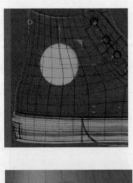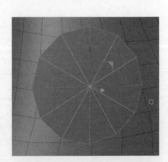

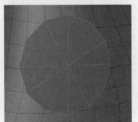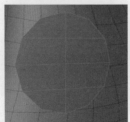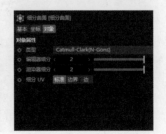

图5-79

27 同时选中圆盘和鞋子，逆时针旋转90°；给圆盘添加布料标签，给鞋身添加布料碰撞标签，然后单击播放让圆盘掉落到鞋身上之后就暂停，删除布料标签；鞋身和圆盘再顺时针旋转90°；给圆盘添加厚度，并添加保护线，如图5-80所示。

 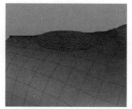  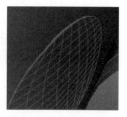

图5-80

4. 鞋带建模

01 按F2键进入顶视图，利用画笔工具画出鞋带大致走向，如图5-81所示；按F4键进入正视图调整点位置，如图5-82示。

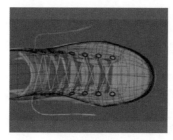 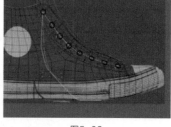

图5-81　　　　　　　　　　　　图5-82

02 选择穿孔部分的点，右击，在弹出的快捷菜单中选择"细分"命令，设置细分数为2，然后再调整细分多出来的点位置，如图5-83所示。

  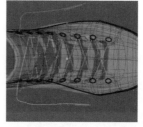 

图5-83

03 选择所有点，右击，在弹出的快捷菜单中执行"柔性插值"命令，将点全部转换为柔角，如图5-84所示。

 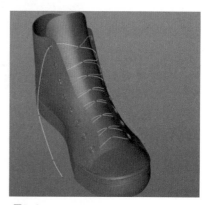

图5-84

04 调整点，让它们有从孔洞中穿过的感觉，如图 5-85 所示。可以选择点，通过旋转、缩放工具来调整轴向的方向和长度，这个方法会比其他方法更方便。

05 调整完成之后，添加多边形，设置好大小和分段数，扫描鞋带线和孔洞，如图 5-86 所示。

 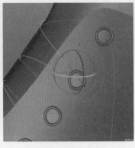  

图5-85   图5-86

06 在扫描细节中，设置缩放，让鞋带的头尾两端小于鞋带主体，如图 5-87 所示。

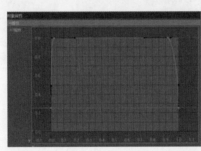 

图5-87

07 新建胶囊，给胶囊添加样条约束，注意调整样条约束的属性，如图 5-88 所示。

 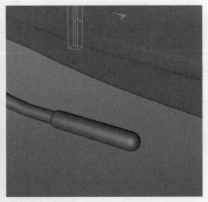

图5-88

08 将胶囊转换为可编辑对象，删除胶囊顶部的一些点，然后右击，在弹出的快捷菜单中选择"封闭多边形孔洞"命令；选中封闭的孔洞，使用嵌入工具，然后右击，在弹出的快捷菜单中选择"坍塌"命令，如图 5-89 所示；对胶囊边缘进行倒角，注意把深度设置为 100%，如图 5-90 所示。

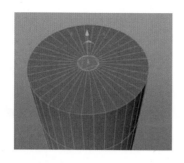

图5-89

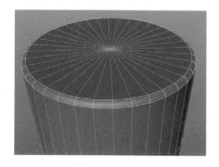
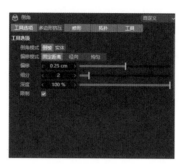
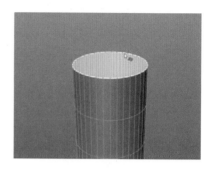

图5-90

09 按快捷键 M~N 删除胶囊中间的线，继续调整胶囊，让它上大下小，就像鞋带的封口一样。复制一份加了样条约束的胶囊做鞋带另一端的封口，这次把样条约束的偏移值设置为 0.1%，如图 5-91 所示。

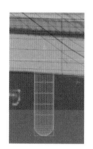

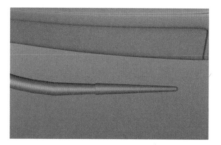

图5-91

10 显示所有对象，鞋子的建模就完成了，如图 5-92 所示。

图5-92

Cinema 4D
渲染

Cinema 4D 常用的渲染有标准渲染和物理渲染，相对于其他渲染器来说比较简单、易上手，而渲染的时长和质量则取决于场景材质、灯光及渲染设置。

6.1 渲染及材质、灯光的重要性

渲染相当于是三维中的最后一道工序。我们常说"建模3分钟，渲染3个钟"，就是因为在渲染过程中，需要调整空间的遮挡关系、光源的衰减、材质纹理的贴合、景深效果等，这些因素都密切关系到后期输出的图像是否符合标准。

通常所说的材质，并不单单指基础材质，它同时也包含了纹理贴图。基础材质与纹理贴图的结合能赋予模型丰富的细节，可以更真实地模拟出物质表面的纹理形态或质感表现。材质可以通过色彩、纹理、反射、透明、发光等各种属性来表现模型的特性。从另一个层面来说，材质在三维中的比重起码占50%，三维模型没有材质，就只是一个空壳，加上材质之后，整个场景才会鲜活起来，如图6-1所示。

图6-1

而在某些场景中，会更偏向于用材质贴图来代替精细的模型，因为精细的模型会加重计算机的计算负担，特别是对于一些比较大的场景。如果计算机配置不够的话，就会直接卡死，这时就表现出材质贴图的重要性了，如图6-2所示。

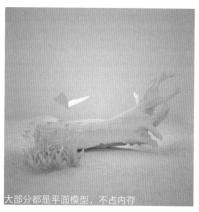

大部分都是平面模型，不占内存

使用贴图后，场景有了细节

图6-2

6.2 摄像机

摄像机是所有三维软件中的基本元素之一，它可以模拟真实的摄影机，但是比传统的摄影机更强大，在镜头转换之间的可控性更强，摄像机对成品影像较重要，它可以影响到整体的风格。不论是做一些华丽的快速镜头，还是做一些温馨的慢速镜头，全都依赖于摄像机。

Cinema 4D 中的摄像机就和我们现实生活中的摄影机一样，可以帮助我们调整构图及焦距透视。只有视角较为明确时，模型摆放的位置及灯光布置才会有意义！

在 Cinema 4D 中，每个视图都可以单独设置自己的摄像机，同时从不同的角度来观察场景，如图 6-3 所示。

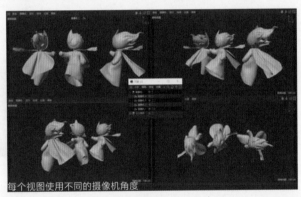

图6-3

摄像机与其他对象一样，有自己单独的坐标系统。可以设置多个摄像机，让摄像机之间进行切换，来制作动态图像。

在视窗中，摄像机显示为浅绿色立方体（显示颜色可通过属性中的"使用颜色"命令来自由设置），带有一个镜头和一个交互式锥体两个胶卷，如图 6-4 所示。

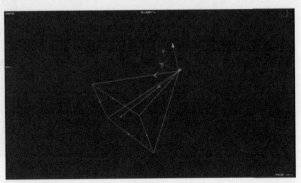

图6-4

Cinema 4D 中的摄像机分为 3 种，属性基本上都是类似的，如图 6-5 所示。

图6-5

6.2.1 将摄像机连接到视图

创建摄像机后，将从摄像机的视角显示场景，也可以退出摄像机视角，在摄像机视角外的角度观察场景，如图 6-6 所示。

摄像机图标
双击摄像机图标，进入摄像机视角，再双击退出

显示图标
单击，黑色为非摄像机视角，白色为摄像机视角

视图菜单
从视图菜单中选择所需的摄像机视角

图6-6

6.2.2 摄像机属性

摄像机属性可以设置摄像机与物体的距离，还可以作为一个构图的辅助工具。

1. 对象

投射方式：设置摄像机投射的视图，有透视视图、平行视图等多种类型，具体可以参考"2.2.3 视图控制"中的摄像机相关内容。

焦距：设置摄像机到焦点之间的距离。小焦距用于广角拍摄，它所呈现出来的场景视图较宽，但有时候会使图像扭曲（特别是焦距很短的时候），如图 6-7 所示。尤其为竖版构图时，透视会变形，通常会加大焦距，让对象呈现更美观、更真实的效果。

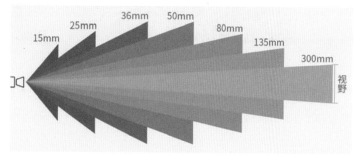

图6-7

视野范围 / 视野（垂直）：设置摄像机查看区域的宽度视野。视野与焦距是相互影响的，焦距越大，视野越小，反之亦然。

胶片水平偏移 / 胶片垂直偏移：在保持摄像机视角的前提下，在视图中移动对象的显示位置。

目标距离：此选项通常在做景深效果时调整，配合物理中的光圈使用，用于确定目标，不同目标距离的效果不同，如图 6-8 所示。

图6-8

使用目标对象：如果场景中已经为摄像机分配了目标，则焦距将自动计算该目标对象。

焦点对象：让摄像机的焦点集中于某个对象。

自定义色温：调节场景中的整体色温，影响图像的冷暖色调。

仅影响灯光：当自定义色温只影响灯光而不是整个场景时，启用此选项。

导出到合成：启用后，摄像机将导出其他的合成应用程序，以便与其他软件进行交互。

2. 物理

将渲染器设置为物理后，该选项将被激活。

光圈：用于控制曝光时光线的亮度，调整景深的模糊程度。光圈值越小，景深越模糊，如图6-9所示。

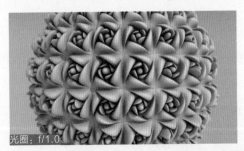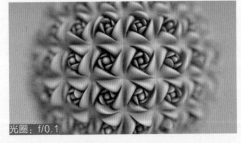

图6-9

快门速度：用于控制快门的开关速度，并且决定了底片接受光线时间的长短，主要用于动画中的运动模糊，数值越大，运动图像越模糊。

3. 细节

启用近处剪辑 / 启用远端修剪：定义摄像机视角的切割面，其前面（近处剪辑）或后面（远端修剪）的渲染对象将被切除。

显示视锥：视图窗口中，启用或禁用摄像机的视锥。

景深映射－前景模糊 / 景深映射－背景模糊：渲染景深多通道时，可以微调正常的灰度梯度。

4. 合成

可以在视图窗口中添加辅助线进行构图,分为网格、对角线、三角形、黄金分割、黄金螺旋线、十字标6种构图辅助,可以启用一个或多个合成辅助。

5. 目标

当摄像机为目标摄像机时,此选项被激活。设置摄像机目标对象后,摄像机的视角会随着目标对象的移动而移动。

6.2.3 摄像机变换

在层管理器中,选择两个或两个以上的摄像机时,摄像机变换被激活。摄像机变换主要用于动画中,可以模拟一个摄像机镜头移动到另外一个摄像机镜头的过程。

标签

混合:定义摄像机路径变换的位置。

源模式:定义摄像机变换的模式,包括简易变换和多重变换。

简易变换:摄像机在两个摄像机之间进行变换。两个摄像机都可以设置单独的动画。

多重变换:摄像机可以在任意数量的摄像机之间进行变换。

6.3 舞台

舞台就类似于一个电影导演,它可以设置哪个时间段用哪个场景(包括摄像机、天空、前景、背景、环境)。舞台在动画中应用的会比较多。舞台的摄像机和"6.2.3 摄像机变换"中的摄像机稍微有点区别,舞台摄像机不会模拟两个摄像机之间的变换路径,而是直接从这个摄像机跳到下一个摄像机,中间没有过渡。舞台对象选项栏中的"对象"选项卡的各个属性如图 6-10 所示。

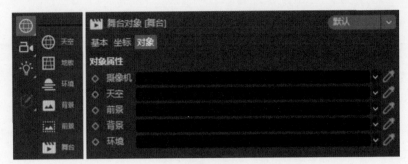

图6-10

6.4 照明类型详解

　　光是自然界中不可或缺的元素，自然界通过光来给我们传达视觉信息。没有光，我们看到的就只是一片黑暗，在黑暗中，再漂亮的颜色或纹理都是没有意义的。Cinema 4D中的照明就相当于模拟真实世界的光照，烘托出场景氛围。真实世界的光和模拟光照效果如图 6-11 所示。

图6-11

6.4.1 环境光

在现实生活中，我们能看到物体就是因为有了光，而在 Cinema 4D 中也是同样的道理，光可以塑造场景的体积感与氛围感。

1. 天空

天空工具用于在场景中建立一个无限大的球体来包裹场景，相当于 HDR 环境。需要创建一个材质，给材质的发光通道添加 HDR 贴图或其他贴图，将材质赋予天空作为场景照明。默认情况下，场景中只有层级结构中顶层的天空对场景生效。如果场景中有多个天空，也可以通过标签来控制天空是否可渲染。

天空 HDR 能给图像提升细节，模拟更真实的环境，有时候 HDR 能影响到整个图像的质感，如图 6-12 所示。

图6-12

2. 物理天空

物理天空就是模拟我们日常生活中真实的天空。可以简单地设置太阳、烟雾等参数，得到比较不错的光照效果，如图 6-13 所示。

图6-13

基本：这个选项栏中可以加载天空预设和天气预报，就是预置的一些天空纹理和光源。还可以相应地启用天空、太阳、大气、云、体积云、烟雾、彩虹、阳光、天空对象几个选项，启用后，相应的选项栏将被激活。

6.4.2 灯光

在我们现实生活当中，除了自然光外，还有各种不同的灯光进行照明。在 Cinema 4D 中可以通过灯光给场景打灯，营造氛围。

1. 灯光类型

Cinema 4D 的灯光类型主要分为区域光、泛光灯、聚光灯、远光灯 4 种类型，不同类型灯光的应用效果如图6-14 所示。

区域光：面光源，用途比较广泛，比如窗户，产品补光等，类似于柔光箱。在 Cinema 4D 中比较常用的一种灯光类型。

泛光灯：点光源，就像我们现实生活中的电灯泡。当需要把场景周围都照亮的时候，使用泛光灯。

聚光灯：类似于手电筒，将光集中到场景中的某个对象上，用以突显出这个细节对象（目标聚光灯：指向固定目标）。

远光灯：就是一种平行光，可以模拟太阳效果。

图6-14

2. 灯光属性 - 常规

"灯光对象"属性的"常规"选项卡各个参数如图 6-15 所示。

颜色：设置灯光的照明颜色，灯光的颜色倾向能影响整个画面的氛围，如图 6-16 所示。

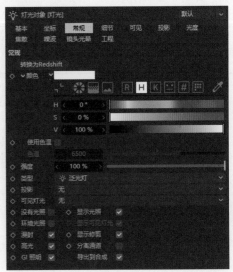

图6-15

H:0,S:0,V:100　　　　　H:31,S15,V:100　　　　　H:201,S:65,V:89

图6-16

　　使用色温：启用后，可以通过色温值来调整场景中的图像冷暖。

　　强度：控制灯光的整体亮度，数值可以大于100%也可以小于100%。想设置0~100以外的数值，不能通过滑块来调整，需要手动输入数值，不同强度的应用效果如图6-17所示。灯光的强度决定画面的曝光度，画面曝光的原则是高光不能出现纯白（曝光过度），暗部不能出现纯黑（过暗）。纯白色与纯黑色都是没有灰度的过渡，这样的曝光是我们平常所说的缺失细节。

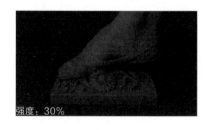  

强度：30%　　　　　　强度：100%　　　　　　强度：150%

图6-17

　　类型：定义灯光的类型。

　　投影：定义灯光的投影模式。在一个场景中有很多的灯光时，投影是一个非常实用的功能，一般设置主光源投影为"区域"，设置辅助光投影为"无"，可以避免其他杂乱的投影。

　　无：如果想让灯光没有影子，则投影类型为"无"。

　　阴影贴图（软阴影）：阴影边缘会模糊，产生虚化效果，渲染速度快，图像质量中等，一般适用于做动画。

　　光线跟踪（强烈）：阴影边缘清晰且生硬，渲染速度快，图像质量低，一般用于观察渲染结果。

　　区域：这是一种比较接近真实的阴影类型；阴影的边缘由灯光决定，灯光离对象越近，阴影边缘越生硬，灯光离对象越远，阴影边缘越模糊。

　　阴影贴图（软阴影）、光线跟踪（强烈）、区域效果如图6-18所示。

阴影贴图（软阴影）　　　光线跟踪（强烈）　　　　区域

图6-18

可见灯光：当灯光类型为泛光灯或聚光灯时，此选项被激活。定义场景中的灯光是否可见。

无：灯光自身不可见，但其产生的光对环境的照明仍可见。

可见：在渲染时，灯光自身的形状及亮度也会被渲染出来。灯光的类型决定灯光的形状，灯光的内部和外部距离决定灯光的大小。当灯光为"可见"时，灯光会直接穿透所有对象，可见光有时候也会被用于制作星云、烟雾等效果。

正向测定体积：设置此选项后，灯光会被其他不透光的对象遮挡。

反向测定体积：与正向测定体积相反，对象有遮挡的地方会有灯光。

没有光照：启用后，可见灯光自身渲染，但是没有照亮场景中的对象。

显示光照：启用后，显示可见灯的线框，可以通过手动线框的控制手柄来调整灯光范围。

环境光照：一般默认禁用；对象表面的亮度由灯光的照射角度决定，但是启用此选项后，对象的所有表面的亮度都相同，这会导致对象没有阴影。

显示可见灯光：启用可见灯光选项后，此选项被激活；显示灯光的线框范围。

漫射：启用后，可见灯光对对象产生的漫射效果；禁用后，对象的漫射颜色被忽略，只有调光部分被渲染。

高光：启用后，可见灯光对对象产生的高光效果。禁用后，灯光不会对场景上的对象产生高光。通常情况下，如果场景中有多个光源导致对象有杂乱的高光时，可以禁用此选项。

分离通道：启用后，在渲染时漫射、高光、阴影3个通道将被分层渲染（前提是在渲染设置中设置了相应的多通道）。

GI照明：即全局光照，一般默认启用；通常情况下，灯光在场景中有传递作用，即照到一个对象上，再被这个对象反射，再照亮旁边的对象。禁用后，对象将不会对光线有任何的反射效果。

3. 灯光属性 - 细节

形状：定义灯光的形状；灯光的形状也会影响到场景的照明及阴影。当场景中需要模拟室外照明时，灯光形状可以选择半球体，因为半球体的光线是向四面八方发射的，与现实生活中的天空类似，不同形状的灯光效果如图6-19所示。

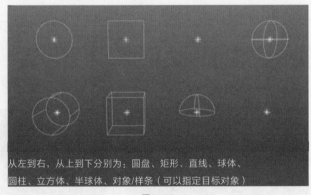

从左到右，从上到下分别为：圆盘、矩形、直线、球体、圆柱、立方体、半球体、对象/样条（可以指定目标对象）

图6-19

衰减：在现实生活中，距离光越近对象越亮，距离灯光越远对象越暗。开启灯光衰减选项后，就会有明显的明暗过渡，使对象光影体积感更加丰富和强烈。通常情况下，平方倒数（物理精度）是比较常用的一种衰减方式，灯光明暗之间的过渡最为柔和，比较真实。不同衰减的应用效果如图6-20所示。

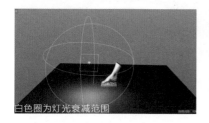
白色圈为灯光衰减范围

衰减：平方倒数

衰减：无

图6-20

4.灯光属性 - 工程

在这个选项栏中，可以设置场景中的对象是否受灯光的影响。

模式： 分为包括和排除两种模式。如果想让灯光照亮指定的对象，则模式需设置为"包括"；如果想让灯光对指定的对象不照亮，则将模式改为"排除"，如图6-21所示。

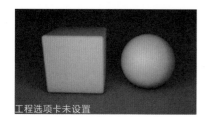
工程选项卡未设置

排除球体

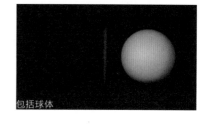
包括球体

图6-21

对象： 设置了模式之后，将指定对象拖入对象框中，设置生效。

6.4.3　自发光

自发光即给对象添加发光材质，让对象自身作为一个光源点，可以照亮自身及周围的物体，影响周围的环境色等，如图6-22所示。

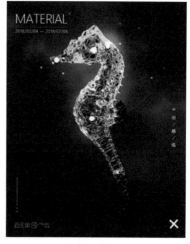

图6-22

在"材质编辑器"窗口中,启用发光通道,可以设置发光的颜色、亮度,还可以加载纹理,将其作为反射形状(或高光形状)来使用,如图 6-23 所示。

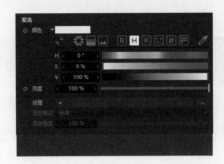 

图6-23

6.5 布光方法

光是一切视觉表现的基础,是构图和传递调性的关键,也是设计表现重要的组成部分。布光其实就是营造氛围感,灯光的角度、颜色与明亮度都会对画面的表达产生影响。

1. 逆光

逆光照明的方式会造成高反差效果,这种方式注重表达元素对象的轮廓,会让人看不清主体对象的细节,可以营造神秘感。

2. 顶光

顶光是常见光源,顶光的照射方式会让影子变得很短,焦点更容易集中在画面的上半部分。

3. 正面光

正面光就是位于对象前方的光源,正面光可以展现对象的更多结构,缺点是会使被照射的对象显得比较平,体积感弱。

4. 侧面光

侧面光相比正面光,因为有了受光面与背光面之间的对比,所以会使对象的体积感变强,比较适合表达对象的厚重感。

上述 4 种布光方式的呈现效果如图 6-24 所示。

逆光　　　　　　　　顶光　　　　　　　　正面光　　　　　　　侧面光

图6-24

6.5.1　三点布光

　　三点布光是常见的布光方法，三点布光就是用3种光源进行照明。这3种光源分别为主体光、辅助光和轮廓光（背景光）。单个物体对象我们可以用简单的三点布光，当处理复杂场景的时候我们就可以采用若干个三点布光来照明，原理都是一个主要照明，然后加上若干个辅助光源，如图6-25所示。

　　主体光：最主要的光源，亮度最高，位于摄影机一侧，用来增强对象的立体感。

　　辅助光：位于主体光对面，它的作用是辅助照明，不让主体灯光产生的影子太重，照亮暗部，展现更多的细节层次。

　　轮廓光：轮廓光位于对象的后面，用来照明对象的边缘轮廓，与背景拉开距离突出主体对象。

图6-25

1. 善于利用灯光颜色塑造氛围感

　　除了灯光的照明角度，我们还可以利用灯光的颜色营造氛围感，例如冷暖对比、互补色对比等，这样会加强画面的视觉张力，如图6-26所示。

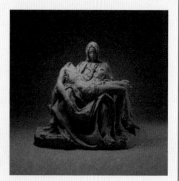

图6-26

2. 光与影子之间的关系

有光就会有影子，影子除了可以表达空间感，还能产生更多的用途。图 6-27 所示的 Danny Jones（美国设计师）作品的影子并不是用于表现对象的空间与体积，更多的是塑造氛围，表现光与影的魅力。虽然对象形体简单，但影子的错乱为画面注入了独特的魅力。在许多人像摄影作品中我们也常常能看到这种借用影子来构成画面的表现方式。

图6-27

人像摄影中的光影魅力，如图 6-28 所示。

图6-28

6.5.2　设计中的光影表现

所有的视觉表现都离不开光影，光影可以营造氛围、调性及空间感等，它在设计中不可或缺。在设计中，光影也被称为"明暗关系"。细腻有质感的光影能让我们的作品更有生命力。

1. 逆光式设计表现

◆ 强调轮廓，正负形表现

在逆光情况下摄影时，不容易表现细节，只能看到一个剪影。在视觉设计中利用好这一点，将大面积的背光对象与高明度的光源形成强烈的反差，可以强调被照射对象的轮廓。

图 6-29 所示的印度救助组织的创意广告，很好地利用逆光表现的特点，使画面形成了正负形的效果——在人物交接处的光源形成一个动物的形状，传递有爱就有更多领养空间的设计概念。

图6-29

西班牙国家航空公司的创意广告，同样采用的是逆光式高反差对比的表现方式，大面积的背光对象与光源形成强烈的明暗对比，城市颠倒，却出现了建筑的轮廓，如图 6-30 所示。

图6-30

◆ 制造聚焦

较小的逆光光源与大面积的背光（低明度）对象形成的明度对比，能制造视觉的焦点。这时候小面积的逆光光源就是画面的中心焦点。这里需要注意，逆光光源在画面中的占比较小，如果是大面积的亮光搭配小面积背光

303

对象，那么背光对象就会成为焦点，如图6-31所示。

图6-31

◆ **营造神秘、悬疑的氛围**

逆光效果也非常适合营造神秘、悬疑的气氛。图6-32所示的3张海报中主体的细节非常少，只能看到某个轮廓，整体给人的感觉是神秘或恐惧。

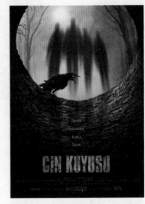

图6-32

2. 聚光式设计表现

◆ 引起注意

聚光光束的指向性强，照射面积小，应用在视觉设计中容易引起观者的注意，产生视觉焦点。图6-33所示的海报设计便采用了聚光式的设计表现手法。由于聚光灯的光照面积有限，从而强调了人物轮廓，引起观者的注意，起到醒目的效果。

图6-33

◆ **强调焦点增添戏剧性**

聚光灯也常用于舞台照明，除了加强视觉焦点外，还可以营造戏剧性。图6-34所示的奔驰广告把视觉焦点集中在动物踩刹车的动作上，轻松又幽默地传递奔驰的卖点。

图6-34

3. 脚光式设计表现

◆ **营造恐怖气息**

脚光式的光照效果在日常生活中非常少见，因为它与我们日常所看的光照效果相反。这样的光照效果非常适合营造恐怖气息，许多恐怖电影都会运用脚光的方式。图6-35所示的公益广告也运用了脚光的方式，提示司机在开车的时候玩手机是非常恐怖的。

图6-35

◆ **烘托气氛**

图6-36所示的系列广告传达的是把足球比赛的视频导入手机观看，就算带着小孩一样也能享受观看足球比赛的乐趣。用脚光的方式轻松、幽默地表现了画面的氛围。

图6-36

4.冷暖光式设计表现

◆ 营造氛围

除了光源的照射方式，光源的颜色运用也是我们设计师需要考虑的。不同颜色的灯光非常适合营造气氛。

图 6-37 所示的啤酒广告运用光源的冷暖对比去营造画面的气氛感，也非常适合啤酒的调性传播。

图6-37

◆ 冷暖对比

近处的颜色偏暖，远处则偏冷。利用暖色光源的向前、膨胀感和冷色光源的后退、收缩感能加强空间的表现力和纵深感。

在图 6-38 所示的场景中，焦点处灯光偏暖，更亮，有一种向前的感觉，而周围环境则是偏冷的光感，周围的杂物被虚化，表现出很自然地往后退的视觉效果。

图6-38

5.善于利用灯光的方向效果

我们一直注重元素的组合构成，但常常忽略了画面中非常重要的组成元素光。光的方向不同所传达的情感、信息氛围也会截然不同。

例如，我们需要营造神秘感的时候就可以使用逆光，需要营造恐怖紧张气氛的时候就可以使用脚光；需要刻意营造醒目的焦点时就可以使用聚光，而需要加强视觉冲击力与氛围的时候我们就可以利用光源色的冷暖对比。

6.6 材质编辑器

在材质面板空白处双击，即可创建一个新的材质，双击材质球，即可打开材质编辑器，如图6-39所示。在"材质编辑器"窗口，左侧为材质预览效果及材质通道，选择通道后，右侧会显示相应的通道属性。

右击材质预览区，弹出属性快捷菜单，可以调整材质预览的方式或预览图大小等。

在Cinema 4D"材质编辑器"窗口中，想要让通道属性生效，必须启用相应的通道层。

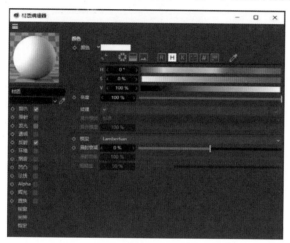

图6-39

6.6.1 颜色通道

颜色通道可以设置对象表面的基础颜色，也可以使用贴图，让简单的模型变得有纹理，视觉更丰富，如图6-40所示。

图6-40

定义对象的固有色，这里只能设置纯色。

定义颜色的选择模式，可以是色轮、光谱、图像，可以切换成RGB或HSV等。

颜色的明亮程度，可以调整滑块，也可以在输入框中修改数值。

赋予对象纹理图案。

设置纹理后，该选项被激活；设置纹理与固有色的混合模式。

设置纹理与固有色的混合比例。

纹理：大多数材质通道都可以加载纹理，它可以加载图像格式和视频格式的纹理。

将图像或视频加载进来作为纹理时，一般会出现提示，根据选择的不同，纹理的路径存储位置也会不同，如图 6-41 所示。

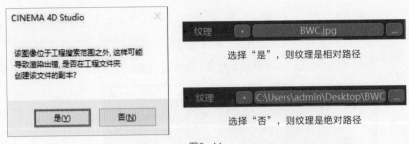

图6-41

相对路径：纹理将保存到场景文件里的"tex"文件夹中，也就是我们所说的工程源文件，此时，如果文件转交到其他人手上，纹理不会丢失。

绝对路径：纹理路径为它的原始路径，此时如果将此场景文件转交给其他人时，纹理将丢失。

通常情况下，最好选择"是"以保存相对路径，避免文件在交接后出现错误。如果已经保存了绝对路径，可以通过执行菜单栏中的"文件"→"保存工程（包含资源）"命令，将绝对路径转为相对路径。

单击纹理的小三角形按钮■■、纹理框■或 3 个点的按钮■都可以加载纹理，或者直接将图片从文件夹中拖到这 3 个位置松开也可以加载纹理；纹理加载后，将在下方出现纹理预览图。

图6-42

单击小三角形按钮后，将弹出纹理的子菜单栏，子菜单中可以对纹理进行一些操作或选择预设的一些纹理，如图 6-42 所示。

清除：从通道中清除纹理效果。

加载图像：打开"打开文件"对话框，选择需要加载的纹理。

创建纹理：打开"新建纹理"对话框，可以自定义纹理。

复制着色器 / 粘贴着色器：当有两个或两个以上通道着色器参数相同或相近时，使用此命令可以复制通道中的着色器设置，并粘贴到其他通道中。这样可以避免重复设置多个通道的参数。

噪波：系统自带的一种纹理着色器，里面包含了 32 种噪波类型。

渐变：添加渐变着色器，单击纹理预览图可对渐变颜色进行编辑。

菲涅耳（Fresnel）：一种随着视角的变化而形成不同强度反射的光照效果。在 C4D 中，菲涅耳类似于一种衰减效果，它的衰减是根据对象表面的法线和视线的角度来计算的。通常会用菲涅耳来塑造对象的轮廓，将对象与背景区分开，如图 6-43 所示。

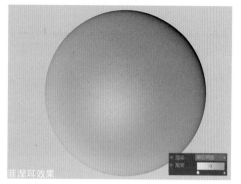

图6-43

图层：类似于 Photoshop 的图层，纹理中也可以添加多个图层，可以有多个图层或效果叠加。

MoGraph：运动图形着色器，也就是说，该选项只对运动图形生效。

效果 / 素描与卡通 / 表面 /Moves 面部着色器 /Substance 着色器 / 多边形毛发：这些都是 C4D 预设的一些表面纹理类型。

6.6.2 漫射通道

漫射是指光被对象粗糙的表面无规则地向各个方向反射的现象。我们可以在漫射通道使用普通的纹理（纹理贴图可以为彩色，但 C4D 会默认只读取图片的明度信息）或者着色器，让对象某些区域更亮或者更暗，以达到更逼真的效果。漫射纹理暗的地方，材质也会相应地越暗。

漫射通道与颜色通道其实是比较类似的，一般在做金属类材质的腐蚀效果时，我们更倾向于在漫射通道中使用贴图来表现。"漫射"选项栏的主要参数如图 6-44 所示。

影响发光 / 影响高光 / 影响反射：启用后，漫射贴图会影响材质的亮度 / 高光 / 反射。

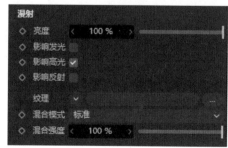

图6-44

6.6.3 发光通道

发光通道用于设置材质的自发光效果，设置后的材质可以作为场景中的光源使用（前提是使用全局光照，启用和禁用全局光照的效果如图6-45所示）。发光通道可以模拟现实生活中自发光物体，如灯泡、电视屏幕等。

图6-45

一般使用发光时，颜色通道和反射通道都可以关闭。"发光"选项栏的主要参数如图6-46所示。

颜色：定义发光的颜色。

亮度：调节发光的强烈程度。

纹理：可以加载纹理来控制发光的区域。

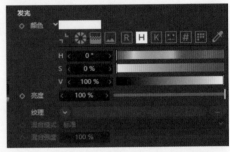

图6-46

发光通道除了让对象自发光外，还能设置场景的光照效果，也可以设置高光的形状，如图6-47所示。

图6-47

6.6.4 透明通道

透明通道在做透明材质的时候使用，通常用于表现玻璃、3S等对象。使用透明通道时，不能用颜色通道，颜色通道会覆盖透明属性。默认折射率为1，渲染出来的对象为完全透明，因为空气的折射率约为1。

折射率：透明材质的一种属性，不同透明材质的折射率不同，常见材质的折射率参数如图6-48所示。

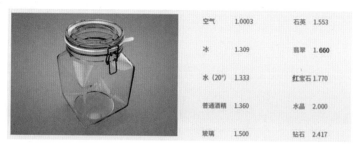

空气	1.0003	石英	1.553
冰	1.309	翡翠	1.660
水（20°）	1.333	红宝石	1.770
普通酒精	1.360	水晶	2.000
玻璃	1.500	钻石	2.417

图6-48

"透明"选项栏的主要参数如图6-49所示。

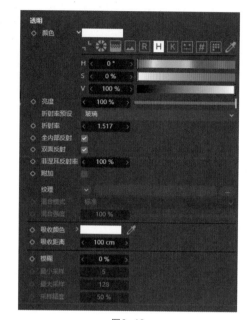

颜色： 这里的颜色会影响对象的透明度，颜色明度越低，透明度越弱；颜色明度越高，透明度越强，和下面的亮度参数是一样的道理，两者都用于调整透明度的强度。

亮度： 调节透明的强度。

折射率预设／折射率： 不同的透明材质有不同的折射率数值，这里可以直接选择预设，也可以手动输入数值。

全内部反射： 内部反光。

双面反射： 启用后，透明的细节程度更多，但光线也会更杂。

菲涅耳反射率： 数值越大，边缘对比越强烈；默认100%最大。

附加： 当透明对象有颜色时，颜色会随着透明度的增加而自动减弱，启用"附加"后可以避免这种情况。

图6-49

吸收颜色： 设置透明对象的固有色，不会影响对象的透明度，不同吸收颜色的效果如图6-50所示。

吸收颜色：白色

吸收颜色：红色

吸收颜色：蓝色

图6-50

吸收距离： 距离越大，透明对象吸收的颜色越浅；当吸收距离为0时，透明对象将不会吸收任何颜色。不同吸收颜色的效果如图6-51所示。

吸收距离：100　　　　　　吸收距离：50　　　　　　吸收距离：5

图6-51

模糊：0% 时表示没有模糊，数值越大，模糊效果越强，如图 6-52 所示。

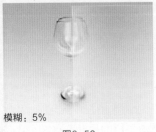

模糊：0%　　　　　　模糊：5%　　　　　　模糊：10%

图6-52

6.6.5　反射通道

反射通道集合了反射和高光通道的功能，可以通过层选项来分别控制属性。通常在制作金属、硬高光或明暗对比强烈的材质时，都需要启用反射通道。

在默认材质下，反射通道虽然已经启用了，但是反射属性其实是还没有启用的，此时渲染出来的物体模型不具备高光和反射的属性；只有设置了反射属性之后，材质所表现出来的效果才是光滑的、有光泽的，如图 6-53 所示。

默认反射通道　　　　　　设置反射属性

图6-53

1."层"选项卡

在"层"选项卡中，会显示所有的反射层，如图 6-54 所示；选择单个层的某个选项卡时，下面的属性栏则会显示当前选中层的属性，也可以在层设置中，直接选择要修改的层，如图 6-55 所示。

"层"选项卡

图6-54

选择"层1"选项卡

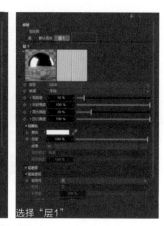

选择"层1"

图6-55

当启用了透明通道时，在反射的"层"选项卡中，也会出现"透明度"选项卡，如图6-56所示（前提是，透明通道中的"全内部反射"和"双面反射"两个选项已经启用，否则反射中的"透明度"选项卡不生效，如图6-57所示）。

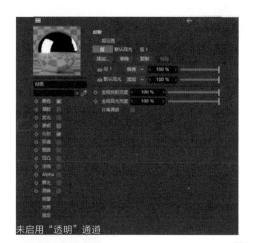

未启用"透明"通道

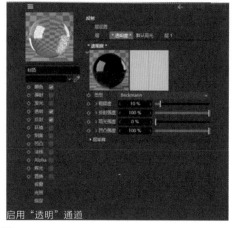

启用"透明"通道

图6-56

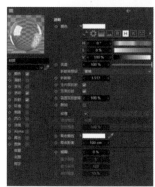

启用"全内部反射"和"双面反射"

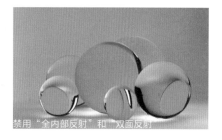

禁用"全内部反射"和"双面反射"

图6-57

选择"层"选项卡，单击"添加"按钮，弹出子菜单，可以添加不同类型的反射层，每个层都可以有单独的设置，并且可以组合使用，如图6-58所示。除了"各向异性"和"Irawan（织物）"这两个类型以外，其他类型的反射区别其实并不大，通常情况下，使用更多的是"GGX"这个类型。

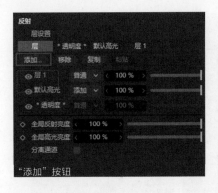

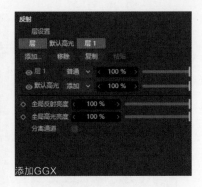

"添加"按钮　　　"添加"子菜单　　　添加GGX

图6-58

不同类型反射层的效果如图6-59所示。

反射（传统）　　　Irawan（织物）　　　反射+织物（添加）

图6-59

◆ 层与层的关系

在层管理中，层与层之间可以使用"普通"或"添加"作为混合模式与其他层进行组合使用，并且可以调整层的透明度。当混合模式为"普通"时，上层会覆盖下层；当混合模式为"添加"时，则层与层之间会呈现一种叠加的效果。

◆ 管理层

双击层名称，可以重命名。在层名称上右击或者直接单击对应的按钮，可以对当前层进行移除、复制、粘贴等操作，如图6-60所示。按住Ctrl键，并拖动层，出现图标时松开鼠标即可复制层，如图6-61所示。

图6-60　　　　　　　图6-61

老白提醒

需要注意的是，右击后弹出的快捷菜单有两个"复制"命令，第一个复制就只是复制层，复制完成之后还需要粘贴；而第二个复制是复制并粘贴。

2. "反射"选项栏

"反射"选项栏的各个参数如图6-62所示。

◆ **默认高光**

类型：与前面添加层时选择的反射类型是一样的。

衰减：与颜色通道搭配使用。定义颜色通道和反射通道中的"层颜色"的混合方式。如果颜色通道禁用，则该选项不生效。

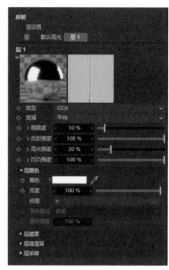

图6-62

平均：两种颜色平均分配，这种模式的效果较为真实。

最大：这种模式比较适合做有颜色的反射效果；当设置衰减模式为"最大"时，颜色通道中设置的颜色将会减弱，"层颜色"中定义的颜色占主导。

添加：两种颜色相加（但实际上，这种效果在物理上来说是错误的，这种情况下，颜色通道的亮度需减弱）。

金属：这是兼容旧版本的选项，实际上在 Cinema 4D R25 版本中，金属模式是用不到的。

图 6-63 所示的材质球中，颜色通道为 100% 白，反射通道中的层颜色为 100% 红。

图6-63

粗糙度：定义物体反射表面的粗糙强度。0% 时，物体最光滑，数值越大，粗糙程度越强。

纹理：在"粗糙度"左边有一个小三角形图标，通过载入纹理来读取图片的黑白灰信息，以控制粗糙度，如图 6-64 所示。

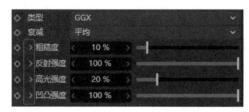 

图6-64

不同粗糙度的案例效果如图 6-65 所示。

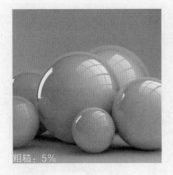

图6-65

反射强度：定义物体的反射强度。"衰减"类型的设置决定了反射强度与颜色通道的混合模式。反射强度的取值范围为 0%~10000%，可以通过拖动百分比后的小三角形图标来修改数值，也可以直接输入相应的数值。不同反射强度的案例效果如图 6-66 所示。

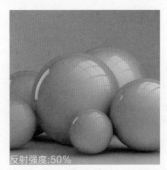

图6-66

高光强度：定义反射物体的高光强度。除了高光 -Blinn/Phong (传统) 外，高光的大小和外观均受"类型"和"粗糙度"的影响。

凹凸强度：定义凹凸效果的强度。0% 时，没有凹凸效果，数值越大，凹凸效果越强。单击"凹凸强度"左边的小三角形图标，可以打开隐藏选项，如图 6-67 所示。

图6-67

纹理：这个选项载入了凹凸强度纹理的位置信息。

模式：分为自定义凹凸贴图和自定义法线贴图，如图 6-68 所示。这里需要注意的是，如果使用"自定义法线贴图"选项，则所选用的纹理图片也必须是法线贴图，否则效果不理想。凹凸纹理与自定义纹理可以叠加使用。

图6-68

强度：设置自定义纹理凹凸效果的强度。数值越大，凹凸效果越强。

MIP 衰减：启用后，离摄像机越远，凹凸效果越弱。

算法：定义法线贴图的坐标轴。

◆ **层颜色**

层颜色可设置反射的过滤颜色，在创建有色的金属表面时，也可以通过层颜色设置，如图 6-69 所示。

颜色：定义当前层的过滤颜色。当颜色亮度为 100% 时，则物体颜色 100% 反射。当颜色为黑色时，没有反射，只显示颜色通道的颜色。不同颜色的对比效果如图 6-70 所示。

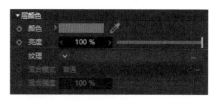

图6-69

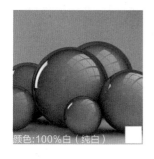

图6-70

亮度：定义层颜色的亮度。亮度的范围为 0%~10000%，可以通过拖动百分比后的滑块来修改数值，也可以直接输入相应的数值。数值越大，亮度越强；0% 时，亮度不生效。不同亮度的对比效果如图 6-71 所示。

  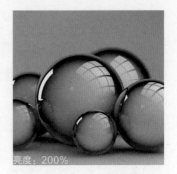

亮度：0%　　　　　　　亮度：50%　　　　　　　亮度：200%

图6-71

纹理：载入纹理来影响亮度。

混合模式：定义当前层颜色与纹理之间的混合模式。

混合强度：定义当前层颜色与纹理之间混合的比例（受混合模式影响）。

◆ 层遮罩

层遮罩类似于 Alpha 通道，用于定义图层的可见性，白色为可见，黑色为不可见。当遮罩有颜色倾向时，则会显示当前颜色的反射表面。层遮罩的参数如图 6-72 所示，不同层遮罩效果如图 6-73 所示。

图6-72

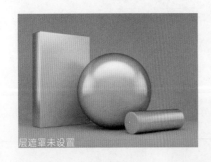 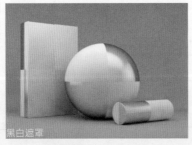 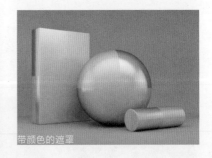

层遮罩未设置　　　　　　黑白遮罩　　　　　　带颜色的遮罩

图6-73

数量：定义遮罩的强度。

颜色：定义遮罩的颜色。

纹理：定义遮罩的图像纹理或 2D 着色器。

混合模式：设置"纹理"后，混合模式被激活；定义遮罩纹理与颜色通道之间的混合模式。

混合强度：设置"纹理"后，混合强度被激活；定义遮罩纹理与颜色通道之间的混合比例。

◆ 层菲涅耳

通常我们在做有反射效果的材质时，会设置菲涅耳，让对象的反射有一个柔和的过渡，参数如图6-74所示。

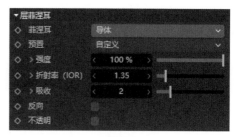

图6-74

菲涅耳：菲涅耳有两种类型，可以根据实际情况来做选择。在做金属时，禁用颜色通道，通过反射来控制金属属性，得到的效果会更逼真。

绝缘体：通常做透明的材质，如玻璃、水、透明涂料等。

导体：通常做金属、矿物等不透明且容易导电的有反射效果的对象。

预置：根据选择的菲涅耳类型，预置里会有不同的材料提供选择；选择预置后，再进行修改，则预置会自动跳转到"自定义"；也可以一开始就选择"自定义"来手动设置材质。

强度：定义层菲涅耳的反射强度。

折射率（IOR）：折射率是比较专业的名词，但是我们可以简单地理解为折射率越高，物体的折射能力越强。大多数物体都会有自己常用的折射率数值，但是在三维设计时，我们只需要知道折射率的一个大概范围（预置的菲涅耳材质都会有默认的折射率），再根据实际渲染结果调整折射率数值即可。

吸收：菲涅耳类型为"导体"，且预置为"自定义"时，吸收才会被激活；用于微调反射程度。

反向：启用后，可以反转菲涅耳效果。

不透明：启用后，菲涅耳效应不会影响到邻近的面。

◆ 层采样

层采样的参数如图6-75所示。

采样细分：这个选项在使用标准渲染器时才会生效（使用物理渲染器时无效）；定义哑光材质的质量，数值越大，图像质量越好（粗糙材质造成的噪点会减少），但是相对渲染速度也会越慢，如图6-76所示。

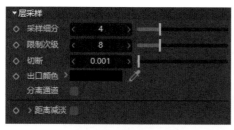

图6-75

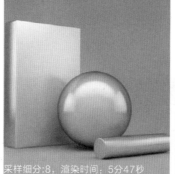

图6-76

限制次级： 前面的采样细分选项可以减少渲染时产生的噪点，而限制次级是为了防止采样细分设置过大。

切断： 定义当前层反射的计算范围，如图 6-77 所示。

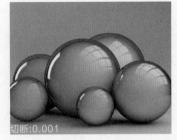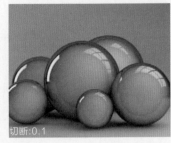

图6-77

出口颜色： 定义对象与对象之间的反射颜色。

分离通道： 此选项一般在做多通道渲染时启用。

距离减淡： 启用此选项后，对象距离超过定义的数值时，将不会被反射。

6.6.6 环境通道

环境通道可以通过纹理贴图来模拟反射。当场景中没有合适的对象产生良好的反射时，可以使用环境通道。禁用和启用环境通道的效果如图 6-78 所示。

图6-78

混合强度： 定义纹理和颜色通道之间，或者要混合的纹理的亮度和透明度（取决于选择的模式）之间的混合比例。

反射专有： 启用后，环境反射仅出现在反射通道没有实际反射的位置；禁用后，整个对象呈现在反射通道。启用和禁用反射专有的效果如图 6-79 所示。

图6-79

6.6.7　烟雾通道

烟雾通道可以模拟雾或气体云。这种材质的对象是半透明的,通过它们的亮度来削弱照射过来的光,如图6-80所示。烟雾通道仅适用于封闭对象,非封闭对象容易出错。

烟雾会读取透明通道中的"折射率",并禁用透明通道。启用透明通道时,烟雾通道失效。

图6-80

6.6.8　凹凸通道

凹凸通道的参数如图6-81所示。

利用纹理贴图让模型表面产生凹凸,如图6-82所示。这和凹凸效果只是视觉上的,从对象边缘可以看到对象本身还是平滑的状态。这种凹凸效果的做法渲染速度较快。

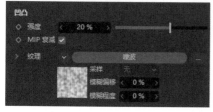

图6-81

图6-82

强度:凹凸的强度;数值越大,凹凸越明显。

MIP 衰减:凹凸效果的衰减;离摄像机越远,凹凸效果越弱。

纹理:使用图像来定义凹凸效果。

6.6.9 法线通道

法线通道的参数如图6-83所示。

法线通道可以实现真实凹凸的效果，如图6-84所示。但是这里需要用法线贴图才会生效，更多的是配合雕刻工具使用。它能让低面数的模型产生更精细的细节，同时相对后面讲解的置换通道能减少内存的使用而加快渲染速度。

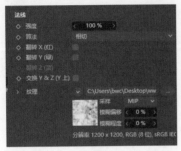

图6-83 图6-84

6.6.10 Alpha 通道

C4D 中的 Alpha 通道相当于 Photoshop 的蒙版或通道，也就是图片的黑白信息对物体的形状进行镂空，案例效果如图 6-85 所示。

图6-85

6.6.11 辉光通道

辉光通道可以模拟物体的光晕效果，如图6-86所示。但是通常情况下，C4D 中的辉光效果不太真实，我们更倾向于后期添加光晕效果。

禁用辉光通道　　　　　　启用辉光通道

图6-86

6.6.12　置换通道

置换通道可以制作真实的凹凸效果，如图6-87所示。置换通道的凹凸比凹凸通道的细节多，同时渲染速度会变慢。

使用置换通道时需要注意以下几点：

- 启用置换通道；

- 对象要有足够
的分段线；

- 对象必须是可
编辑对象。

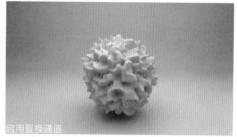

禁用置换通道　　　　　　启用置换通道

图6-87

6.6.13　光照通道

光照通道可以设置单个材质在场景中的光照和焦散的强度，参数如图6-88所示。

产生全局光照：禁用后，该材质对其他对象不产生亮度或颜色的影响。

强度：定义全局光照的强度。

饱和度：微调全局光照的饱和度。

接收全局光照：禁用后，该材质不受其他对象的亮度或颜色的影响。

图6-88

产生焦散：启用后，可激活材质的焦散效果（前提是启用了透明通道或反射通道，并且场景中有焦散效果）。

接收焦散：设置材质是否接收场景的焦散效果。

半径：定义焦散产生的半径，数值越大，产生的焦散效果越好，但渲染时间也更长。

6.6.14 指定通道

在"指定"列表框中，会列出所有
使用了这个材质球的对象，如图6-89
所示。

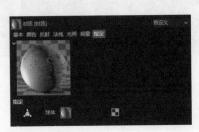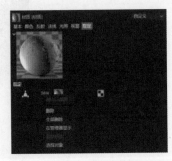

删除：从所选对象中，将此材质
删除。

全部删除：将所有对象的当前材质
全部删除。

图6-89

在管理器显示：滚动对象管理器，让所选对象在管理器的顶部出现。

删除标签：删除选定的纹理标签。

选择对象：选择当前所选的对象，并在"属性管理器"中显示其设置。

6.7 渲染输出

渲染是三维设计中不可或缺的部分，做完场景后，需要通过渲染将场景中设定好的
内容转化成图像。

6.7.1 渲染工具

渲染工具包含渲染图像或动画所需的所有选项，长按"渲
染到图像查看器"图标（带有小三角形的图标），即可展开
子菜单，这些都是渲染
工具，如图6-90所示。

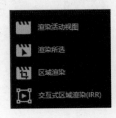

图6-90

在渲染时，如果无法找到纹理，则会弹出"资源错误"提示窗口，如图 6-91 所示。单击"确定"按钮系统会丢弃纹理使用黑色材质渲染；单击"取消"按钮则取消渲染。

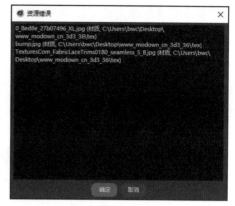

图6-91

1. 渲染活动视图

"渲染活动视图"工具的快捷键为 Ctrl+R，用于渲染当前视图。如果使用的是四视图，则可以连续渲染每个视图。渲染完成后，可以在视图菜单中执行"查看"→"发送到图像查看器"命令，将渲染结果进行保存。在渲染过程中，可以按 Esc 键或单击视图外的任意位置取消渲染。

需要注意的是，渲染活动视图不支持所有类型的渲染（如物理递增），也不会显示后期处理效果（如运动模糊）。渲染进度会在 C4D 界面左下角以蓝色进度条显示，如图 6-92 所示。

图6-92

2. 渲染所选

"渲染所选"工具可以在视图中渲染所选的对象。需要注意的是，如果有环境光并且想将环境光渲染出来，则选择的对象也要包括环境光，否则渲染出来的背景是黑色的，如图 6-93 所示。

图6-93

3. 区域渲染

"区域渲染"工具可以在视图中渲染某个区域。选择该工具后，在视图中，可以拖曳鼠标画一个框以定义要渲染的区域。区域渲染适合用于检查特定区域的渲染结果，不用渲染整个场景，可以避免浪费时间，如图 6-94 所示。

图6-94

4. 交互式区域渲染

"交互式区域渲染"工具的快捷键为 Alt+R，该工具比较实用，可以帮助我们更快地测试渲染。使用该工具时，场景中会出现一个交互区域，交互区域内的对象会随着场景文件的更改而实时更新渲染，如图 6-95 所示。

要取消交互式渲染，再次单击"交互式区域渲染"工具即可。

将鼠标指针悬停在交互范围框的不同位置，可以对范围框进行缩放✛⬚、移动✋等操作，如图 6-96 所示。

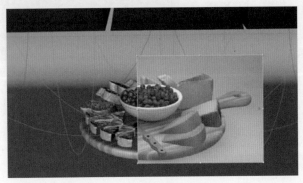

图6-95

图6-96

在交互框的右侧，有个白色的小三角形图标，可以调整交互渲染的质量。滑到顶部，渲染质量最佳，但是渲染速度会最慢；滑到底部，渲染质量最差，渲染速度会最快，如图 6-97 所示。

图6-97

右击交互框，打开快捷菜单，可以进行相关设置，如图 6-98 所示。

Alpha 模式：是否以 Alpha 模式渲染。以 Alpha 模式渲染时，背景呈黑色，如图 6-99 所示。

图6-98

图6-99

锁定到视图：启用后，交互框将被锁定在所选的视图中；禁用后，交互框将跟随着鼠标指针切换到相应视图中，如图6-100所示。

图6-100

交互式区域渲染设置 – 配件覆盖：启用后，交互框将显示所选对象的坐标轴，启用和禁用配件覆盖的效果如图 6-101 所示。

图6-101

保存交互式区域渲染：将交互框范围内渲染的图像保存。

5. 渲染到图像查看器

"渲染到图像查看器"工具的快捷键为Shift+R，该工具可以将当前场景渲染到图像查看器，如图 6-102 所示。在 Cinema 4D 中，只有在图像查看器中渲染才能保存成图像或动画。图像查看器详情可参考"6.7.8 图像查看器"的内容。

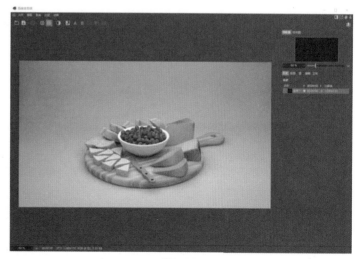

图6-102

6. 创建动画预览

"创建动画预览"工具在做动画时使用，该工具可以快速将当前场景的动画渲染出一个小尺寸的预览图，便于检查动画效果及渲染质量，相关参数如图 6-103 所示。

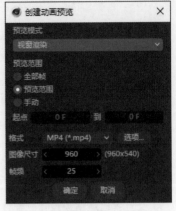

图6-103

预览模式： 定义动画预览渲染的模式。

预览范围： 定义动画预览渲染的帧数范围。

　　全部帧：完整渲染动画帧数。

　　预览范围：仅渲染预览范围内的帧数。

　　手动：自定义动画预览范围。

格式： 动画预览的视频格式。

图像尺寸： 输入预览视频的宽度。该选项使用渲染设置中"输出"页面上的尺寸比例自动计算高度，输入框的右侧为视频的尺寸。

帧频： 定义视频的帧速率（每秒多少张图片）。

7. 添加到渲染队列

"添加到渲染队列"工具用于将当前场景添加到渲染队列的渲染作业列表中。当我们需要渲染的场景较多时，可以使用此工具，将场景添加到渲染队列中后，再批量渲染。

8. 渲染队列

"渲染队列"工具可以批量渲染加入队列的场景文件。通常在做完整的动画或项目的时候，要渲染很多文件，就可以使用渲染队列这个功能了，参数设置如图 6-104 所示。

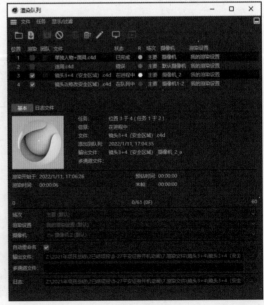

图6-104

渲染队列的功能是非常强大的：

● 可以连续渲染多个文件，无须手动切换；

● 每个文件都可以单独设置保存路径，选择摄像机，使用渲染设置；

● 渲染队列配置可以保存为预设，方便下一次调用；

● 可以保存和查看日志文件；

● 在渲染期间，渲染图像显示在基本选项卡的预览窗口中；

● 动画的渲染（某个帧数，而不是视频）可以中断，然后在同一位置自动继续；

● 渲染队列在渲染过程中，图像查看器还可以同时渲染其他场景文件，互不影响；

● 文件添加到渲染队列后，即使当前文件没有在 C4D 中打开，也一样可以渲染，从而节省内存。

打开 ：添加一个项目到渲染队列。

添加当前工程 ：将当前项目的上次保存的项目状态添加到渲染队列

开始渲染 ：开始首个工程渲染。

停止渲染 ：停止当前渲染。

删除 ：从列表中删除当前项目。

删除全部 ：删除渲染队列中所有任务。

编辑工程 ：在 C4D 中打开所选项目。

Team Render 机器列表 ：用于联机渲染。

在图像查看器中打开 ：在图像查看器中显示渲染。

状态 /R：显示文件在当前列表中的渲染状态。

　　已完成：渲染成功完成。

　　错误：渲染发生错误，这种情况有可能是文件路径出错导致无法渲染。

　　在进程中：渲染正在进行。

　　在队列中：在队列中等待渲染。

摄像机：场景文件渲染场景所使用的摄像机，也可以在渲染队列管理器的底部"摄像机"中选择其他摄像机。

基本：当前所选文件的基本信息。

渲染时间：渲染进度条。

渲染设置 / 摄像机：当前所选的场景文件使用的渲染设置 / 摄像机。

输出文件 / 多通道文件 / 日志：场景文件渲染图的保存路径 / 多通道图 / 日志的保存路径。默认的保存路径是场景文件的路径。

6.7.2 渲染设置

所有渲染设置都只对渲染导出生效，正在渲染的图像不会受渲染设置的影响。想让渲染设置生效，设置完成后，再渲染即可。"渲染设置"窗口如图 6-105 所示。

图6-105

1. 渲染器

渲染器将显示计算机上安装的渲染器列表。

标准：使用 C4D 渲染引擎进行渲染。

物理：采用特殊渲染器来渲染，这种渲染方式得到的效果会比较真实，但是渲染速度会较慢。

视窗渲染器：与"软件 OpenGL"类似，但是视窗渲染器可以使用增强 OpenGL，让渲染结果呈现更多细节，如图 6-106 所示。

图6-106

2. 输出

渲染器输出参数如图 6-107 所示。

预置：单击小三角形按钮■即可展开所有常用的预设尺寸及参数，如图 6-108 所示。

图6-107

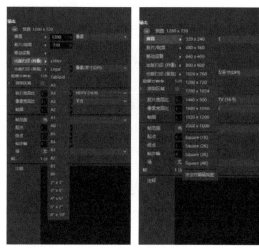

图6-108

宽度 / 高度：定义图像的输出宽度和高度，宽度 / 高度可以设置不同的单位。

锁定比率：启用后，宽度和高度将被锁定比率，修改其中某个数值后，另外一个数值也跟着等比例改变。

分辨率：定义渲染图像的分辨率（DPI 值）；分辨率定义图像的大小，但是通常 C4D 渲染出来的图片都需要用其他软件来做后期，所以不太需要修改这个选项。

渲染区域：渲染指定区域。单击左侧小三角形图标即可展开渲染区域，可以设置渲染区域的边框。

当我们渲染了某个复杂的场景后，需要修改图像的一小部分区域，如果修改后全部重新渲染特别费时，这时就可以只渲染修改的区域，剩余区域将显示为黑色。渲染完成后可以将修改区域代替旧区域，从而提高了工作效率，如图6-109所示。

图6-109

胶片宽高比：定义渲染图像宽度和高度的比例。可以使用预设宽高比，也可以直接输入数值设定宽高比。

像素宽高比：定义像素的宽度与高度的比例。可以使用预设宽高比，也可以直接输入数值设定宽高比。

帧频：定义渲染图的帧速率。这里的设置与项目文件中定义的帧速率无关，渲染以这里的设置为主。

帧范围：定义渲染的动态序列帧的帧范围。

　　手动：手动输入帧范围的起始帧。

　　当前帧：仅渲染当前时间轴所在的帧。

　　全部帧：渲染项目文件中所有的帧。

　　预览范围：仅渲染预览范围。预览范围为20~40帧，则仅渲染20~40帧，如图6-110所示。

图6-110

起点/终点：定义渲染的起始/结束帧。

帧步幅：定义输出动画的帧步幅。例如，文件有200帧，而帧步幅设置为10，则仅渲染以10倍增的帧。

场：场仅用于视频输出。渲染视频时，使用场可以使渲染后的视频更流畅地播放。

3. 保存

渲染器保存参数如图6-111所示。

"常规图像"选项栏的主要参数介绍如下。

保存：渲染到图像查看器时，文件自动保存。

文件：设置文件自动保存的路径。如没有设置路径也没有设置名称，则渲染文件保存在图像查看器中；如设置了名称没有设置路径，则渲染文件保存在项目文件夹中。

格式：定义渲染文件的保存格式。

深度：定义每个颜色通道的位深度。

名称：定义保存文件的顺序编号。

Alpha 通道：启用后，渲染时会计算 Alpha 通道。设置该选项后，渲染的图像适合用于合成。

直接 Alpha：启用后，可以避免 Alpha 通道渲染时产生的深色接缝边框。

分离 Alpha：启用后，Alpha 通道被单独渲染，并以与渲染图像相同的格式保存。

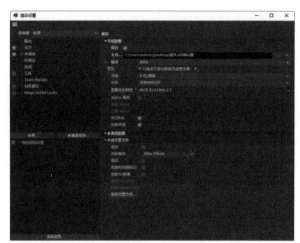

图6-111

8 位抖动：抖动是一种向颜色添加随机图案以防止颜色分离的过程。抖动可以提高图像质量，但也会增加文件大小。

包括声音：如果渲染格式是某种视频格式，启用后，声音文件将被集成到视频中。

"合成方案文件"选项栏的主要参数介绍如下。

保存：定义是否保存合成文件。

目标程序：选择目标合成的应用程序，C4D 将以正确的格式自动输出合成文件。

包括时间线标记：如果场景文件中，时间轴设置了标记，则这些标记会包含在合成文件中，包括标记名称。

包括 3D 数据：定义合成是否导出摄像机、灯光或对象。

4. 多通道

渲染器多通道参数如图 6-112 所示。

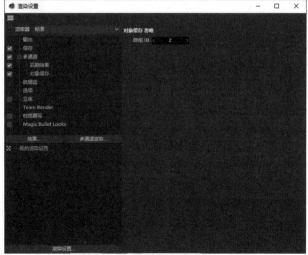

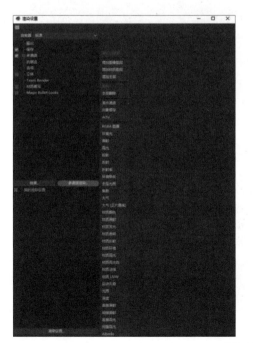

图6-112

多通道就是我们通常所说的"分层渲染"，它可以将图像分离渲染输出，方便我们做后期。单击"多通道渲染"按钮，或右击"多通道"，即可添加需要分层的信息属性。

◆ 对象缓存

群组 ID：在场景文件中，为对象添加"合成标签"，然后在"对象缓存"选项栏中，启用缓存并设置缓存ID，缓存 ID 对应渲染设置中的"对象缓存"→"群组 ID"，如图 6-113 所示。

图6-113

5. 抗锯齿

抗锯齿可以消除图像产生的锯齿边缘，相关参数如图 6-114 所示。

抗锯齿：有"无""几何体""最佳"3 种模式。

无：没有抗锯齿功能，此选项适合快速测试渲染。

几何体：默认设置，可以平滑所有对象边缘。

最佳：抗锯齿效果是最好的，对比效果如图6-115 所示。

图6-114

 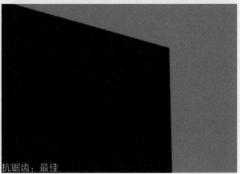

图6-115

6. 选项

渲染器选项参数如图6-116所示。

透明 / 折射率 / 反射 / 投影：定义渲染时是否计算对象的透明 / 折射率 / 反射 / 投影，禁用相应选项时的部分效果如图6-117所示。

原始渲染图

禁用透明

禁用折射率

禁用反射

图6-117

图6-116

光线阈值：有助于优化渲染时间。

跟踪深度：通常在渲染透明对象使用。数值越小，透明度越弱，不透明的地方则呈现黑色；当数值过低时，渲染不出透明效果，如图6-118所示。

跟踪深度：30

跟踪深度：15

跟踪深度：5

跟踪深度：1

图6-118

反射深度：当场景中有一束光线时，它会被具有反射属性的对象所反射。例如有面对面的两个镜子，光线可能会无限地反射，那么光线跟踪器将永远跟踪反射光线，从而不会完成渲染。设置反射深度可以避免这种情况。数值越小，渲染时间越慢。

投影深度：与"反射深度"类似，定义可见阴影的深度。如果"投影深度"数值小到2，则阴影不会被计算。

限制反射仅为地板 / 天空：启用后，光线跟踪器仅计算地板和天空在反射表面上的反射。

细节级别：定义对象的细节显示。默认数值为 100%，完整显示对象的细节；如果设置为 50%，则仅显示对象一半的细节。

模糊：启用后，反射材质和透明材质将显示模糊效果。

全局亮度：同时为场景中存在的所有光源设置全局亮度。数值为 100% 时，使用每个灯光中设置的强度；数值为 50% 时，每个灯光的强度减半。

限制投影为柔和：启用后，只有阴影贴图（软阴影）的投影才会被渲染。

运动比例：定义渲染多通道矢量运动时的最大矢量长度。如果数值设置过小，对象会被裁剪；如果数值设置过高，则渲染结果不准确。

缓存投影贴图：启用后，渲染时将首次保存阴影贴图，阴影贴图将以".c4d.smap"的扩展名保存在工程文件的"illum"的文件夹中。保存阴影贴图后，如果从另一个角度渲染场景，则会重复使用已经保存的阴影贴图，这可以加快渲染速度。

老白提醒

需要注意的是，场景中的灯光和被灯光照亮的对象不会移动，才能使用这个选项。此选项主要用于相机动画。

仅激活对象：启用后，渲染时仅渲染选择的对象。

默认灯光：如果场景中没有设置任何光源，启用后，渲染时将自带一个默认的光源；只要场景中设置了光源（不包括 HDRI 纹理的天空对象），渲染时将自动禁用默认灯光。

纹理：启用后，带有纹理的材质可以被渲染出来；如果禁用，则带纹理的材质将被替换为黑色。

显示纹理错误：启用后，如果在渲染时无法在路径中找到纹理，就会弹出"资源错误"的提示框。单击"确定"按钮，则渲染继续，而丢失的纹理被渲染成黑色；单击"取消"按钮，则取消渲染；如果是队列渲染，取消后将启动下一个渲染任务，如图 6-119 所示。

测定体积光照：启用后，体积光会有阴影投射。但是如果我们只想进行渲染测试，可以禁用此选项，以加快渲染速度。

7. 材质覆写

在渲染时，有时需要用简单的材质来替换场景中复杂的材质，以直观地渲染模型，即材质覆写，这也称为黏土渲染，如图 6-120 所示。

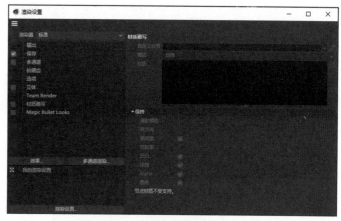

| 图6-119 | 图6-120 |

场景中的材质都可以在这里定义要替换的材质，纹理标签中定义的投射类型不会受到影响，如图6-121所示。

正常渲染

材质覆写

图6-121

自定义材质：将替换材质拖到此框中，即可替换场景中的材质。

模式：定义"自定义材质"替换场景中材质的模式。

材质：如果要让某个对象不被"自定义材质"替换，则模式选择"排除"，然后将对象拖此框中。

如果不需要场景中材质的所有通道都被"自定义材质"替换，则可以启用"保持"选项栏中相应的选项。

8. 效果

单击"效果"按钮，或者在选项列表中任意空白位置右击，弹出快捷菜单，选择相应的命令可以给场景添加渲染效果，如图6-122所示。添加效果后，"渲染设置"窗口中会相应地出现该效果的选项参数，如图6-123所示。

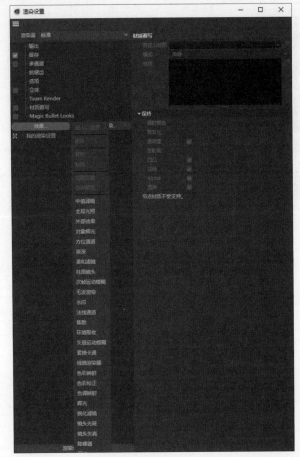

图6-122

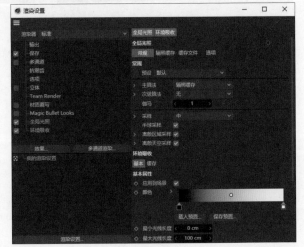

图6-123

9. 渲染设置

渲染设置可以将自己的渲染设置创建为预设，方便下一次调用，而不用每次都要设置各种参数。单击"渲染设置"按钮，或在渲染设置列表中右击，即可打开快捷菜单，如图6-124所示。双击即可重命名。

当设置好一个"渲染设置"之后，如果下次还想使用这个设置，那么一定要保存预置；如果没有保存，则下次再打开文件时，所有预置都会消失。

新建：创建一个新的渲染设置。

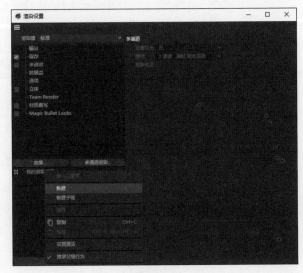

图6-124

新建子级: 在所选的设置下,创建一个新的子级渲染设置,如图 6-125 所示。

删除: 删除所选的渲染设置。如果所选的渲染设置有子级,则连子级一起删除。

复制/粘贴: 复制/粘贴所选的渲染设置。渲染设置也可以粘贴到不同的场景中。

设置激活: 激活用于当前场景的渲染设置,也可以用渲染设置前面的图标来控制,■为未激活,■为激活。

图6-125

继承父级行为: 禁用后,渲染设置的名称显示为粗体。

应用差异预置/保存差异预置: 只有文件目录上有保存的差异预置,"应用差异预置"才会被激活。如果在保存了第一个预置后又重新选择了另一个的渲染预置,然后选择"应用差异预置",则差异预置中的参数会被应用到所选的渲染预置中。预置保存路径一般为内容浏览器\预置\User\渲染设置。

6.7.3 全局光照

单击"效果"按钮,可添加全局光照效果。全局光照也就是我们所说的 GI 照明,全局光照能模拟真实世界的光反弹现象,使渲染结果更真实,但渲染时间也会比较慢。

1.常规

"常规"选项卡中的参数如图 6-126 所示。

预设: 由于环境的不同,全局光照也有很多可能的组合,预设中提供了一些可能用到的类型,如图6-127所示。可以根据需要选择预设,提高工作效率。

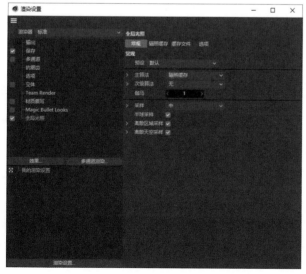

图6-126

图6-127

以"内部"为前缀的选项都属于内部光照效果的类型。该类型大多数用于有较少或较小光源（如窗户光或灯光）的内部场景。因此，内部空间计算全局光照会更困难。

内部 – 预览：可以快速计算，非常适合测试渲染。

内部 – 高：渲染结果质量较高，通常在输出渲染时使用。

内部 – 高（高漫射深度）：许多光反射的效果，它的渲染结果更真实，场景整体会更明亮，通常与"二次反弹算法"中的"光线映射"配合使用。

内部 – 高（小光源）：场景文件中主要是较小的照射光源。

以"外部"为前缀的选项都属于外部光照效果的类型。该类型基本上用于比较开阔的室外场景，有较大面积的均匀光源。因此，外部空间计算全局光照会更容易。

外部 – 预览：可以快速计算，非常适合测试渲染。

外部 – 物理天空 /HDR 图像：分配给天空对象和 HDR 图像被精确地评估用以渲染，得到更真实的渲染效果。两者不同的是，"强制每像素"仅对 HDR 图像生效。

自定义：只要对预设下的任意参数调整，预设将自动切换为自定义。

默认：首次反弹算法为"辐照缓存"，Gamma 值为 1，这是全局光照最快的计算方法。

对象可视化：场景中有组合光线时使用。

进程：渲染器为"物理"时使用，它可以快速渲染出粗糙图像，并且随着渲染时间的增加，图像质量也逐步提高，直到渲染完成。

主算法：计算照明表面发射的光，没有进一步光反弹的效果。

次级算法：计算多个光反弹的效果。

不同预设的效果如图 6-128 所示。

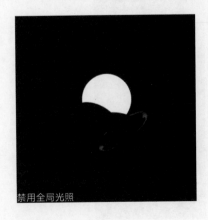

图6-128

伽马：定义渲染计算从最暗（黑色）到最亮（白色）的过程。数值越大，暗部越亮。但是要注意，伽马值过高会导致图像变平，没有明暗对比，如图6-129所示。

图6-129

采样：主要用于消除渲染时由光线产生的噪点。采样越高，噪点越少，但渲染速度也会越慢，如图6-130所示。

图6-130

2. 辐照缓存

辐照缓存可以调节角落边缘处的阴影细节，让图像质量更高。在全局光照下的动画会出现闪烁，而辐照缓存可以优化这种闪烁。通常来说，场景中的光源又亮又小时，幅照缓存出现的闪烁较多；而场景中的光源又大又均匀时，闪烁是非常少的。相关参数设置如图6-131所示。

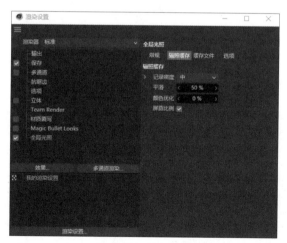

图6-131

记录密度：此选项仅用于微调，效果并不是太明显。大多数情况下，只需要选择"低""中""高"即可。

6.7.4 环境吸收

单击"效果"按钮,可添加环境吸收效果。环境吸收就是Ambient Occlusion(简称为AO),物体与物体之间会产生阴影效果,环境吸收可以模拟精确平滑的阴影,使场景更真实,提供高质量的图像,更好地表现出场景中的细节。相关参数设置如图6-132所示。

环境吸收渲染效果如图6-133所示。

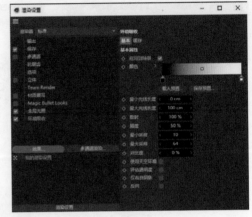

图6-132

图6-133

1. 基本

应用到场景: 启用 / 禁用环境吸收。

颜色: 定义环境吸收阴影的颜色渐变,默认是由黑色到白色的渐变,但也可以指定其他颜色,如图6-134所示。渐变条的左端表示曝光最小的区域,右端表示曝光最大的区域。

图6-134

最小光线长度: 定义曝光区域和非曝光区域之间的渐变色,此渐变色由"颜色"通道所定义。"最小光线长度"越接近"最大光线长度"值,梯度越接近边缘,边缘由"最大光线长度"定义,如图6-135所示(图6-135中的"最大光线长度"为500)。

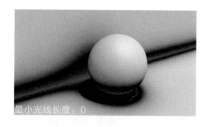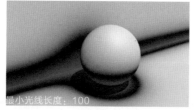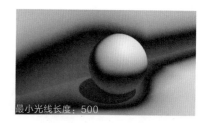

图6-135

最大光线长度：定义明暗交界的区域。数值越高，明暗交界越柔和，但渲染时间也会越长，如图 6-136 所示。

图6-136

散射：定义环境吸收的阴影在半径内的发散程度。0% 时，阴影径直位于球体之下，100% 时将考虑整个半径的发散，所产生的效果会更逼真，如图 6-137 所示（图 6-137 中左端颜色为红色，"最大光线长度"为 200）。

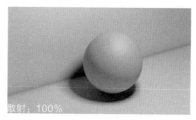

图6-137

精度：渲染器为标准且"缓存"禁用时激活；与"最大采样"配合使用。

最小采样 / 最大采样：渲染器为标准且"缓存"禁用时激活；采样数值越高，渲染出来的图像噪点越少，渲染时间也越长，如图 6-138 所示。

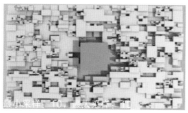

图6-138

对比度：调整环境吸收的对比度，也可以输入负值。

使用天空环境：启用后，对象将反射天空环境，如图6-139所示。

图6-139

评估透明度：启用后，环境吸收将根据"透明度"通道或Alpha材质通道评估对象的透明度，启用和禁用"评估透明度"的效果如图6-140所示。

图6-140

仅有自阴影：启用后，物体不会接收其他物体的投影，禁用和启用"仅限本体投影"的效果如图6-141所示。

反向：启用后，环境吸收效果被反转，如图6-142所示。

图6-141   图6-142

2. 缓存

"缓存"选项卡的主要参数如图6-143所示。

启用缓存：可以缓存某一个角度的环境吸收数据，如果要换角度渲染，可以通过加载缓存的数据加速渲染。

采样：如果环境吸收渲染的噪点较多，可以加大该采样值，数值越大，渲染图像质量越高，但渲染时间也会越长，如图6-144所示。

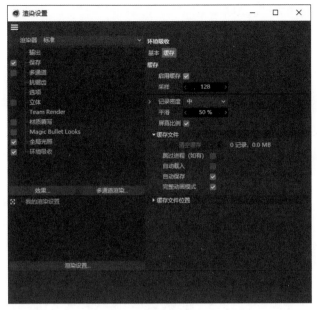

采样: 16

采样: 300

图6-143   图6-144

记录密度：类似于"幅照缓存"，大多数情况下，也不需要修改太多，只需要选择"低""中""高"即可。

屏幕比例：启用后，着色点的密度与渲染的输出大小产生关联，这让着色点密度可以自适应尺寸。禁用后，无论以 100 像素 ×100 像素还是 1000 像素 ×1000 像素的分辨率渲染，着色点密度都不会有任何改变。

清空缓存：单击按钮后，当前场景的环境吸收缓存文件被删除。如果场景文件做了修改，那么最好先清空缓存，以避免错误的结果 。如果禁用"自动加载"选项，则可以不用清空缓存。

跳过进程（如果已有）：如果在上一次渲染时没有保存缓存，则当前渲染就要重新计算完整的缓存，这需要花费大量的时间；如果有缓存文件可调用，在渲染时仍需要检查大量信息，启用"跳过预解算（如果已有）"来跳过此检查步骤，可以加快渲染速度。如果没有缓存文件，无论是否启用此选项，渲染时都会计算缓存。如果缓存已经存在，但是需要改变角度渲染，最好禁用此选项，否则计算将会发生错误。

自动载入：启用后，自动载入已经保存的缓存文件；如果没有缓存文件，则重新计算缓存。

自动保存：启用后，将自动保存缓存文件。如果没有定义新的保存路径，则缓存会保存在工程文件目录的"illum"文件夹中，扩展名为".ao"。在全动画模式下，为每帧动画计算缓存，则文件将命名为"filename0000x.ao"。

完整动画模式：启用后，将为每个动画帧重新计算缓存；禁用后，则相同的缓存将用于整个动画（前提是启用了"自动保存"和"自动载入"）。

禁用的情况适用于摄像机动画，并且场景中的对象均处于静止状态；如果场景中的对象带有动画，则需要启用"完整动画模式"，避免发生错误的计算。

需要注意的是，保存缓存时，完整动画模式会保存大量文件，所以会占用很多的内存。

自定义文件位置：启用 / 禁用自定义文件位置。

位置：定义缓存文件要保存的路径。

6.7.5 景深

单击"效果"按钮，可添加景深效果，相关参数如图6-145所示。在景深效果下，可以将焦点对准某个对象，使这个焦点对象清晰，而它的前景 / 背景模糊，从而能更好地突出焦点，如图6-146所示。景深效果一般与摄像机参数配合使用，如图6-147所示。

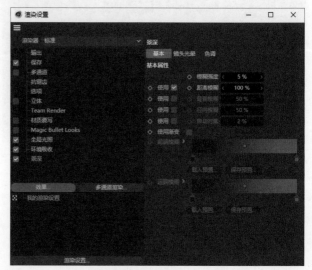

图6-145

图6-146

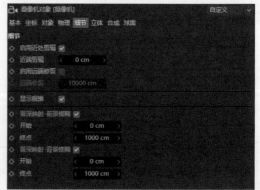

图6-147

基本

模糊强度：定义景深模糊的强度。数值越高，模糊程度越强。

距离模糊：精细化"模糊强度"。例如，"模糊强度"为80%，"距离模糊"为50%，则景深模糊的实际强度为40%（80%×50%）。

背景模糊：启用后，焦点对象背后的物体产生模糊。

径向模糊：启用后，由图像的中间向外扩散模糊。

自动聚焦：启用后，可以模拟真实相机的自动对焦功能，图像中心的物体将成为焦点。

6.7.6 焦散

单击"效果"按钮，可添加焦散效果，相关参数如图6-148所示。焦散可以创建逼真的聚焦光，相关参数如图6-149所示。比如，光线透过透明玻璃杯，会在桌子上产生明亮的色块，如图6-150所示。

图6-148

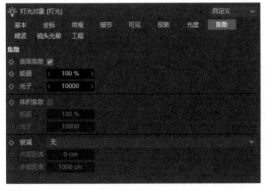

图6-149

图6-150

老白提醒

想要实现焦散效果需要在场景文件的灯光中启用焦散，然后在渲染设置中再启用焦散，两个步骤少一个都渲染不出焦散效果。

表面焦散 / 体积焦散：启用 / 禁用表面焦散 / 体积焦散。焦散光源为体积光时，体积焦散才会生效。

强度：定义焦散的强度。默认为100%，可以手动输入数值，数值可超过100%；数值越大，焦散越强，如图6-151所示。

强度：500%　　　　　　　　　　　强度：200%

图6-151

步幅尺寸：启用"体积焦散"后激活；步幅尺寸越小，焦散效果越明亮、真实，但渲染时间也越长。

采样半径：启用"体积焦散"后激活；数值越高，焦散效果越真实，但渲染时间也越长。

采样：数值越高，焦散效果越真实，但渲染时间也越长；如果采样值设置得太低，光子将以小点呈现。

重计算：通过重新计算，可以重复使用相同的渲染数据来加速渲染。如果对场景做了修改，则需要重新计算。

保存结果：启用后，渲染时所产生的焦散数据将保存在场景文件的目录文件夹"illum"中。如果是动画，将会为每个动画帧单独保存焦散信息，所以会占用很大的内存。

单次动画求解：如果是摄像机动画，则无须为每个帧重新计算，第一次计算时保存的焦散数据会重复用于其他帧。该项除了可以加速渲染外，还能创建无闪烁的焦散动画。需要注意的是，如果场景中的对象有动画，那么"单次动画求解"效果不理想。

6.7.7　素描卡通

单击"效果"按钮，可添加素描卡通效果，创建素描卡通的渲染图，参数如图6-152所示。

设置"素描卡通"效果后，场景中会自动添加一个素描卡通的材质球，将材质球给予对象即可。素描卡通效果通常需要和素材卡通材质配合使用，这样得到的渲染效果会更好，如图6-153所示。

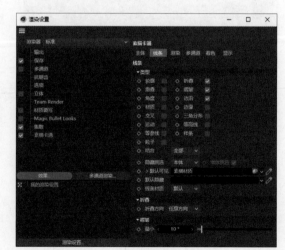

图6-152

素材卡通材质

原始渲染图

素描卡通渲染图

图6-153

1. 素材卡通材质

主体 / 笔触 / 调整 / 扭曲 / 颜色 / 粗细 / 透明这几个选项可以用来对卡通材质的线条进行一些比较精细的调整，如图 6-154 所示。

主体：主体选项的相关参数如图 6-155 所示。

图6-154

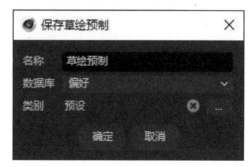

图6-155

- 载入预置（预制）：使用预置的素材卡通材质设置。

- 保存预置：单击按钮后，弹开"新预置"窗口，可保存材质以供后期使用。

- 备注信息：可以输入材质的相关信息。

- 名称 / 数据库 / 类别：设置预置里的名称、类别等信息，单击"确定"按钮后，信息将保存在内容浏览器 > 预置 > User > 草绘预制。

渲染：设置渲染图像的一些细节。用带有透明效果的卡通材质时，会出现线条重叠的情况，效果如图 6-156 中图所示，将"本体混合"和"混合"都改为平均即可解决这个问题，如图 6-156 右图所示。

渲染通道

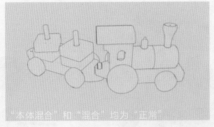
"本体混合"和"混合"均为"正常"

"本体混合"和"混合"均为"平均"

图6-156

克隆：要渲染出草图效果，克隆是很重要的参数，禁用和启用"克隆"选项的效果如图6-157所示。

克隆通道

禁用克隆

启用克隆

图6-157

动画：可以模拟草图从无到有的绘制过程。但是需要注意的是，做草绘动画时，图像应该是静态的。

2. 线条

"线条"选项卡的相关参数如图6-158所示。

类型：定义渲染图将创建哪种类型的线条；启用后，相关参数将显示在对话框底部。

隐藏挑选：定义哪些线条可见，哪些线条隐藏。

折叠方向：当渲染的线条形成不必要的折痕时，可以调整折叠方向。

最小：每个多边形之间夹角的角度在该范围内，则会创建角度线。

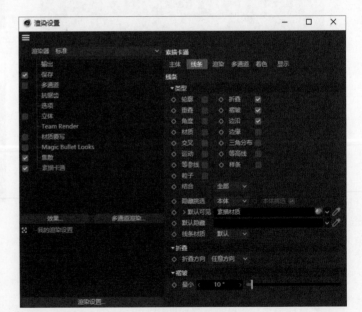
图6-158

3. 多通道

启用多通道后，可能在多通道渲染中渲染草图和卡通效果。

4. 着色

着色用于定义素描卡通后期效果的着色。

5. 显示

无须渲染，即可在视窗中看到线条。如图6-159所示的效果，即对象启用了"透显"。

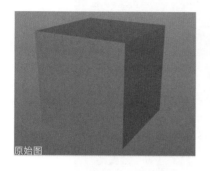

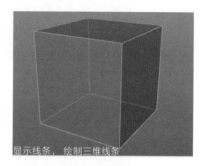

图6-159

6.7.8 图像查看器

图像查看器是 Cinema 4D 的输出窗口。在"渲染设置"中设置相应选项，单击"渲染到图像查看器" ▦（快捷键为 Shift+R）就会打开图像查看器；也可以在菜单中执行"窗口"→"图像查看器"命令（快捷键为 Shift+F6）。

只要 Cinema 4D 软件没有关闭，图像查看器右侧就会出现所有渲染历史，如图6-160所示。

图像查看器可以作为转换工具，载入图像或动画（包括声音）后，再通过图像查看器保存，还可以从视频中提取单个图像。

图6-160

"信息"选项卡会显示当前渲染图的相关信息，如图6-161所示。

图6-161

1. 快捷按钮

右上角靠近关闭窗口的位置有几个操作按钮□☑☰↕，它们的作用如下。

- □：显示/隐藏窗口右侧栏的选项卡。

- ☑：新建"图像查看器窗口"。

- ☰：移动图像查看器中的显示区域（作用与导航器缩略图中的抓手功能相同）。

- ↕：在图标上按住鼠标左键，拖曳鼠标即可缩放图片。

图像查看器还提供以下交互功能。

- 单击图像并拖曳鼠标即可移动显示区域。

- 通过滚轮来缩放图片。

- 双击图像可以将图像缩放到100%，再次双击图像缩放为全屏。

- 按住Ctrl键，在图像上移动鼠标指针，图像查看器状态栏中将显示鼠标指针的坐标位置和RGB值。

- 右击，即可打开快捷菜单，设置背景颜色（即图像查看器中除图像外的颜色）。

2. RAM 播放器

RAM播放器是Cinema 4D中一个将动画图像暂时加载到动态内存中的功能，它可以以全分辨率实时播放。

如果渲染的是序列帧，或将动画/视频加载到图像查看器中，则会在图像查看器的对话窗口底部显示类似于动画时间轴的控制面板，该窗口由RAM播放器控制，如图6-162所示。

图6-162

3. 菜单

◆ 文件

打开图像：打开图像查看器中 C4D 可读的所有图像或视频（包括带声音的图像）格式。

将图像另存为：保存图像查看器中的单个或完整的帧序列。

停止渲染：停止当前的图像或动画的渲染过程。停止后，如果需要再次渲染将从头开始渲染。

最近文件：之前打开的图像列表将显示在图像查看器中。

◆ 编辑

复制 / 粘贴：将当前图像复制 / 粘贴到图像查看器；也可以通过按住 Ctrl 键拖动来复制。

全部选择：选择列表中的所有图像。

取消选择：取消选择所有选定的图像。

移除图像 / 移除所有图像：删除所有选定的图像 / 所有图像；执行命令后，弹出对话框，询问"是否删除未保存的文件"，单击"是"将删除未保存的渲染图像。

清除硬盘缓存：未设置保存路径的渲染图像会临时缓存到系统用户目录的"prefs/pv"中，这会产生大量的数据，导致系统运行缓慢，清除硬盘缓存可以避免这种情况。

退出 C4D 软件时，缓存文件会自动删除，"清除硬盘缓存"是在不退出软件的情况下删除缓存。需要注意的是，未保存的图像会直接被删除，保存的图像不受影响。

清除缓存：清除 RAM 播放器的缓存，但是图像会保留在列表中，并且可以随时再次加载。

缓存尺寸：缓存图像的大小。此选项仅适用于在图像查看器中播放的图像，图像是以全分辨率保存的。

设置：打开"设置"窗口的"内存"参数设置。

◆ 查看

图标尺寸：定义图像查看器列表中预览图标的大小。

变焦值：定义图像查看器中的图像的显示比例，与左下角的比例相同 100 % ，可以直接输入数值，也可以单击小三角形按钮来设置，还可以通过鼠标滚轮来调整。

过滤：从历史记录中排除具有特定特征的图像。

自动缩放模式：将当前选定的图像 100% 显示。

放大 / 缩小： 缩放图像的显示比例，一般通过鼠标滚轮来缩放。

全屏模式： 启用后，图像自动缩放以全屏显示，单击右上角的██按钮可退出全屏模式，如图 6-163 所示。

图6-163

显示导航器 / 柱状图： 显示 / 关闭导航器 / 柱状图。

当图像过大导致显示不全时，导航器缩略图上会显示一个白色小框，当鼠标指针悬浮在白色框上时，会变为抓手图标，拖曳鼠标，图像显示范围就会跟着改变。缩略图下方的滑块也可以缩放图像的显示比例，如图 6-164 所示。

折叠全部 / 展开全部： 折叠 / 展示列表中的图像层级。

允许单通道图像 / 使用多通道层： 与图像查看器中"层"面板中的单通道 / 多通道功能相同，如图 6-165 所示。

使用滤镜： 启用 / 禁用滤镜功能，如图 6-166 所示。在滤镜选项卡中也可以启用 / 禁用，滤镜可以对渲染图像做一些后期调整，但是通常情况下，更偏向于用其他软件来做图像后期。

图6-164

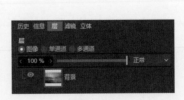

图6-165

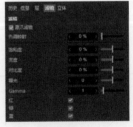

图6-166

◆ 比较

在图像查看器中比较两个图像，此选项只能比较相同分辨率的图像。启用后，会出现一条分界线来区分AB，将鼠标指针移动到分界线上，当鼠标指针变为 时，拖曳鼠标即可改变 AB 分界线的位置。

使用比较功能的步骤如下。

01 将图像 1 "设置为 A"，再将图像 2 "设置为 B"。

02 执行 "AB 比较" 命令即可。

通过"互换 AB"选项可以让 AB 图像互换,如图 6-167 所示。

图6-167

动画秒:启用后,可以比较两个动画的序列帧,同时播放相应的动画。

使用动画秒功能的步骤如下。

01 启用"AB 比较"和"动画秒"。

02 将序列 1 中的任意序列帧"设置为 A",再将序列 2 中相应的序列帧"设置为 B",然后播放即可。

老白提醒

需要注意的是,如果在序列1中将第10帧设置为A,那么在序列2中也应该将第10帧设置为B,否则动画播放时会发生时间偏移。

差别:此模式下,AB 图像之间不会出现分界线,两张图像彼此叠加,差异将通过颜色来区分,而没有区别的地方将显示黑色。

交换 纵向 / 横向:AB 分界线在水平 / 垂直之间切换。

显示比较线:显示或隐藏 AB 分界线,隐藏时也可以移动该线。

显示文字:显示或隐藏分界线的"A|B"标记。

从 AB 创建立体图像:可以使用图像查看器中的两个图像(非序列帧)创建立体图像。

从 AB 创建立体图像的步骤如下。

01 设置 AB 图像。

02 执行"从 AB 创建立体图像"命令。

03 在图像查看器的"立体"选项卡中,设置相应参数,如图 6-168 所示。

04 执行"文件"→"另存为"命令,保存立体图像。在"保存"窗口中,"保存 AB 比较"决定了只保存立体图还是同时保存比较图,如图 6-169 所示。

图6-168

图6-169

◆ **动画**

"动画"子菜单相关命令如图 6-170 所示。

图6-170

播放模式：包含预览范围、简单、循环、往复。

回放：向前播放、向后播放、停止、播放声音、转到开始、转到结束、转到帧...、转到下一帧、转到上一帧、转到下一关键帧、转到上一关键帧。

记录：记录活动对象、记录动画、记录层级、自动关键帧、激活对象、限制编辑器选择、补间工具、位置缩放旋转、点级别动画参数、链接 XYZ 子通道、删除关键帧。

帧频：全部帧、方案设置。

预览范围：设置范围到标记、转到下个范围、转到上个范围、设置最小预览范围、设置最大预览范围。

显示轨迹：显示位置函数曲线、显示缩放函数曲线、显示旋转函数曲线。

创建动画预览：可以快速预览动画，检查动画问题。

4. 常用工具

菜单栏下的常用工具更方便我们对渲染图做一些查看的调整，如图 6-171 所示。

图6-171

■打开图像：在图像查看器中打开 C4D 可读的所有图像和视频（包括带声音的格式）。除了单击这个打开图标以外，也可以从文件夹中把图像或视频文件拖到图像查看器中打开。

■将图像另保存：保存当前图像。

■停止渲染：停止当前图像 / 动画的渲染过程。如果是渲染序列帧，则已经渲染完成的部分可以保存，未渲染的部分不再继续渲染。

■清除缓存：在缓存中会临时存储图像序列，以便以原始帧率播放，清除命令可以清除 RAM 播放器的所有缓存图像。这里清除的是缓存，图像本身还是会保留在列表中，并且可以随时再次加载。

■■■■■全尺寸 / 百分之五十 / 百分之三十三 / 百分之二十五 / 自动尺寸：设置不同比例的图像分辨率以调整缓存大小，缓存越小，图像质量越差，如图 6-172 所示。这里的缓存大小仅针对在图像查看器中查看图像，保存文件时，图像依然会以全分辨率保存。

图6-172

■AB 比较：可以在图像查看器中直接比较两个图像，单击图标可以禁用 / 启用比较模式。需要注意的是，AB 比较只能比较两张相同分辨率的图像。默认的分界线在 AB 中间，可以用鼠标左键按住分界线左右拖曳，以移动分界线位置，如图 6-173 所示。

■设置为 A/B：选择图像后，单击该按钮即可设定要比较的图像。

■互换 A/B：在预览窗口中切换要比较的 AB 图像。

■差别：在区别模式下，AB 两个图像没有分界线，两个图像内部重叠，并通过颜色显示出图像的差异。黑色区域表示两个图像的像素相同，彩色区域越大表示两个图像的像素差异越大，如图 6-174 所示。

图6-173

图6-174

■**交换 纵向／横向**：在 AB 图像比较的水平分界线和垂直分界线之间进行切换，也可以按住 Shift 键单击分界线进行切换，如图 6-175 所示。

图6-175

5.选项卡

"图像查看器"窗口右侧有几个选项卡，用来查看相关参数。这里主要介绍"历史""信息""层""滤镜"几个选项卡，相关参数如图 6-176 所示。

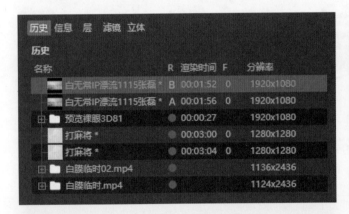

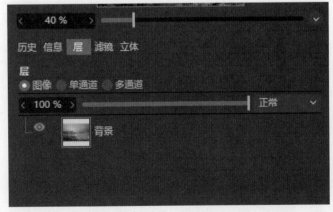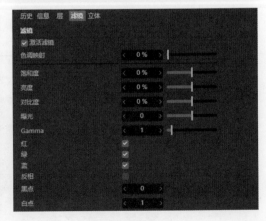

图6-176

◆ 历史

名称：图像或序列帧名称；双击即可重命名，保存时可以使用此新名称，也可以重新命名。

R：图像信息。

　　绿色：已经缓存的图像。

　　灰色：没有缓存的图像。

　　橙色：当前正在渲染的图像。

　　A/B：目前正在比较的图像。

渲染时间：图像渲染所使用的时间。

F：图像在序列帧中的第几帧。

分辨率：图像的分辨率。

◆ 信息

显示图像的相关信息。

◆ 层

显示在"历史"选项卡中选择的图像的通道层，根据启用的选项，图像预览窗口将出现相应的图像。

图像：仅显示定义为"背景"的图层，没有其他任何通道。

单通道：启用后，单击各个通道，可以在预览窗口中看到相应的单独通道。

多通道：启用后，可以使用混合模式和混合强度来调整通道。单击左侧的眼睛图标，可以隐藏／显示单个通道。

◆ 滤镜

对渲染的图像进行后期调整，这些修改属于临时的。如果修改后禁用滤镜再保存图像，滤镜效果将不会被应用；只有启用滤镜，滤镜效果才会被保存。

实战案例 1：文字海报渲染

实战案例 1 的渲染比较简单，目的是让读者先熟悉材质球通道和通道之间的搭配使用，以及简单的打光方法。本案例最终渲染结果如图 6-177 所示。

图6-177

主要掌握知识点： 添加材质与主观感受有关，它不像建模有一定的规律可循，材质数值差一点，渲染图的效果可能就会产生较大的差别。但我们并不提倡大家对数值死记硬背，而是要多练习，靠经验来提升能力。另外，C4D 渲染图与 C4D 视图区别比较大，所以想要观察渲染结果就要将其渲染出来。C4D 视图如图 6-178 所示，一般场景打灯时，可以先确定主光源，其他地方如果光线不够，可以再添加辅光。

图6-178

01 创建天空，在材质面板空白处双击，创建一个材质球，将材质球给到天空。双击材质球，将颜色通道和反射通道禁用，启用发光通道，单击纹理后的三点按钮加载出更多纹理，将 HDR 图载入，如图 6-179 所示。

创建天空

创建材质

材质添加发光纹理

图6-179

02 创建灯光,将灯光投影类型修改为"区域",将灯光衰减类型修改为"平方倒数(物理精度)",
调整灯光的大小及位置,这个灯光是主光,目的是把整个场景照亮,如图 6-180 所示。

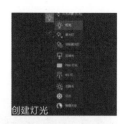

创建灯光

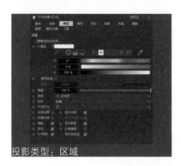

投影类型:区域

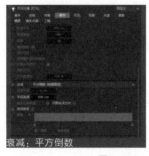

衰减:平方倒数

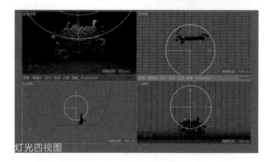

灯光四视图

图6-180

03 再创建一个灯光,修改灯光颜色,设置投影类型为"区域",衰减为"平方倒数(物理精度)",修改半径衰减,
再调整灯光的位置,这个灯光需要把场景中对象的轮廓照亮,如图 6-181 所示。

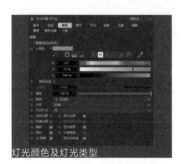

灯光颜色及灯光类型

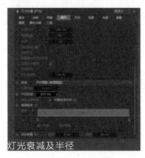

灯光衰减及半径

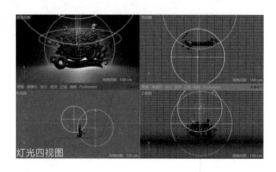

灯光四视图

图6-181

04 在渲染设置中启用全局光照,全局光照的预设为"内部-预览(小光源)",如图 6-182 所示。

启用全局光照

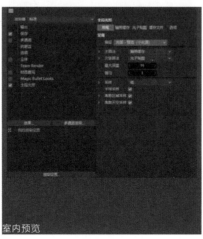

室内预览

禁用全局光照

启用全局光照

图6-182

05 创建材质球，将材质球给到背景。
双击材质球，禁用反射通道，为颜
色通道添加"渐变"纹理。单击渐
变色块进入渐变着色器，修改渐变
颜色，如图 6-183 所示（为了便于
展示，后面的示例图中 C4D 视图中
都隐藏了灯光）。

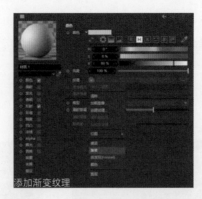

添加渐变纹理

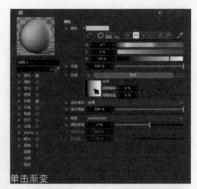

单击渐变

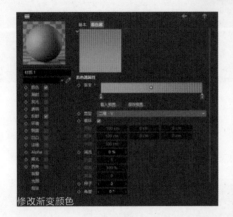

修改渐变颜色

C4D视图

图6-183

06 创建材质球，将材质球给到主体。
双击材质球，为颜色通道添加"渐
变"纹理，单击渐变色块进入渐变
着色器，修改渐变颜色；为"反射"
通道添加 GGX，将 GGX 的"菲涅耳"
类型改为"绝缘体"，折射率改为
1.81，如图 6-184 所示。

添加渐变纹理

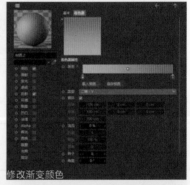

修改渐变颜色

反射添加GGX

绝缘体和折射率

C4D视图

图6-184

07 创建材质球，将材质球给到甜甜圈的圆环。双击材质球，在颜色通道中添加"菲涅耳"纹理，单击菲涅耳渐变色块进入菲涅耳着色器，修改菲涅耳颜色；在"反射"通道中添加 GGX，将 GGX 的菲涅耳类型改为绝缘体，折射率为 1.51，如图 6-185 所示。

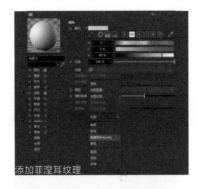
添加菲涅耳纹理

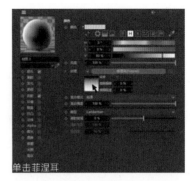
单击菲涅耳

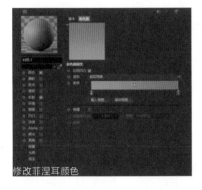
修改菲涅耳颜色

GGX绝缘体和折射率

C4D视图

图6-185

08 复制刚刚使用的甜甜圈材质球，修改菲涅耳颜色，在"反射"通道中将折射率修改为 1.57，如图 6-186 所示。

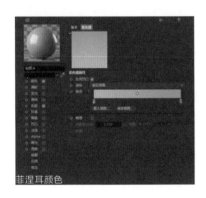
菲涅耳颜色

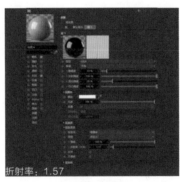
折射率：1.57

C4D视图

图6-186

09 创建材质球，将材质球给一些点缀物。双击材质球，在颜色通道中添加"渐变"纹理，单击渐变色块进入"渐变"着色器，修改渐变颜色；在"反射"通道中添加 GGX，将 GGX 的菲涅耳类型改为"绝缘体"，折射率改为 1.67，如图 6-187 所示。

添加渐变纹理

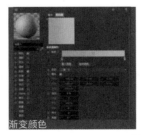
渐变颜色

反射通道

菲涅耳颜色

图6-187

10 创建材质球，将材质球给到主题文字。在"颜色"通道中将白色稍微调暗一点；在"反射"通道中添加 GGX，将 GGX 的菲涅耳类型改为绝缘体，折射率改为 2.01，如图 6-188 所示。

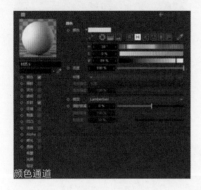
颜色通道

反射通道

C4D视图

图6-188

11 创建材质球，在"颜色"通道中添加渐变纹理，修改渐变颜色；找到文字外框，将之前创建的"主题"材质给材质框，再将刚刚创建的材质球也给材质框。选择材质球"标签"，在"标签属性"中，在"选集"输入框中输入 R1（R1 即挤压顶端封顶）。材质上完后，即可单击 🔲 按钮将图片渲染到图像查看器，如图 6-189 所示。

颜色通道添加渐变

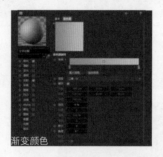
渐变颜色

外框添加主题材质

外框添加边框材质

材质设置选集前

材质设置选集后

渲染图

图6-189

实战案例2：人物渲染

实战案例2的人物渲染难点主要是皮肤的3S材质，以及打光的技巧。3S类材质一定要有背光才能渲染出半透明的效果，所以在打光的时候，要有个辅助光在背后，案例效果如图6-190所示。

图6-190

一般做3S材质时，可以禁用"颜色"通道，通过"发光"通道和"反射"通道来调整，参数如图6-191所示。

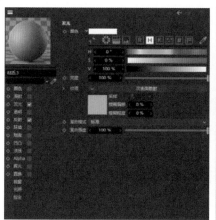 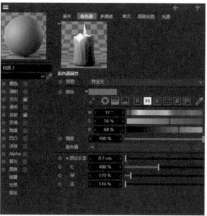 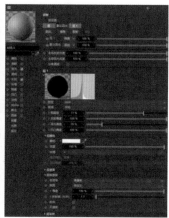

图6-191

Cinema 4D
提升之动画

相对于静态图像来说，动态图像更能吸引人的眼球。动画能更全面地展示作品，直观地表现出作品的变化过程，灵活性更高，在宣传上是非常具有优势的。我们辛苦做出来的作品，除了直接展示静态图像以外，还可以动起来，让更多的人注意到，这真的是一件很有成就感的事情。

7.1 基础动画

要学动画，首先得了解动画的一些基础操作。本节将介绍动画界面和动画工具，并带领大家学习制作关键帧以及调整时间线的方法。这几个知识点在动画制作过程中都是不可或缺的。

7.1.1 动画面板

动画面板是一个功能强大的工具，它主要由时间轴标尺、帧范围滑块、导航和模式3个部分组成，如图7-1所示。

图7-1

1. 时间轴标尺

时间轴标尺主要用于查看当前图像，具体功能说明如图7-2所示。按住快捷键Ctrl+Shift的同时单击，可以在当前位置设置标记。按住数字键2并按住鼠标左键左右拖动可以缩放时间轴。

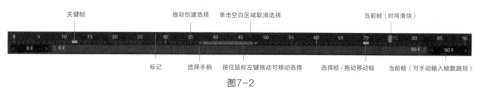

图7-2

2. 帧范围滑块

时间线上显示最小单位为帧，即F。图7-3所示是时间线的总长度，时间线的起点和终点可通过两端的F值设置，也可直接拖动滑块来修改帧范围。

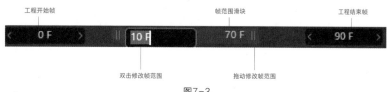

图7-3

3. 导航和模式图标

这些图标命令可以进行播放动画、定义动画的录制等操作，其分类如图 7-4 所示。

图7-4

◆ **动画导航键**

: 跳转到动画的起点 / 终点。

: 跳转到上一个 / 下一个关键帧。

: 跳转到上一帧 / 下一帧。跳转到上一帧快捷键为 F；跳转到下一帧快捷键为 G。

: 播放动画 / 停止播放动画。

◆ **设置帧**

: 在当前时间为所选对象创建关键帧。

: 自动关键帧，对所选对象做修改后，自动记录关键帧。

: 设置关键帧选集对象。

激活对象：仅记录选定对象的参数更改。

限制编辑器选择：激活后，只能选择包含在选定对象中的对象。在"自动关键帧"模式下，可以防止无意中移动不需要设置动画的对象。

◆ **属性开关**

: 激活对象位置 / 旋转 / 缩放模式的开关。

: 激活记录参数级别动画的开关。

: 激活记录点级别动画的开关，可记录选定对象的点的位置信息。如图 7-5 所示，激活"点级别动画"后，点的位置变化会被记录，禁用"点级别动画"后，点的位置变化不会被记录。

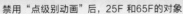

禁用"点级别动画"后，25F 和65F的对象　　　　　激活"点级别动画"后，25F和65F的对象

图7-5

7.1.2 基础关键帧

在计算机动画中，记录对象运动或变化的某个关键动作的帧叫作关键帧；记录关键帧也就是我们俗称的"K帧"。关键帧与关键帧之间的帧被称为过渡帧或中间帧，过渡帧的动画会由软件自动计算。

例如一个立方体，0 帧时 z 轴为 0cm，20 帧时 z 轴为 500cm，则只需在 0 帧和 20 帧记录 z 轴信息，1 ~ 19 帧的 z 轴信息则不需要再去另外记录，如图 7-6 所示。

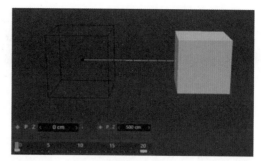

图7-6

C4D 中记录关键帧的 3 种方法

◆ 使用"记录活动对象"记录关键帧

"记录活动对象"可以统一记录当前所选对象的位置、缩放、旋转及点级别动画。这种记录关键帧的方法会给没有动画的参数记录关键帧，所以可能会导致一些多余的时间线出现，如图 7-7 所示。

记录关键帧方法：将时间滑块移动到要记录关键帧的位置，然后编辑选定对象，再单击"记录活动对象"按钮记录关键帧。

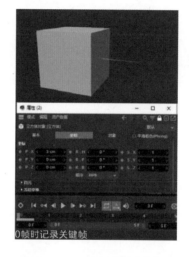
0帧时记录关键帧

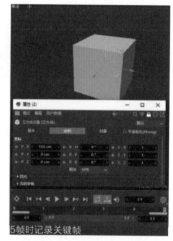
5帧时记录关键帧

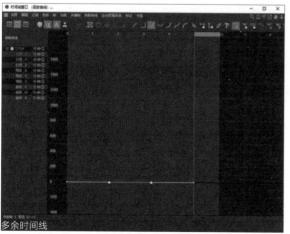
多余时间线

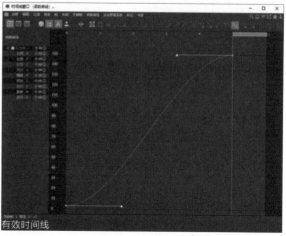
有效时间线

图7-7

◆ 使用"自动关键帧"记录关键帧

"自动关键帧"可以自动记录所选对象的所有改变。在此模式下，编辑器视窗将显示红色边框，对象的属性参数以橙色显示。

记录关键帧方法：激活"自动关键帧"，将时间滑块移动到要记录关键帧的位置，然后编辑选定对象；将时间滑块移动到下一个要记录关键帧的位置，再次编辑选定的对象；以此类推，"自动关键帧"会为每一个选定的对象自动创建关键帧。需要注意的是，动画创建完成后，要退出"自动关键帧"，否则"自动关键帧"还会继续记录对象的改变，如图7-8所示。

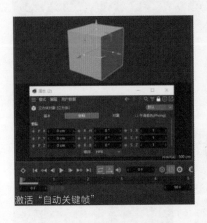
激活"自动关键帧"

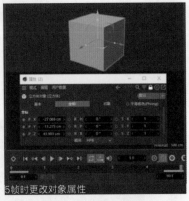
5帧时更改对象属性

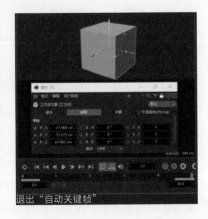
退出"自动关键帧"

图7-8

◆ 在属性管理器中记录关键帧

Cinema 4D 中只要有黑色标记◇都可以记录关键帧。黑色标记表示未记录关键帧，单击黑色标记时会变成红色标记◆。红色标记表示当前动画已经被记录。当记录过关键帧的属性被更改且未记录时，变成黄色标记◈，此时单击此标记即可记录当前属性。如图7-9所示，从左到右分别为未记录关键帧、已记录关键帧、修改关键帧后未记录的状态。

记录关键帧后，想删除关键帧时，可再单击一下红色标记，则取消当前关键帧；若想取消当前参数的所有关键帧，则按住快捷键 Ctrl+Shift，单击鼠标左键。

图7-9

7.1.3 时间线

动画面板左上角有个快捷的时间线窗口，与在菜单栏中执行"窗口"→"时间线窗口（函数曲线）"命令后弹出的窗口相同，对象只有记录关键帧后才会在时间线窗口中以关键帧模式显示。时间线窗口中分为对象区域、层管理、时间标尺、关键帧区域；时间标尺和时间轴同步，如图7-10所示。

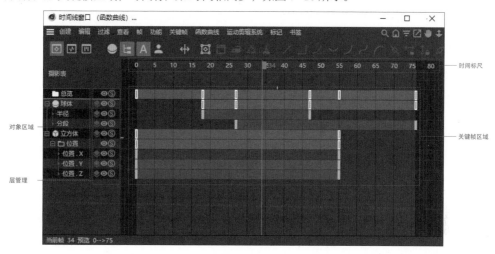

图7-10

1. 时间线窗口模式

时间线窗口的显示模式分为摄影表、函数曲线、运动剪辑3种模式，还有另外一种需要在查看中选择的自动模式，如图7-11所示。通常按Tab键可以在模式之间切换，也可以单击图标进行切换（如果场景中没有运动剪辑，则模式的切换将跳过运动剪辑模式）。

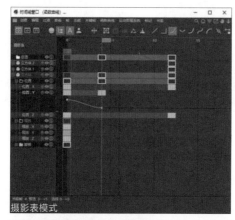

摄影表模式

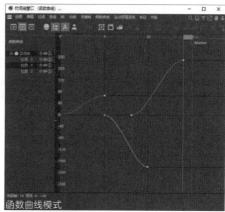

函数曲线模式

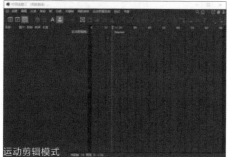

运动剪辑模式

自动模式

图7-11

摄影表 ：显示场景中的关键帧和运动曲线。

函数曲线模式 ：显示场景中运动对象的运动曲线。

运动剪辑 ：当场景中有运动片段时，此模式显示场景的运动剪辑。

自动模式 ：自动模式是默认模式，它确保了所有的动画项目都会自动显示在时间轴中。如果自动模式未激活，则需要将动画项目拖到对象区域中，这些项目才会显示。

2. 关键帧区域

所有未被过滤器隐藏的关键帧都将按照时间线显示在图 7-12 所示的红框区域中。另外，可以通过这里的关键帧属性直接修改对象属性值，而无须转到对象属性管理器。

关键帧时间：此关键帧在动画中的当前时间。

关键帧数值：此关键帧记录的数值。

锁定时间 / 锁定数值：将关键帧的当前时间和数值锁定，不能被移动和修改。

关键帧未被选择时，显示的是白色■；被选择时，显示黄色■；选中关键帧后，可以对关键帧进行移动，以修改关键帧在动画中的时间，如图 7-13 所示。

图7-12

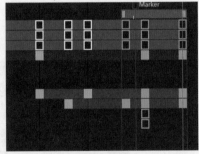

图7-13

3. 函数曲线

函数曲线可以调节动画的节奏，让动画的节奏感更强。不同的函数曲线类型可以让动画呈现不同的节奏。要调节对象的函数曲线，需要先选择曲线上的点，然后通过快捷工具或右键菜单修改曲线类型，如图 7-14 所示。

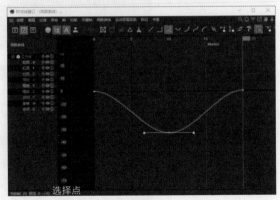

图7-14

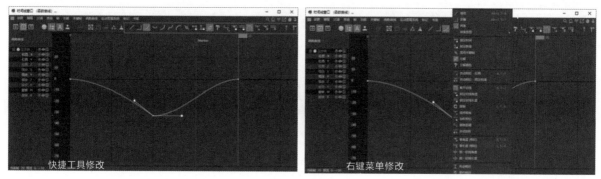

快捷工具修改　　　　　　　　　　　　右键菜单修改

图7-14（续）

函数曲线常用的主要有以下5类，这5种类型的对象效果如图7-15所示。

线性：从开始到结束都匀速运动。

步幅：关键帧之间没有过渡，直接从一个关键帧直接跳转到下一个关键帧。

样条：曲线比较柔和，关键帧之间没有太大的差落。

缓入：对象快速进入，在停止前减速。

缓出：对象慢速进入，在停止前加速。

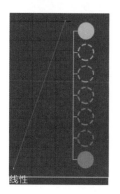

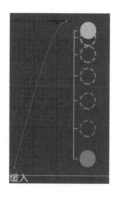
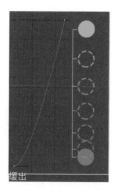

线性　　　　　　步幅　　　　　　　　样条　　　　　　　缓入　　　　　　　缓出

图7-15

这5种函数曲线类型之间并没有很明确的分界线，不管在哪种函数曲线控制下，都可以通过调整手柄修改曲线。从函数曲线上看，缓和处理时，手柄两端是小三角形，调整手柄时，左右两个手柄一起变化；如果按住Shift键，就可以单独调整一边的手柄，此时手柄两端是圆形的小点，是缓入/缓出的类型，如图7-16所示。

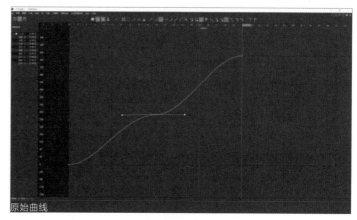

原始曲线

图7-16

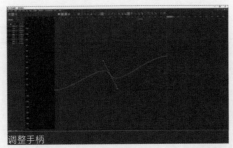
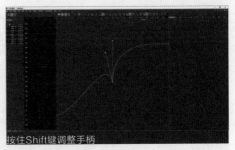

调整手柄　　　　　　　　　　　　　　　按住Shift键调整手柄

图7-16（续）

7.2 运动图形

运动图形（MoGraph）是 Cinema 4D 动画的一个核心部分，主要由运动图形生成器和运动图形效果器组成。它的作用逻辑可以理解为运动图形生成器生成运动图形子元素，每个运动图形子元素被运动图形效果器作用，从而产生不同的变化。

7.2.1 运动图形生成器

C4D 强大的模块之一就是运动图形。我们要在 C4D 中做动画，利用运动图形就可以让我们达到事半功倍的效果。

1. 克隆

克隆是运动图形中的一个重要生成器，至少需要一个物体作为克隆的子物体才能实现。可以按照不同模式克隆出多个对象，克隆出来的每一个物体都是我们的运动图形子元素，大量重复的元素很多都是用克隆工具完成的，如图 7-17 所示。

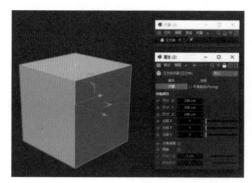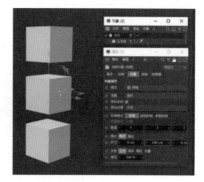

图7-17

◆ **对象**

　　"克隆"窗口中，"对象"选项卡下的属性根据克隆模式的不同，可调整的参数也有些区别。克隆模式主要有对象、线性、放射、网格、蜂窝，相应的效果如图 7-18 所示。

模式

对象

线性

放射

网格

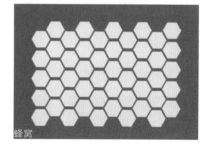
蜂窝

图7-18

下面对不同克隆模式及其相关参数进行介绍。

线性克隆

克隆子对象呈现线性排列，其参数如图 7-19 所示。

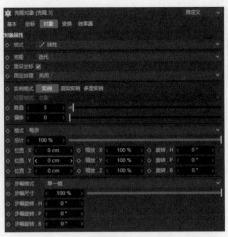

图7-19

固定克隆：禁用后，克隆会旋转、缩放或移动；启用后，则第一个克隆将采用克隆生成器的位置、缩放和旋转，如图7-20所示。

要克隆的对象

禁用固定克隆

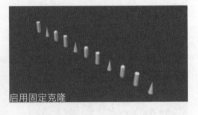
启用固定克隆

图7-20

数量：克隆物体的数量。

偏移：运动图形子元素的排列偏移。

模式：定义克隆对象的排列模式，有终点和每步两个模式。

位置 / 缩放 / 旋转：每个运动图形子元素的变化量，如图7-21所示。

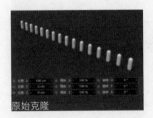
原始克隆

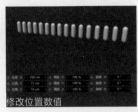
修改位置数值

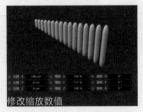
修改缩放数值

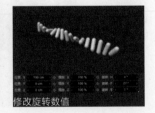
修改旋转数值

图7-21

步幅模式：定义克隆的对象和对象之间的变化模式。步幅模式分为单一值和累积两种，通常需要配合其他参数使用才会生效，如图7-22所示。

步幅尺寸：定义克隆对象和对象之间的步长间隔。

步幅旋转: 定义克隆线的曲率,如果H、P、B的数值都为0,则克隆曲率是直线,设置数值后则为曲线,如图7-22所示。

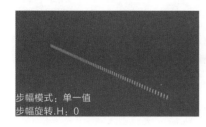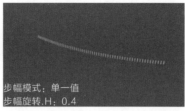

图7-22

放射克隆

克隆子对象呈放射环状排列。放射克隆属性及克隆效果如图 7-23 所示。

图7-23

半径: 放射环状的半径大小。

对齐: 启用后,每个克隆的对象都根据克隆生成器的坐标轴确定其自身的方向,如图 7-24 所示。

平面: 放射克隆的计算平面,如图 7-24 所示。

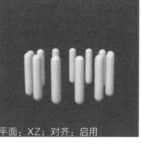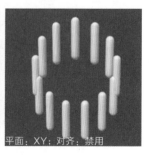

图7-24

开始角度/结束角度：计算克隆开始的角度和结束的角度，如图7-25所示。

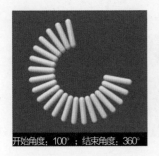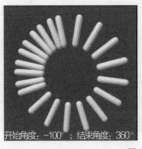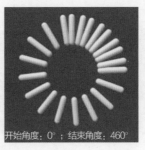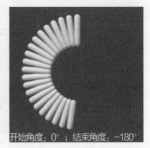

图7-25

偏移：每个运动图形子元素的角度偏移量。

偏移变化：偏移的随机变化范围。

网格克隆

克隆子对象呈网格状排列分布。网格克隆属性及克隆效果如图7-26所示。

数量：定义x、y、z轴向上的克隆数量。

模式：定义克隆对象的排列模式，有端点和每步两个模式。端点即克隆的对象之间的总距离，每步即克隆的两个对象之间的距离，如图7-27所示（白色线的尺寸为200cm×200cm，所修改的克隆尺寸均为x轴）。

网格克隆属性

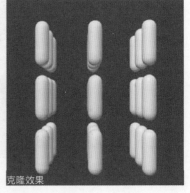
克隆效果

图7-26

尺寸：定义克隆的对象的距离，如图7-27所示。

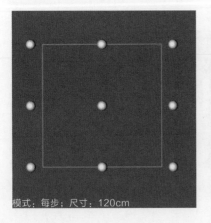
模式：每步；尺寸：120cm

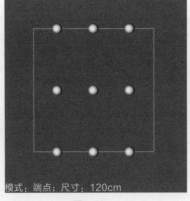
模式：端点；尺寸：120cm

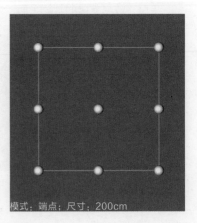
模式：端点；尺寸：200cm

图7-27

外形：定义网格排列克隆的外形，默认为立方，还有球体、圆柱、对象，如图7-28所示。

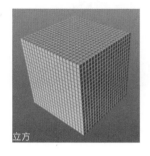立方 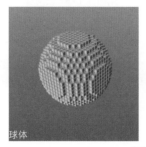球体 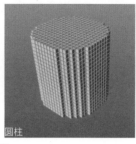圆柱 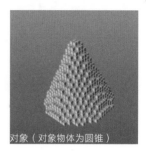对象（对象物体为圆锥）

图7-28

蜂窝克隆

克隆子对象呈蜂窝状排列。当我们使用默认的蜂窝克隆参数，并且克隆的子级是一个六边形，半径为200cm，那么我们就能获得一个完美的蜂窝阵列克隆，如图7-29所示。

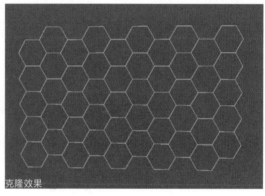蜂窝克隆属性 克隆效果

图7-29

形式：定义蜂窝克隆的形状。蜂窝克隆有圆环、矩形、样条这3种形状，如图7-30所示。

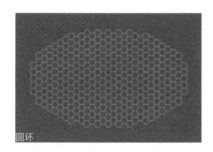圆环 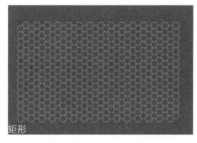矩形 样条

图7-30

对象克隆

克隆模式为"对象"时，只有将源对象拖入对象克隆，才能让对象克隆生效，如图7-31所示。

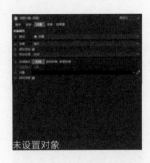   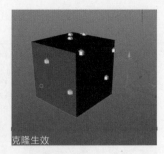

未设置对象　　　　克隆不生效　　　　设置对象　　　　克隆生效

图7-31

源对象为模型时，此时克隆会根据模型点、边、面分布产生不同的排列方式，如图 7-32 所示。

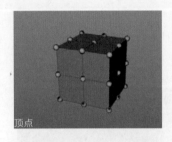 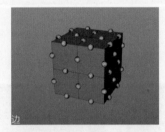 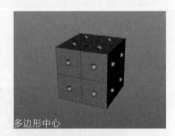

顶点　　　　　　　边　　　　　　　多边形中心

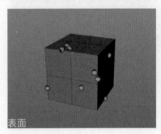 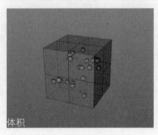 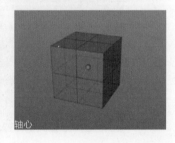

表面　　　　　　　体积　　　　　　　轴心

图7-32

源对象为样条时，此时克隆会根据样条点及距离产生不同的排列方式，如图 7-33 所示。

数量

 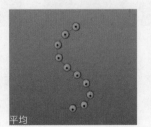 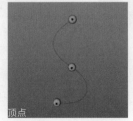 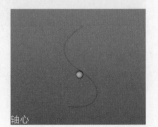

步幅　　　　　　　平均　　　　　　　顶点　　　　　　　轴心

图7-33

◆ 变换

变换可以控制运动图形子元素的变换信息，其参数如图7-34
所示。

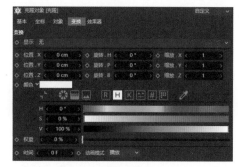

图7-34

显示：运动图形子元素在视图中的显示状态。这里的"显示"
设置仅作为运动图形的视觉辅助，实际渲染时没有区别。

位置/缩放/旋转：运动图形子元素位置/缩放/旋转变化，
通常我们会用效果器控制。

时间：用于设置被克隆物体动画（除位移、缩放、旋转变化外的动画）的起始帧。

◆ 效果器

只有在效果器列表中的效果器才会对这个生成器产生效果，如图7-35所示。单击效果器列表中的 图标，
会变成 图标，则当前效果器对生成器不生效；单击 图标，会变成 图标，则效果器生效。

效果器属性

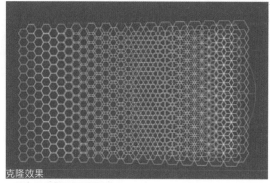
克隆效果

图7-35

2. 矩阵

矩阵和克隆的参数基本一样，但克隆出来的是真实存在的模型，矩阵出来的只是一些信息点。矩阵并不能被
渲染出来，如图7-36所示。通常我们会用矩阵进行点信息的采集，制作动画。

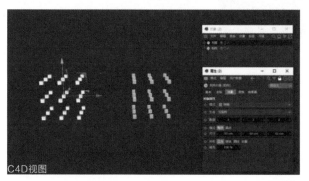
C4D视图

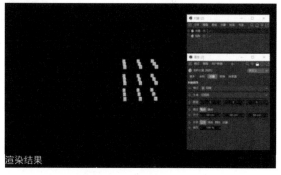
渲染结果

图7-36

3. 分裂

分裂就是让我们的对象不连接，将对象打散。

分裂对象的模式有以下3种类型。

直接：直接分裂，对象被默认为是一个整体。

分裂片段：将不连接的模型全部分裂出来，可以建立良好的爆炸效果，如图7-37所示。

分裂片段&连接：可以理解为在分裂片段的基础上进行了一次优化，所以会以单个字母为最小的分裂单位，如图7-38所示。

图7-37   图7-38

4. 破碎

破碎主要用于制作一些碎块的效果，如图7-39所示。

图7-39

◆ 对象

"对象"选项卡中的参数用于对碎片进行一些基础设定，主要是优化碎片、缩放碎片等，如图7-40所示。

着色碎片：对每个碎片进行着色。

创建 N-Gon 面：破碎处是否创建 N-Gon 面。

偏移碎片 / 反转：碎片沿着破碎线偏移的距离，偏移数值不可以设置为负数。偏移量大于0时，"反转"选项激活，启用"反转"后，碎片会被反转，如图7-41所示。

图7-40

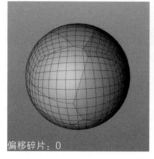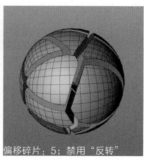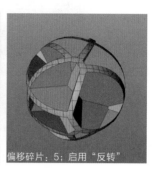

偏移碎片: 0　　　　　　偏移碎片: 5; 禁用"反转"　　　　　偏移碎片: 5; 启用"反转"

图7-41

仅外壳 / 厚度: 启用"仅外壳"选项时, 破碎只产生一个片状外壳; 启用"仅外壳"选项后, "厚度"选项激活, 可以设置外壳的厚度, 如图7-42所示。

优化并关闭孔洞: 当模型并不是封闭模型时, 勾选此项, 自动优化并封闭多边形孔洞, 如图7-43所示。

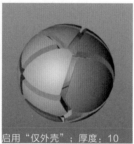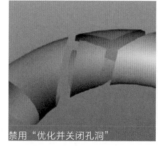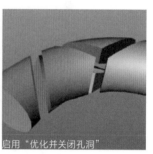

启用"仅外壳"; 厚度: 0　　启用"仅外壳"; 厚度: 10　　　禁用"优化并关闭孔洞"　　启用"优化并关闭孔洞"

图7-42　　　　　　　　　　　　　　　　　图7-43

缩放单元: 设置 x/y/z 3个轴向的缩放, 不同的缩放效果如图7-44所示。

x:1; y:1; z:1　　　　　　　x:5; y:1; z:1　　　　　　　x:5; y:1; z:5

图7-44

◆ 来源

"来源"选项卡的参数用于定义破碎来源, 即定义破碎如何切, 还有破碎的数量。选择"来源"列表中的"点生成器-分布", 可以调整"点数量"以修改碎片数量, 如图7-45所示。

来源属性

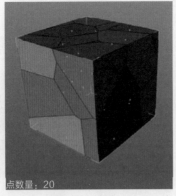
点数量：20

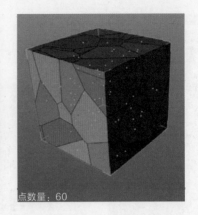
点数量：60

图7-45

分布形式：设置破碎源破碎之后碎块的分布形式，主要有统一、法线、反转法线、指数等几种形式，如图7-46所示。

统一：碎片大小和分布很均匀。

法线：内部碎片小。

反转法线：外部碎片小。

指数：可以控制碎片分布。

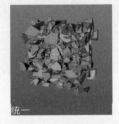
统一

法线

反转法线

指数

图7-46

◆ **细节**

设置破碎碎块的细节调整，最大边长度可以控制细节，如图7-47所示，数值越小则越精细，但是运行速度也越慢，在使用时请特别注意。

细节属性

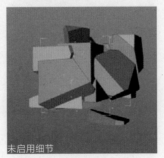
未启用细节

启用细节：内部会有凹凸

图7-47

启用细节：启用后，其下方的细节参数才会激活。

在视窗中激活：启用或禁用内部变形器。禁用此选项后，预览动画时会更流畅，对渲染结果不会有影响。

最大边长度：破碎会细分每个片段，以便有足够的分段线来变形，破碎的分段线是以三角形的面形成的。最大边长度则限定三角形的边有多长。长度数值越小，分段线也就越多，相对运行速度也会越慢。

噪波表面：在边缘破碎处产生噪波变形，使对象产生凹凸，如图7-48所示。

保持原始面：启用后，对象原始的外边缘形状将会保持，如图7-48所示。

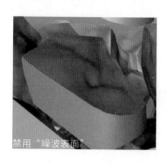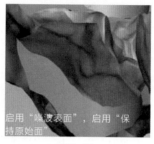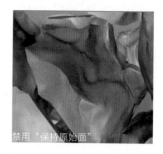

图7-48

◆ **连接器**

可以创建动力学连接器，使碎块连接在一起，连接器参数及相关效果如图7-49所示。

图7-49

◆ **几何粘连**

用几何粘连的方式将碎块连接在一起，粘连类型分为衰减、簇、点距，如图7-50所示。

启用几何粘连：启用后，其下方的粘连参数才会被激活。

衰减：启用几何粘连，然后单击"添加粘连衰减"，会自动生成"衰减"，在对象管理器中选择"衰减"，设置衰减类型，如图7-51所示。

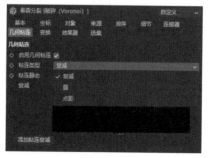

图7-50

启用几何粘连

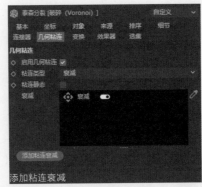
添加粘连衰减

设置衰减类型

图7-51

衰减可以对要连接的片段设置空间范围，如图 7-52 所示。

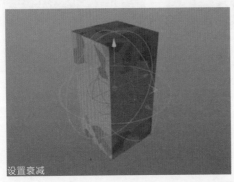
设置衰减

播放动力学动画

图7-52

簇：定义创建的簇的数量，然后随机分散，如图 7-53 所示。

点距：根据定义的距离数值，将破碎对象的碎块粘连，如图 7-54 所示。

设置簇

播放动力学动画

图7-53

设置点距　播放动力学动画

图7-54

◆ 选集

快速创建选集，方便上材质，选集可设置的内容
如图 7-55 所示。

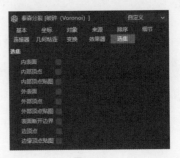

图7-55

5. 实例

为了和生成器实例进行区分，我们通常会称运动图形中的实例为运动实例。它和生成器中的实例非常相似，也需要一个对象参考才能生效，并且这个对象参考不能删除，只能放到看不见的地方，如图 7-56 所示。

图7-56

历史深度：历史深度是实例参数中一个重要内容，只有当运动实例运动的时候，它的拖尾深度才会有效，这个数值就是总的数量，如图 7-57 所示。

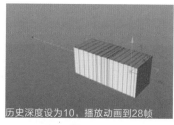

图7-57

6. 追踪对象

追踪对象的作用是记录物体运动的变化，并生成曲线，如图 7-58 所示。需要注意，静态对象不可追踪。

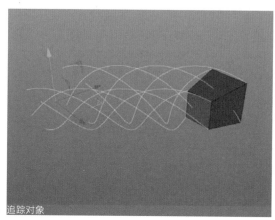

图7-58

追踪链接：设置要追踪哪些对象的运动路径，可直接将要追踪的物体拖入。

追踪模式：设置当前追踪路径生成的方式，包含追踪路径、连接所有对象和连接元素3个模式，如图7-59所示。

追踪路径：以物体顶点位置变化为追踪目标。

连接所有对象：存在多个追踪对象时，追踪每个物体顶点并连接物体。

连接元素：连接每个元素，但不连接对象。

图7-59

采样步幅：该选项只有在追踪路径模式下可用，用于设置追踪的采样步幅，数值越大，获得的曲线精度会越低，如图7-60所示，通常保持默认。

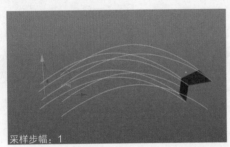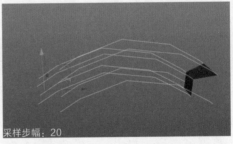

图7-60

追踪顶点：勾选该选项时，会追踪运动物体的每个顶点，否则只追踪运动物体的中心点，如图7-61所示。

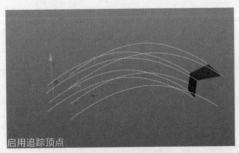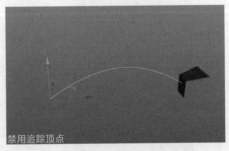

图7-61

手柄克隆：当克隆的父级还有克隆时，追踪器需要按照设定来处理这些对象，手柄克隆可以设定处理对象的模式，模式包括仅节点、直接克隆和克隆从克隆3种。当被追踪的对象是一个克隆对象时，我们可使用"直接克隆"模式让每个克隆子元素都能被追踪。嵌套式多重克隆可使用"克隆从克隆"模式，这时包括克隆自身也可以被追踪，如图7-62所示。

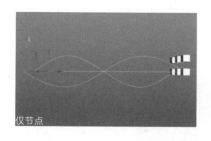
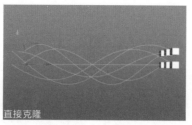
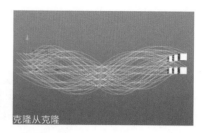

图7-62

空间：定义追踪器和要追踪的对象的旋转位置，有"全局"和"局部"两个选项，如图 7-63 所示。

全局：追踪路径只以被追踪对象为准。

局部：可以通过移动追踪路径来改变追踪路径。

图7-63

限制：限制追踪的长度，包括无、从开始、从结束 3 个选项，如图 7-64 所示。这 3 个选项的应用对比效果如图 7-65 所示。

图7-64

无：没有限制，所有运动都会被追踪。

从开始：追踪从对象运动的开始帧生成，直到"总计"所设置的帧数。

从结束：在对象运动的后面生成拖动轨迹，该轨迹的长度由"总计"所设置的帧数定义。

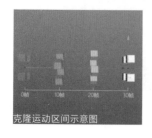
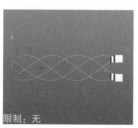

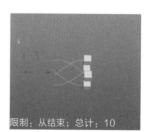

图7-65

类型：追踪生成的样条的类型，这里的类型与其他工具画出的样条类型相同。

闭合样条：启用后，追踪生成的样条起点和终点将会连接在一起，如图 7-66 所示。

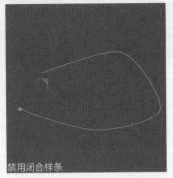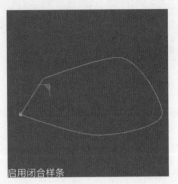

图7-66

7. 运动样条

运动样条是一
种特殊的样条生成
器，主要用来做
一些生长和样条
约束，如图 7-67
所示。

图7-67

◆ **对象**

"对象"选项卡中的属性如图 7-68 所示。

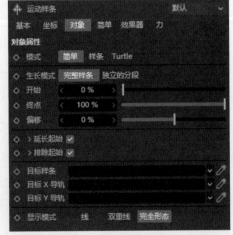

模式：运动样条有简单、样条、Turtle 3 种模式，如图 7-69
所示，通常使用简单和样条模式。

简单：通过简单选项调节参数。

样条：需要自己绘制一根源样条。

Turtle：用代码的形式编辑样条。

图7-68

图7-69

生长模式：定义运动样条将如何根据下方的开始、终点、偏移这3个数值来增长，分为完整样条和独立的分段两种模式。完整样条模式下所有的样条是一个整体，终点相同，开始不同的效果如图7-70所示；独立的分段模式下，样条是可以断开的，终点相同，开始不同的效果如图7-71所示。

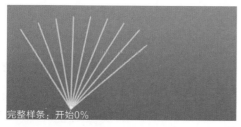 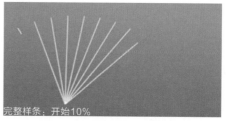

图7-70

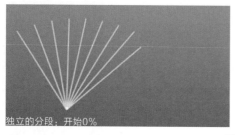 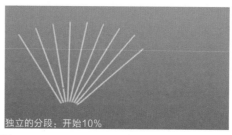

图7-71

开始/终点：默认情况下，开始数值为0%，终点数值为100%，以确保整条运动样条都能显示及渲染。设置了数值后，运动样条则从设置的数值处开始或结束。

偏移：定义沿样条线的整个长度的偏移距离；正值时样条向前移动，负值时样条向后移动。

◆ 简单

当"对象"选项卡中的样条模式设为简单的时候，"简单"选项卡的相关参数即被激活，可以用来调整样条的参数，如图7-72所示。

长度：设置样条的长度，可以单击样条曲线下方小三角用曲线控制长度的变化，如图7-73所示。

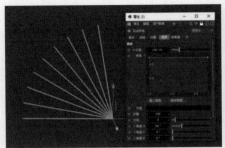

图7-72

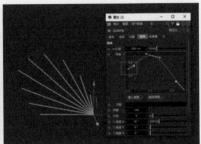

图7-73

步幅：设置样条的分段数，数值越高越平滑。

分段：设置样条数量。没有角度的时候，所有样条都会重叠在一起，增加分段通常都会设置角度。

角度 H/P/B：设置样条在 3 个轴向上的旋转角度。

曲线 / 弯曲 / 扭曲：设置样条在 3 个方向上的扭曲程度。

◆ **样条**

当"对象"选项卡中的样条模式设为样条时，"样条"选项卡的相关参数即被激活，在此选项卡中可以将样条作为运动样条的源样条，如图7-74所示。需要注意，作为源的样条必须是可编辑的才能生效。

生成器模式：定义运动样条沿着源样条的排列模式，如图7-75所示。

顶点：运动样条将精确排列在源样条线上。

数量：根据源样条插值，可调整数量的点。

均匀：在源样条线上以相同的间隔排列可调整数量的点。

步幅：定义运动样条点之间的间隔。

图7-74

源样条

顶点

数量

均匀

步幅

图7-75

源样条：设置作为运动样条源的样条。可将自己绘制的样条拖入作为源样条。

宽度：定义运动样条的直径。

样条：设置运动样条的函数曲线。

◆ Turtle/ 数值

当"对象"选项卡中的样条模式设为 Turtle 的时候，"Turtle"和"数值"这两个选项卡的相关参数即被激活，这里的参数适用于具有编程经验的高级用户，如图 7-76 所示。

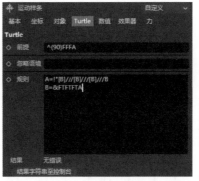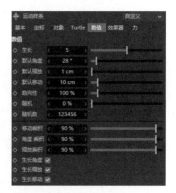

图7-76

8. 运动挤压

运动挤压可以理解为多边形建模时使用的挤压工具，如图 7-77 所示。运动挤压和多边形 FX 都显示为紫色的，它们需要作为对象的子级或者同级才能生效。

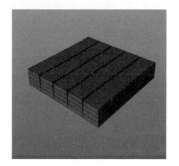

图7-77

◆ 对象

变形：定义挤压的变形类型，分为从根部和每步两种模式，两种模式的效果如图 7-78 所示。

从根部：从根部开始，每次变形步幅都会递减。

每步：每次变形的步幅固定。

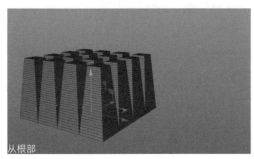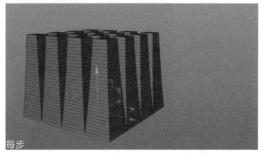

图7-78

挤出步幅：设置物体变形的分段，数值越大，分段越多。

多边形选集：可以用多边形选集控制挤出的区域。

扫描样条：此选项仅在变形类型为从根部时可用，可以用样条控制挤出的形态，一般在使用扫描样条之后还会添加细分曲面以得到最佳效果，如图 7-79 所示。

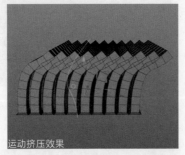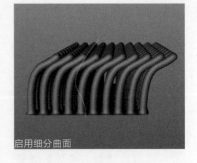

运动挤压属性　　　　　运动挤压效果　　　　　启用细分曲面

图7-79

◆ 变换

"变换"选项卡可以定义挤压出来的对象在位置、缩放、旋转上每步的变化，其属性如图 7-80 所示。

图7-80

9. 多边形 FX

多边形 FX 可以将模型按照布线进行分裂炸出。多边形 FX 显示为紫色，需要作为对象的子级或者同级才能生效，另外，多边形 FX 一般和其他效果器配合使用，如图 7-81 所示。

多边形FX属性　　　　　多边形FX效果

图7-81

模式：定义多边形 FX 的破碎模式，有整体面（Poly）/分段和部分面（Polys）/样条两个模式，不同的模式对多边形和样条曲线的影响都不同。

整体面（Poly）/分段：这个模式用来断开面，如图 7-82 所示。

部分面（Polys）/样条：这个模式用来断开样条，如图 7-83 所示。

图7-82

图7-83

保持平滑着色（Phong）： 让分裂炸出的面块保持平滑着色，如图 7-84 所示。

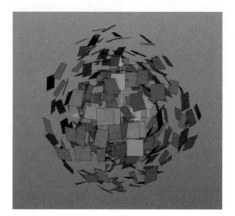

图7-84

菜单栏

7.2.2 运动图形标签

运动图形标签最常用的是运动图形选集和 MoGraph 权重绘制画笔（运动图形权重绘制画笔），这两个标签可以在菜单栏的"运动图形"菜单中找到，也可以在对象管理器中单击鼠标右键，从弹出快捷菜单的"MoGraph 标签"子菜单中找到，如图 7-85 所示。这两个位置的区别是：从菜单栏创建标签，是选择子元素后自动生成标签；而从右键菜单创建标签是先创建标签，再选择子元素。它们在标签的用法上没有区别。

对象管理器快捷菜单

图7-85

395

1. 运动图形选集

运动图形选集主要和运动图形生成器与效果器配合使用。和面选集类似，就是选中一些运动图形子元素，形成选集，然后设置效果器只对选集起作用。

以下以"克隆"为例示范运动图形选集的使用方法：先选择克隆，再选择运动图形选集工具，然后在视图中选择克隆子元素，被选中的元素变成黄色，选择元素之后会自动生成运动图形选集作为克隆的标签，如图 7-86 所示。

选择克隆

用运动图形选集工具选择子元素

生成运动图形选集标签

图7-86

◆ 标签

清除： 清除运动图形选集选中的子元素。

反向选择： 反转当前所选择的子元素。

显示指标： 显示所选择的克隆的子元素的索引号，如图 7-87 所示。

使用域： 启用后，可以用域来控制权重标签。

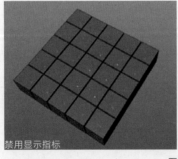
禁用显示指标
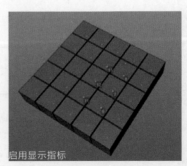
启用显示指标

图7-87

◆ 运动图形选集在效果器中的使用方法

选择效果器，在属性"效果器"选项卡中，将运动图形选集拖到"选择"输入框中，效果器的作用范围就被限制在选集上了，如图 7-88 所示。

效果器未设置选集

效果器设置运动图形选集

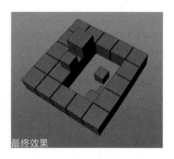
最终效果

图7-88

2. MoGraph 权重绘制画笔

MoGraph 权重绘制画笔和运动图形选集的绘制一样，也是直接选择子元素，并且生成权重标签。运动图形选集和 MoGraph 权重绘制画笔的区别：运动图形选集要么是 0%，要么是 100%；而 MoGraph 权重绘制画笔是一个 0% ~ 100% 的范围，纯红为 0%，纯黄为 100%，MoGraph 权重绘制画笔会有中间半黄半红的过渡状态，如图7-89所示。

纯红为0%

纯黄为100%

半红半黄为过渡

图7-89

将权重标签拖入效果器"选择"输入框中，效果器的作用范围及强度就被权重限制了，如图7-90所示。

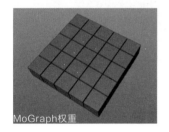
MoGraph权重

效果器未设置权重标签，克隆整体移动

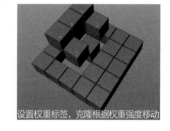
设置权重标签，克隆根据权重强度移动

图7-90

◆ 绘制

双击 MoGraph 权重标签，可以修改权重，如图 7-91 所示。

半径：定义绘制权重的画笔的大小。可以在属性中修改相应数值，也可以按住鼠标中键左右移动缩放画笔。

步幅：定义权重画笔的强度，步幅数值越高，一次修改的权重强度就越低。可以在属性中修改相应数值，也可以按住鼠标中键上下移动修改画笔强度。

图7-91

压力：当使用压力感应输入设备（如手绘板）时，可以用此设置来定义画笔使用时的属性。

显示权重：启用后，视图中显示权重点（红点、黄点、过渡点），当场景中存在过多的权重点而造成困扰时，可以禁用此选项。

7.2.3 运动图形效果器

效果器可以影响生成器、运动图形等各项的位置、大小、角度等属性。效果器必须要放到对象的属性"效果器"选项卡的效果器列表中，并且是启用（不管是对象管理器中还是效果器列表中都要启用）的状态才会生效，如图 7-92 所示。

图7-92

1. 简易效果器

简易效果器是运动图形中十分重要的一个效果器，该效果器需要放置在生成器的"效果器"选项卡中才会生效。简易效果器的作用就是让运动图形子元素受到一样的作用效果。

◆ "效果器"选项卡

该选项卡主要控制效果器的作用强度，以及效果器的作用范围，其属性如图 7-93 所示。

图7-93

强度：设置效果器的生效强度，如图 7-94 所示。

 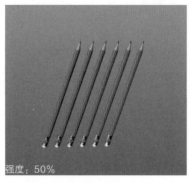

图7-94

选择：放置运动图形选集标签或者 MoGraph 权重标签。

最小 / 最大：控制当前变化的作用范围，如图 7-95 所示。

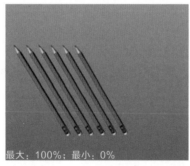 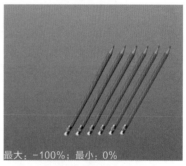

图7-95

◆ "参数"选项卡

该选项卡主要用于控制效果器作用的参数，其参数如图 7-96 所示。

位置 / 旋转 / 缩放：设置每个运动图形子元素在位置、旋转、缩放上的变化量，如图 7-97 所示。

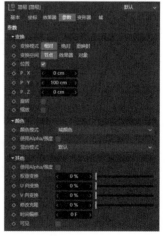

图7-96

位置/缩放/旋转均未设置　　位置X：4　　旋转B：15°　　缩放X：1.1

图7-97

颜色模式：定义如何将效果器或域生成的颜色与现有颜色混合，共有关闭、效果器颜色、自定义颜色、域颜色4个模式可供选择，其不同效果如图7-98所示。

关闭：效果器不会改变对象颜色。

效果器颜色：选择此选项后，将效果器颜色与现有颜色混合着色。

自定义颜色：选择此选项后，可以使用自定义颜色进行着色。

域颜色：选择此选项后，将域设置的颜色与现有颜色混合着色。

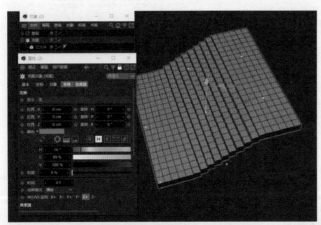
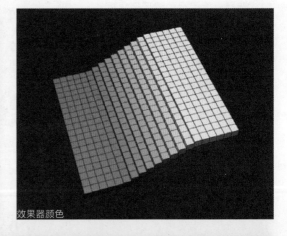

效果器颜色

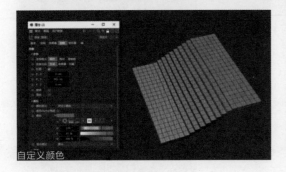
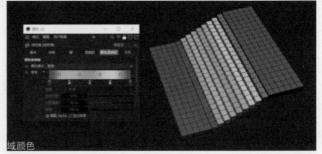

自定义颜色　　域颜色

图7-98

颜色：颜色模式选择为自定义颜色后，此参数被激活，可以自定义颜色。

混合模式：定义效果器或域生成的颜色与现有颜色的混合模式。

修改克隆：对多个物体进行克隆，调整修改克隆属性，可以调整克隆物体分布状态，如图7-99所示。

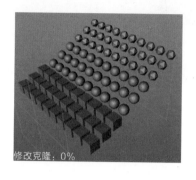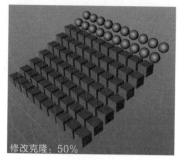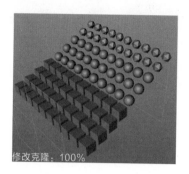

图7-99

时间偏移：当被克隆的物体带有动画属性时，可以使用该选项来偏移动画时间。如果原物体动画起始帧为第0帧，结束帧为第20帧，设置时间偏移为10帧，那么最终动画的起始帧会是第10帧，结束帧会是第30帧。

可见：按定义的值混合可见对象，并不是所有的效果器都能使可见生效，例如，给简易效果器使用了线性域（关于域的说明见"7.3 域"），则启用可见后，在域的强度50%~1000%区域内的对象可见，如图7-100所示。

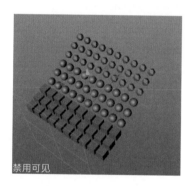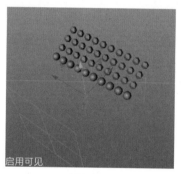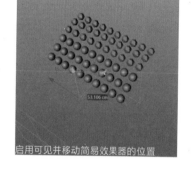

图7-100

◆ **"变形器"选项卡**

当没有使用生成器或运动图形时，让效果器与对象同级或作为对象的子级，并在"变形器"选项卡中设置此变形类型，就可以影响对象，如图7-101所示（简易属性"参数"选项卡，位置Y均为50，旋转B均设置为130）。

变形：用于设置变形的类型，包括关闭、对象、点、多边形4种。

关闭：不起变形作用。

对象：作用于每一个对象。

点：作用于物体的每一个顶点。

多边形：作用于物体的每一个多边形平面。

变形器属性 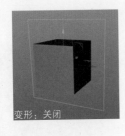变形：关闭 变形：对象 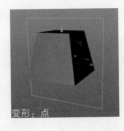变形：点 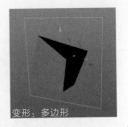变形：多边形

图7-101

2. 延迟效果器

延迟效果器一般和其他效果器配合使用，通常我们会将延迟效果器放置在最后，它能让我们的动画有一些弹性延迟效果，增加细节，从而产生较为真实的运动，如图7-102所示。

设置延迟的动画 未设置延迟的动画

图7-102

◆ "效果器"选项卡

"效果器"选项卡中参数如图7-103所示。

强度：与所有效果器一样，该选项用来定义效果器的整体强度。

模式：设置延迟效果的模式，有平均、混合、弹簧3种模式。

平均：均匀混合效果器之间的效果，可以使用强度来调整速度。

混合：对象首先快速混合，然后缓慢混合，可以使用强度来调整混合的总体速度。

图7-103

弹簧：物体的延迟会产生弹簧效果，从而导致残留的振荡。可以通过调节强度属性来调整延迟的过程，强度数值越大，残留的振荡越多。一般强度设置为100%时，动画会一直拖尾，如图7-104所示。

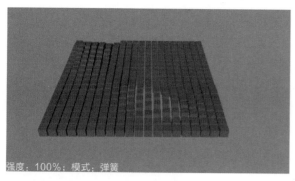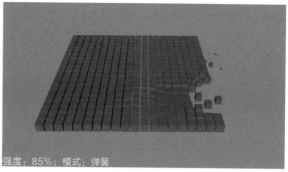

强度：100%；模式：弹簧　　　　　　　　　　　强度：85%；模式：弹簧

图7-104

◆ "参数"选项卡

"参数"选项卡中参数主要用于定义效果器的位置、缩放、旋转是否被延迟，如图7-105所示。

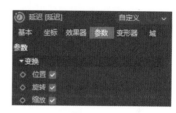

图7-105

3. 公式效果器

公式效果器通过公式来影响对象，它本身就自带动画，无须记录关键帧。默认的公式效果器带有简单的公式，可以使对象产生上下起伏的效果，如图7-106所示。对于公式比较熟悉的用户也可以自己设定公式来做一些比较有意思的效果。

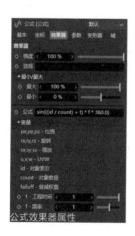

公式效果器属性

公式效果器效果

图7-106

4. 继承效果器

继承效果器会将源对象的状态或动画继承到运动图形子元素，可以在克隆物体之间进行切换。要让继承效果器生效，除了将继承效果器放到生成器的效果器列表中，还要设置一个源对象，以便让继承效果器有对象可继承。

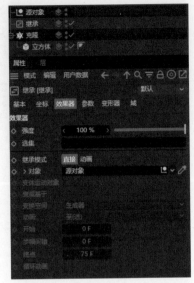

图7-107

◆ "效果器"选项卡

"效果器"选项卡中参数如图 7-107 所示。

继承模式：设置继承效果的模式，有直接和动画两种模式。

直接：直接继承源对象的位置、比例和旋转设置，如图 7-108 所示。在使用直接模式的时候，要注意源对象和克隆对象的坐标轴位置是否统一。

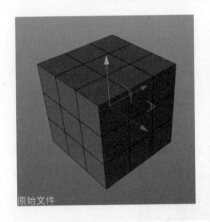
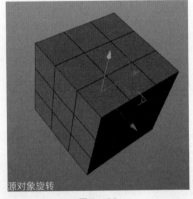
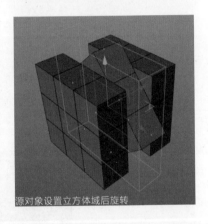

图7-108

动画：继续源对象的动画数据，可以使动画数据依次影响各个生成器，如图 7-109 所示。

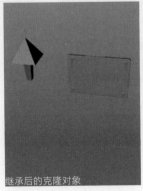

图7-109

变体运动对象：当继承的模式为直接，并且继承的对象是运动图形工具时，可勾选变体运动对象。此时，继承效果器的作用对象会向源对象转变，操作过程如图7-110所示。

源对象为文本对象克隆

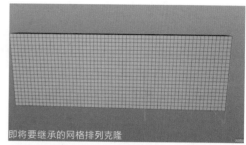

即将要继承的网格排列克隆

给网格排列克隆添加继承效果器，继承对象为文本克隆，启用变体运动对象

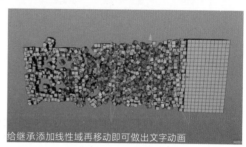

给继承添加线性域再移动即可做出文字动画

图7-110

衰减基于：动画模式下，启用后，生成器将受效果器衰减域内参考对象的完整动画影响，如图7-111所示。

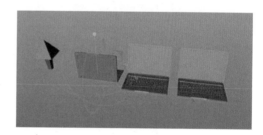

图7-111

变换空间：定义生成器如何继承动画，共有生成器和节点两个选项，如图7-112所示。

生成器：整个生成器将围绕单个轴向旋转或缩放。

节点：每个克隆都将围绕其自身的轴向旋转或缩放。

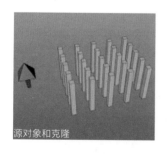

源对象和克隆

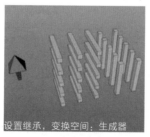

设置继承，变换空间：生成器

设置继承，变换空间：节点

图7-112

动画：定义生成器应该从哪个状态继承动画，分为至（进）和自（出）两种。默认是至（进），即继承的动画和源对象的动画是相反的，也就是说动画播放到最后时生成器会是源对象的起始形态；自（出），即继承的动画和源对象的动画是相同的，也就是说播放动画时是从源对象的起始状态开始的，如图7-113所示。

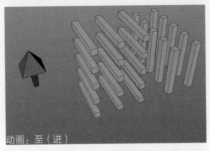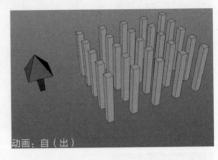

图7-113

开始/终点：设置继承过来的动画从哪一帧开始播放，哪一帧结束。开始和终点的默认值分别为0和90，也就是说如果源对象是一个只有20帧的动画，而继承用90帧的时间走完了源对象20帧的动画，也就相当于继承把整个动画过程变慢了。

步幅间隙：设置每个子元素之间的动画播放间隔，如图7-114所示（源对象动画总长度为20帧，示例图为动画播放到第20帧）。

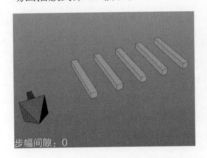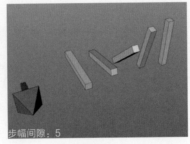

图7-114

循环动画：在至（进）的动画模式下，循环动画有效，会一直循环。

5. 推散效果器

运动图形不会阻止对象与对象的重叠，推散效果器的作用就是减少这种情况的发生（有时候单独的一个推散效果器并不能完全避免对象之间的重叠，这时就需要与其他的工具配合使用），如图7-115所示。

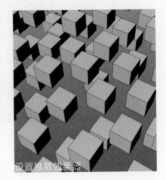

图7-115

模式：设置推散效果器模式，分别为隐藏、推离、分散缩放、沿着 X、沿着 Y、沿着 Z 6 种模式，如图 7-116 所示。其中推离和分散收缩是常用的模式。

隐藏：克隆将不会移动，部分重叠的对象会被隐藏；隐藏模式时，强度数值不起作用，只能设置隐藏或显示。

推离：直接推离开，半径越大，推得越远。

分散收缩：将挨在一起的推开，并且会进行收缩，半径越大，收缩得越多。

沿着 X/Y/Z：原则上该模式与推离相似，不同的是仅沿着 x、y、z 一个轴向上推开分离。

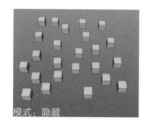

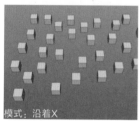

图7-116

6. 随机效果器

随机效果器也是运动图形中非常重要的一个效果器，效果器需要放在生成器的"效果器"选项卡中才会生效。随机效果器的作用就是让运动图形子元素的排列和外观具有不规则的特点，如图 7-117 所示。

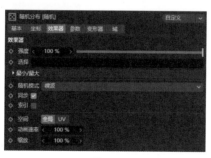

图7-117

随机模式：定义对象的随机变化模式，有随机、高斯、噪波、湍流和类别5种模式，如图7-118所示，其中噪波和湍流是带动画的随机模式。

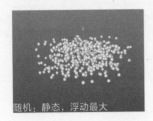

随机：静态，浮动最大   高斯：静态，浮动比随机小   噪波：动态，变化相对平稳   湍流：动态，波动相对大

图7-118

同步：如果要使用相同的位置、缩放、旋转，则激活此项；禁用后，每个变换内都有一个单独的随机值。

索引：在以噪波、湍流模式进行动画模拟的时候，我们通常会开启索引，让动画更加自然。

种子：随机模式为随机、高斯或类别时，此选项可用，修改种子数值会导致不一样的随机值。

动画速率：随机模式为噪波或湍流时，此选项可用，用于设置动画的快慢。

"参数"选项卡中的权重变换功能也经常用到，这里简单介绍一下。

权重变换：我们通常会使用随机效果器的权重变换输出随机的权重给运动图形，如图7-119所示。

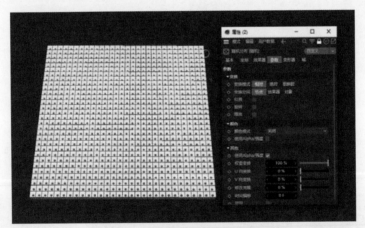

图7-119

7. 着色效果器

着色效果器可以读取图片的颜色信息，再控制运动图形子元素受到作用效果强弱，如图7-120所示。着色效果器默认会开启缩放和颜色模式，不需要的时候记得关闭。

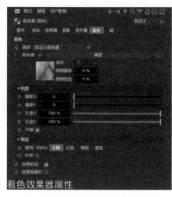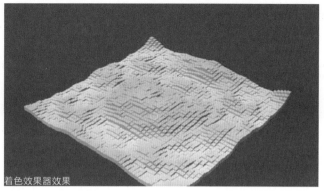

着色效果器属性　　　　着色效果器效果

图7-120

通道：定义着色器图片的通道，主要有两种类型，一种是自定义着色器，也就是直接在下方的"着色器"处设置图片；另外一种类型是通过材质球的通道来设置图片。

着色：在"着色"选项卡添加图片，噪波是 Cinema 4D 自带的黑白信息图，白色 100% 变换，黑色 0% 变换。

8. 声音效果器

顾名思义，声音效果器可以通过添加声音去影响运动图形的变化，在一些需要搭配音乐节奏去做变化的情况下，这个效果器就派上用场了，通过对一段音乐的采样得出频谱，然后利用这个频谱去影响所有的运动图形的变化，如图 7-121 所示。

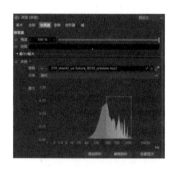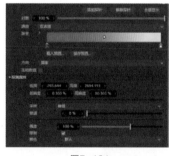

图7-121

"效果器"选项卡的相关参数可以用来添加音频，控制音频的采样等。

音轨：用于载入声音，这样播放才有声音，注意拖长时间轴。

分布：由于在振幅图中可以设置多个探针范围，我们可以通过分布选项来定义这些探针是如何影响克隆的，主要有迭代、分布和混合 3 种类型，如图 7-122 所示。

迭代：探针范围将交替影响克隆。

分布：每个探针范围将锁定并影响克隆的相关部分。

混合：探针范围的不同效果将进行混合。

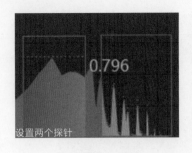
设置两个探针

迭代

分布

混合

图7-122

放大：声音的振幅图，图中显示声音的幅值／音量，其中的矩形框代表探针，每个矩形框覆盖的部分代表效果器的影响范围，在振幅图中滑动鼠标滚轮可以缩放振幅图。要调整矩形框的范围，可以在选择矩形框后，将鼠标指针移到矩形框的边框上，待边框线变成红色后按住鼠标左键拖动即可；要移动整个矩形框时，只需选择矩形框后直接拖动即可，如图7-123所示。

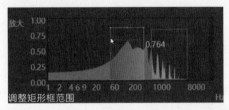
调整矩形框范围
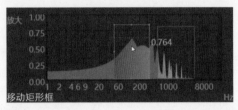
移动矩形框

图7-123

添加探针：每单击一次此按钮，振幅图中都会添加一个新的探针；也可以按住Ctrl键用鼠标左键直接在振幅图中拖动出矩形范围，还可以选择现有的探针，然后按住Ctrl键进行拖动，从而复制探针。

移除探针：删除选定的探针；也可以选择探针后，直接按Delete键删除。

全部显示：如果放大振幅图之后，有些探针无法显示，可以单击此按钮缩小振幅图以便让所有探针显示，如图7-124所示。

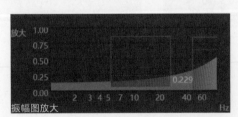
振幅图放大
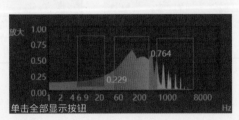
单击全部显示按钮

图7-124

对数：调整振幅图的显示宽窄程度，对效果器的输出没有影响。

通道：如果声音文件是立体声的，则可以选择通道为单通道还是双通道。

渐变／方向：根据声音的音量或频率来设置效果器的颜色。

冻结数值：启用后，动画会被冻结在特定位置。

低频 / 高频 / 低响度 / 高响度：选择探针后，此选项被激活；这 4 个值分别定义探针的 4 条边，如果用鼠标左键拖动修改探针的范围，它们的值也会随之改变，也可以直接修改这 4 个参数值来改变探针范围。

采样：选择探针后，此选项被激活，用于设置采样音频的属性，有峰值、均匀、步幅 3 种模式。峰值和均匀是对所有的运动图形子元素施加相同的作用力，步幅则会根据顺序给予不同的作用力，如图 7-125 所示。

 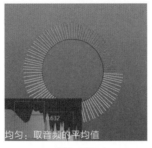 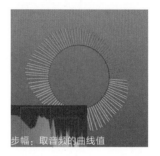

图7-125

强度：定义每个探针范围的单个效果器的强度，负数会反转探针范围的效果。

9. 样条效果器

样条效果器可以将克隆物体或者对象物体按照先后顺序排列到一条指定的样条上。在使用样条效果器时，朝向有时候难以控制，这时可以取消勾选参数中的旋转选项。

样条效果器的主要参数如图 7-126 所示。

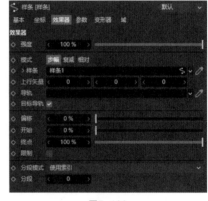

图7-126

模式：设置样条效果器的模式，有步幅、衰减、相对 3 种模式，如图 7-127 所示。

步幅：克隆物体或者对象会按照顺序等距排列在指定的曲线上。

衰减：克隆物体或者对象会根据效果器的接触，沿着样条行进至尾端。通道此设置与效果器的衰减域结合效果会更好。当选择衰减模式后会激活衰减修正参数，设置该参数为 1% 时，物体会从样条起始端开始行进，设置该参数为 100% 时，会更靠近原地。

相对：克隆物体或对象会根据相对轴向上的前后顺序，均匀地排列到样条上。此模式在处理文本时特别有用，因为它可以让单词保持固定的间距（仅适用于单排文本）。

步幅

衰减

相对

图7-127

10. 步幅效果器

大多数效果器对子元素的影响都是比较统一的，而步幅效果器对子元素的影响则有一个逐渐变化的过程，变化的强弱由"效果器"选项卡中的曲线控制。这是一个使用频率很高的效果器，在制作一些动画时比较高效，其属性及应用效果如图7-128所示。

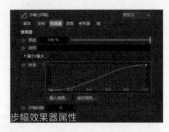
步幅效果器属性

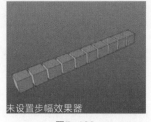
未设置步幅效果器

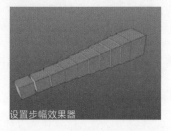
设置步幅效果器

图7-128

样条：利用样条曲线控制效果器的作用，如图7-129所示。

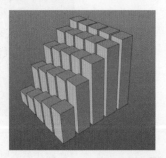

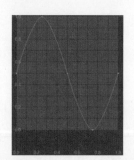

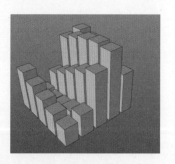

图7-129

步幅间隙：设置生成器开始和结束之间的插值，数值越大，子元素之间的差异越小，如图7-130所示。

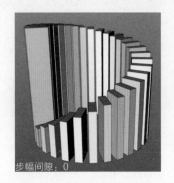
步幅间隙：0

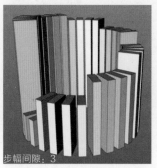
步幅间隙：3

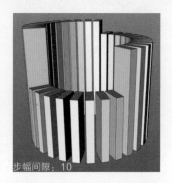
步幅间隙：10

图7-130

11. 目标效果器

目标效果器可以控制运动图形子元素的朝向，使运动图形里的元素朝向某个对象，如果没有设置，则会朝向目标效果器的轴心位置，如图7-131所示。

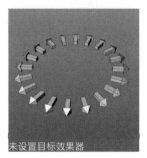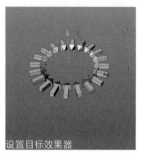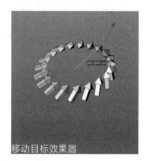

图7-131

目标模式：定义子元素的方向，主要分为对象目标、朝向摄像机、下一个节点、上一级节点和域方向5种模式，如图7-132所示。

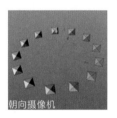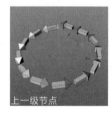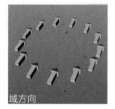

图7-132

目标对象：设置运动图形子元素朝向谁。目标对象为空时，则朝向目标效果器；存在目标对象时，朝向目标对象，如图7-133所示。

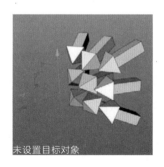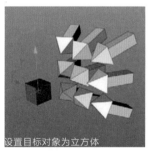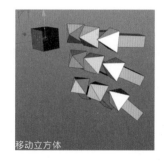

图7-133

12. 时间效果器

时间效果器可以利用时间来影响对象物体属性的变化，周期为1秒。例如设置y轴方向的位置参数为100cm，则使用时间效果器会在1秒的时候使各个元素在y轴方向产生100cm的位移，如图7-134所示。

   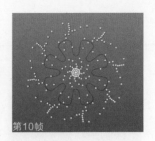

第0帧　　　　　第3帧　　　　　第6帧　　　　　第10帧

图7-134

13. 体积效果器

体积效果器在参数方面和其他效果器并没有什么区别，但是这个效果器需要额外的一个体积对象去对运动图形产生作用，作用范围是运动图形和体积对象的交集，而交集外的部分不受影响，如图7-135所示。该效果器主要用来制作一些像素风格的效果。

体积对象： 从对象管理器中将体积对象拖进来即可，体积对象将定义效果器影响的子元素的范围。

体积效果器属性　　　　克隆和体积对象　　　　设置体积效果器

图7-135

14. 群组效果器

群组效果器对于各种效果器的分组很有用，有时候使用不同的效果器能组合出一些比较有趣的应用。可以将要应用的多个效果器分组放到"群组"的属性"效果器"选项卡的效果器列表中，然后根据需要将群组效果器应用到其他生成对象中，这样对象便同时受群组内效果器的影响，如图7-136所示。

    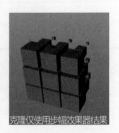

群组属性　　　克隆添加群组效果器　　　克隆群组效果器最终结果　　　克隆仅使用随机效果器结果　　　克隆仅使用步幅效果器结果

图7-136

强度： 与所有效果器一样，可以用该选项设定效果器的生效强度。

选集： 定义效果器生效的位置。

重复时间： 如果用群组效果器对具有动画设置的多个效果器进行了分组，但在播放动画时有点偏离时，可以简单地激活此选项，并且开始和结束帧范围内的整个动画都将被压缩。

7.3 域

域能让我们发挥想象力，轻松快捷地制作出复杂又有趣的效果。域可以定义权重范围，它本身可以是独立的对象，也可以是互相混合的对象，它在 Cinema 4D 中是一个非常重要的知识点。

7.3.1 衰减

衰减由域所控制，同一个衰减可以由多个域相互混合进行控制，大大提高了运动图形的可操作性和可变性，衰减相关参数如图 7-137 所示。

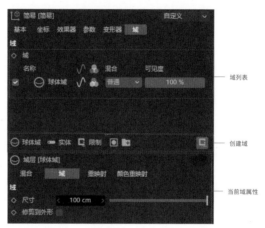

图7-137

域列表：主要用来设置域名称、域的作用属性、域的混合模式、域的强度等，如图 7-138 所示。

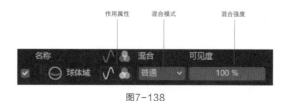

图7-138

创建域： 在球体域、实体和限制上长按鼠标左键会弹出各自的下拉面板，其中显示的分别为域对象、域层、修改层，如图 7-139 所示。

图7-139

7.3.2 域对象

域对象是一些偏抽象的域，主要作用就是控制效果器、标签等对象的作用范围及强度，强度为 100% 表示完全变形，0% 为不变形，中间为衰减值，这些数值都可以通过域来修改。

可以在域列表下方，单击并按住鼠标左键打开域对象创建面板，也可以在菜单栏执行"创建"→"域"命令，进行域的创建。

根据域对象的外形及作用原理，可将域对象主要分为球体域、线性域、随机域、径向域、圆柱体域、圆环体域、圆锥体域、立方体域、胶囊体域、着色器域、Python 域、声音域、公式域、组域几种，如图 7-140 所示。

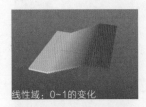

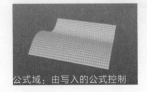

图7-140

1. 球体域

球体域是一个球体场，内层球体作用强度为100%，外层球体作用强度为0%，两个球体之间的作用强度呈0%至100%的变化，如图7-141所示。

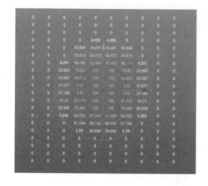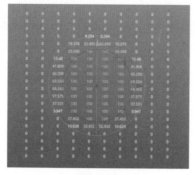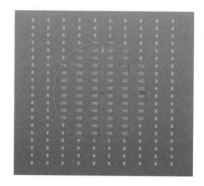

图7-141

◆ "域"选项卡

"域"选项卡相关参数用于设置域的基础参数和调整外形，如图7-142所示。

尺寸：定义球体域的半径。

◆ "重映射"选项卡

"重映射"选项卡参数主要用于对域作用的重新映射和修正，其参数如图7-143所示。

图7-142

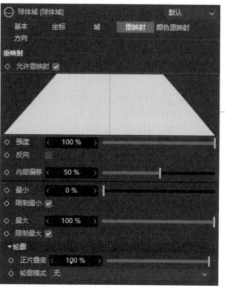

域的作用外形，修改下方的参数，外形会随之改变

图7-143

强度：定义域的作用强度，如图7-144所示。

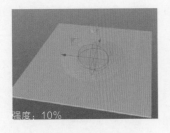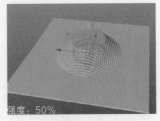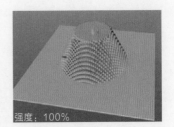

图7-144

反向：启用后，将反转域的效果，如图7-145所示。

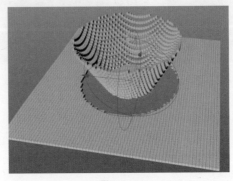

图7-145

内部偏移：定义域的衰减的偏移值，域在视图中显示为紫色的球体，可以拖动球体上的黄色点来修改偏移值，如图7-146所示。

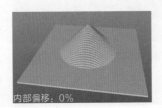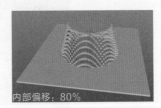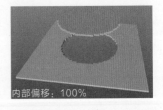

图7-146

最小 / 最大 / 限制最小 / 限制最大：定义域的衰减的最小值或最大值，如图7-147所示。

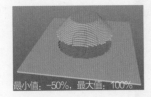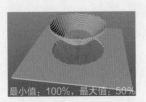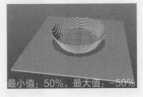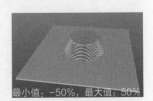

图7-147

轮廓模式：选择输出的值的传递模式，有无、二次方、步幅、量化、曲线5种模式，如图7-148所示。

无：域将以线性进行传递。

二次方：将基于曲线选项定义的曲线进行传递，该曲线控制两个方向上从线性到指数的传递。

步幅：传递将以步幅形式逐渐传递，其步数由步幅数值决定。

量化：与步幅较为相似，但步幅数量稍微有点区别（前提是设置了最小、最大值，如果这两个数值保持默认，那它们是没有区别的）。

曲线：基于可自由定义的曲线进行传递。

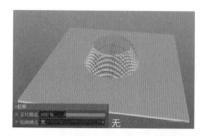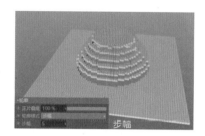
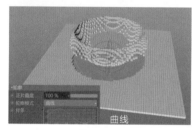

图7-148

◆ **"颜色重映射"选项卡**

当域对颜色也产生作用时，可以通过"颜色重映射"选项卡中相关参数修改颜色。

颜色模式：颜色重映射有颜色和渐变两种模式，当选择渐变模式时，可以手动定义渐变颜色，也可以单击"载入预置"按钮，选择预置颜色，如图7-149所示。

图7-149

2. 线性域

线性域就是一个直线变化的域，域的箭头所指方向作用强度为 100%，中间为 0% 至 100% 的变化，箭头尾部方向强度为 0%，如图 7-150 所示。

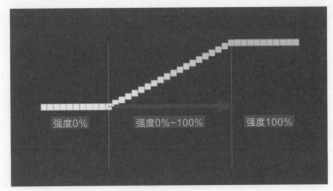

图7-150

◆ "域"选项卡

"域"选项卡相关参数用于设置域的基础参数和调整外形，如图 7-151 所示。

图7-151

长度：定义效果衰减方向上的长度；该参数可以超过 100cm，通常我们会在视窗中直接拖动域箭头方向的小黄点进行缩放。

方向：定义域的方向。

◆ "重映射"选项卡

"重映射"选项卡中参数主要用于对域作用的重新映射和修正，如图 7-152 所示。

内部偏移：设置箭头方向的偏移值，如图 7-153 所示。

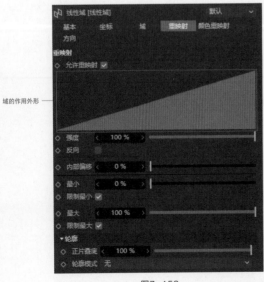

图7-152

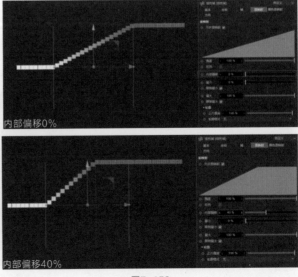

图7-153

最小／最大：设置最小和最大的范围，可小于 0%，也可大于 100%。

轮廓模式：设置从 0% 到 100% 变化的轮廓形状，默认为无，可以通过修改轮廓模式，使线性域从 0% 到 100% 变化的外形不同，不同参数的设置效果不同。

◆ **"颜色重映射"选项卡**

当域对颜色也产生作用时，可以通过"颜色重映射"选项卡中相关参数修改颜色。

颜色重映射有颜色和渐变两种模式，如图 7-154 所示。

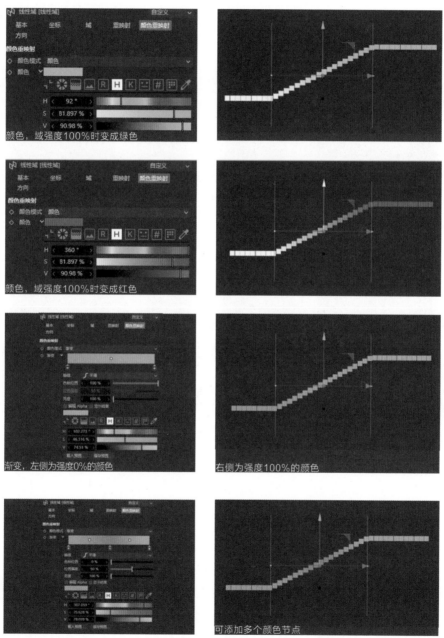

图7-154

3. 径向域

径向域就是绕圆心变化，域的作用范围主要由角度控制，相关参数如图7-155所示。

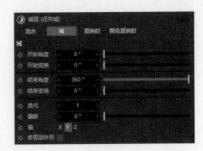

图7-155

开始角度/结束角度：域作用的起始和结束位置，在开始角度和结束角度之间的角度位置才是域生效的位置，不同效果如图7-156所示。

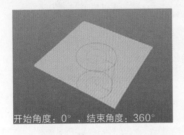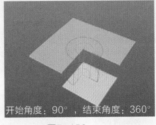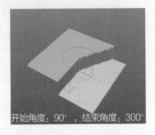

图7-156

开始变换：在变换角度内会产生变化，这个变化的起点就是开始角度，终点为开始角度加上开始变换，如图7-157所示。

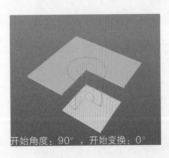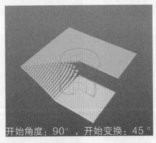

图7-157

结束变换：在变换角度内会产生变化，这个变化的起点就是结束角度，终点为结束角度减去结束变换，如图7-158所示。

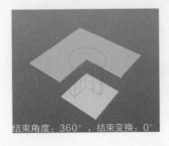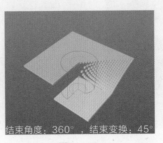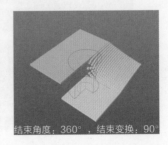

图7-158

迭代：设置整个径向分割的次数，1次迭代也就是360°，2次迭代则会将360°进行两等分，然后再进行开始角度和结束角度的比例计算，如图7-159所示（开始角度均为180°，结束角度均为360°）。

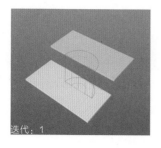 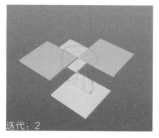 

图7-159

偏移：设置开始角度和结束角度的偏移，也可以通过"偏移"选项卡再次添加域进行控制，如图7-160所示（开始角度均为180°，结束角度均为360°）。

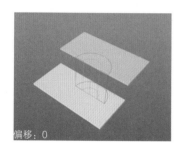 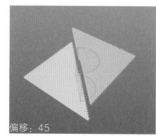 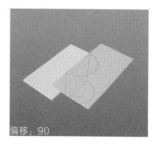

图7-160

4. 随机域

随机域会让每个运动图形元素受到随机的作用，这个作用的参数还是由效果器控制。

随机模式：有随机、排列、噪波3种模式，如图7-161所示。

图7-161

随机和排列非常类似，不带动画，由随机种子控制；
噪波可以通过动画速度让对象运动。不同模式的作用效果如图7-162所示。

  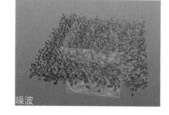

图7-162

随机域的"域"选项卡下其他相关参数如图7-163所示。

噪波类型：不同类型有不同的噪波纹理。

空间：定义域的作用空间，全局模式移动时不会有影响。

比例：定义噪波的缩放比例。

动画速度：定义动画速率，数值越大，动画速率就越快。

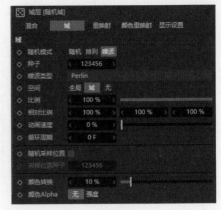

图7-163

7.3.3 域层

域层，相对具象的域来说，通常由标签和对象生成。域层的主要作用就是控制效果器、标签等对象的作用范围及强度。可以在域列表中下方，长按鼠标左键选择下拉面板中对应的选项进行创建，也可以直接拖入对象或标签生成相应的域。

下拉面板中的域层对象包括Mograph对象、体积对象、变量标签、实体、时间、样条对象、步幅、点对象、粒子对象，如图7-164所示。

1. 点对象

将模型对象（含有点）直接拖入域中，就会生成点对象的域，如图7-165所示。

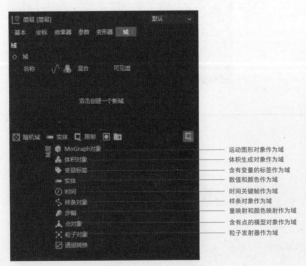

图7-164

图7-165

模式： 定义域的作用模式，有点、表面、体积 3 种模式，如图 7-166 所示。

点：在定义半径内的每个对象点周围生效。

表面：在定义半径内的每个表面上方和下方生效。

体积：域将在体积内具有最大强度。

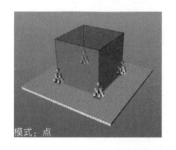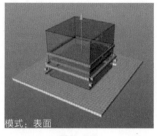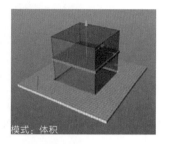

图7-166

半径： 定义域效果强度从 1 降至 0 的对象点或多边形表面周围的半径，如图 7-167 所示。

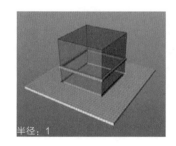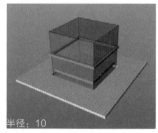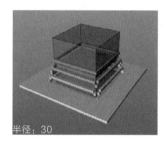

图7-167

限制效果： 层模式设置为表面模式时，此选项被激活；限制效果分为无、内部、外部 3 种模式，如图 7-168 所示。

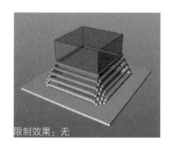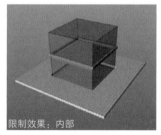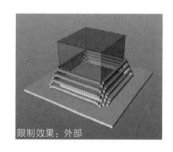

图7-168

2. 样条对象

将样条对象直接拖入域中，就会生成样条对象的域，样条外形有曲线和遮罩两种模式可选，相关参数如图 7-169 所示。

曲线外形属性

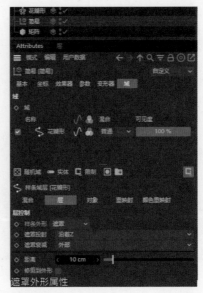
遮罩外形属性

图7-169

曲线和遮罩的不同效果如图7-170所示。

曲线：域的效果主要在样条周围起作用。

遮罩：使用选定的封闭样条创建一个体积使域生效。

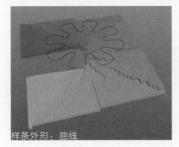
样条外形：曲线

样条外形：遮罩

图7-170

◆ **样条外形 - 曲线属性**

距离模式：距离模式有沿、半径、沿半径3种，如图7-171所示。

沿：根据样条上的点，确定作用强度。

半径：样条和对象相交产生作用。

沿半径：沿和半径的叠加效果，既可以垂直于样条切线，也可以沿着样条线定义随样条曲线生效的效果。

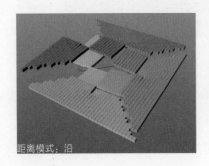
距离模式：沿

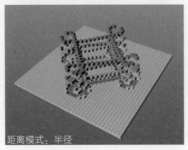
距离模式：半径

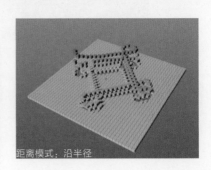
距离模式：沿半径

图7-171

距离模式不同，可设置的选项也不同，如图7-172所示。

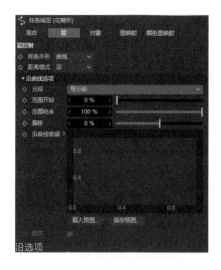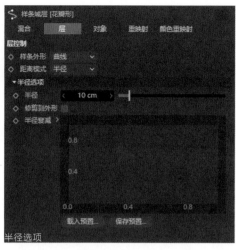

图7-172

沿选项

分段：对于沿样条线长度具有不同强度效果的模式。

范围开始 / 范围结束：定义样条线起点或终点的限制效果。

偏移：定义沿样条线偏移"范围开始"和"范围结束"的状态；如果启用循环，则效果将持续到样条曲线的末端。

沿曲线衰减：定义样条线生效的衰减效果。

半径选项

半径：定义域的生效半径。

修剪到外形：如果对象分为内部和外部空间则需要启用此项。

半径衰减：定义域生效的半径内的衰减效果。

◆ **样条外形 - 遮罩属性**

遮罩投射：样条曲线的坐标作为遮罩方向。

遮罩衰减：定义衰减范围，分为内部和外部两个模式。根据定义的距离，可以将效果的衰减指定给样条线的内部或外部，如图7-173所示。

距离：定义域生效的过渡距离。

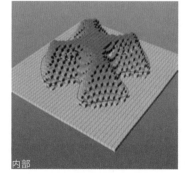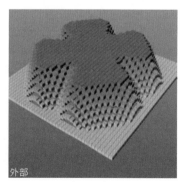

图7-173

3. 运动图形对象

运动图形对象使用运动图形对象作为域。

4. 体积对象

体积对象使用体积生成作为域。其采样模式有邻近、线性、二次3种，这3种模式并没有太明显的区别，而体积生成的体素类型对域会产生完全不一样的效果，如图7-174所示。

体积对象域

体素类型：SDF

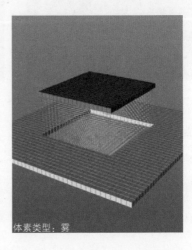
体素类型：雾

图7-174

5. 粒子对象

粒子对象将粒子发射器作为域。发射出来的粒子和运动图形元素接触，则会产生作用。主要影响作用效果的参数是半径，不同半径值的效果如图7-175所示。

域属性

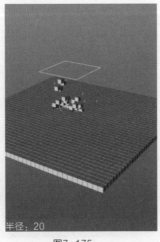
半径：20

半径：40

图7-175

6.变量标签对象

变量标签对象可将一些含有变量的对象作为域。变量标签对象包括运动图形选集标签、运动图形权重标签、顶点贴图标签、权重贴图标签等,如图7-176所示。

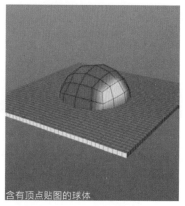

域属性　　　　　　　　　含有顶点贴图的球体

图7-176

模式:变量标签的模式有索引、邻近、最大、最小、平均5种,不同效果对比如图7-177所示,它们之间的强度过渡由半径控制。

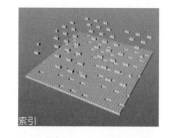

索引　　　　　　　　　　邻近

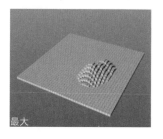
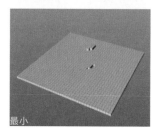
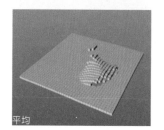

最大　　　　　　　　　　最小　　　　　　　　　　平均

图7-177

7.实体

实体域就是用数值和颜色控制效果器的作用。

8.步幅

步幅是重映射和颜色映射,用曲线控制效果器作用。

9.时间

时间会让运动图形对象随着时间轴移动而产生动画。

外形:设置运动的形态,包括无、正弦波、三角波、锯齿波、方波几种状态。

速率:定义帧的时间跨度,即播放完一个外形的时间。

偏移:将速率的帧数提前,再开始进行运动。

7.3.4 修改层

修改层主要是用来修改下方域的作用强度和颜色等参数，如图7-178所示。

根据修改层的作用原理不同，分为限制、颜色过滤、着色、曲线、衰退、延迟、冻结、公式、反向、Python、量化、噪波重映射、重映射、范围映射。

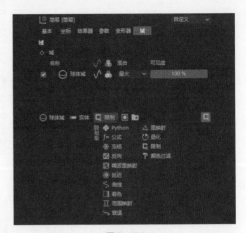

图7-178

1. 限制

限制最大和最小值，和域"重映射"选项卡中的最小、最大作用相同，如图7-179所示。但是限制这个修改域是对它下方所有域生效。

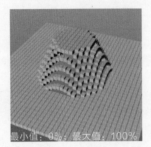

限制层属性　　　最小值：0%；最大值：100%　　　最小值：50%；最大值：100%　　　最小值：100%；最大值：70%

图7-179

2. 颜色过滤

颜色过滤主要用颜色作为来源进行混合，颜色过滤来源主要有数值和颜色两种模式，如图7-180所示。

数值：域作用0%的范围显示黑色，100%的范围则显示白色，0%~100%的过渡由深色变浅。

颜色：域作用0%的范围显示黑色，其他地方则显示设定的颜色。

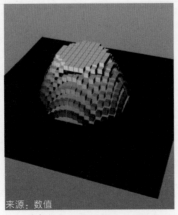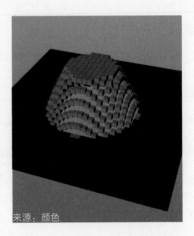

颜色过滤属性　　　来源：数值　　　来源：颜色

图7-180

模式：定义颜色的模式，主要分为单色和双色调，如图 7-181 所示。

单色：将创建可以定义基础色的单色。

双色调：可以定义基本颜色和顶部颜色。

3. 着色

着色是对域的重新着色处理，属性如图 7-182 所示。

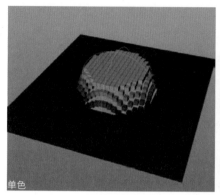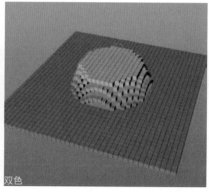

图7-181

图7-182

来源：着色器需要源文件，并根据源文件计算新的颜色值。着色的来源主要有数值、颜色、方向 3 种模式，如图 7-183 所示。

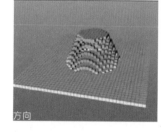

图7-183

渐变：定义域的渐变色，如图 7-184 所示。

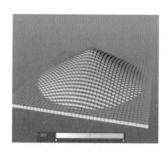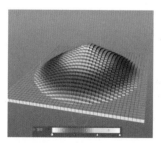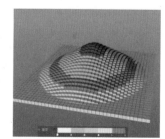

图7-184

循环：启用该选项，渐变会随着动画的播放而连续应用，如图 7-185 所示。

比例：定义范围内颜色区域的缩放比例。

动画速度：定义渐变在一个动画周期内的帧数。

4. 曲线

通过曲线形状的调整，修改作用强度。不同曲线形状的作用效果如图 7-186 所示。

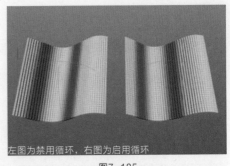

左图为禁用循环，右图为启用循环

图7-185

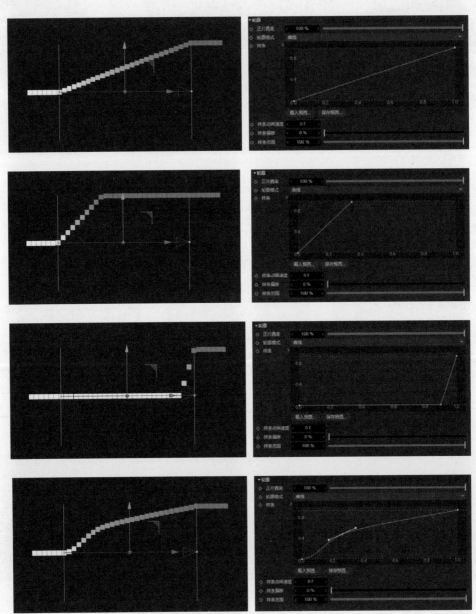

图7-186

432

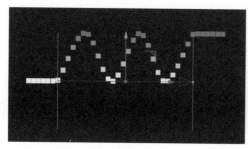
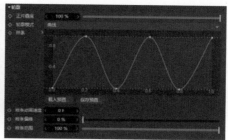

图7-186（续）

5. 衰退

衰退在播放动画时生效，会影响修改的时间范围的过程，并且在外部也可能影响域的作用范围。其属性如图7-187所示。

模式：定义衰退模式，有最大和最小两种模式。模式可以让下方效果器在播放动画时，在最大或者最小值处产生类似拖尾的柔和过渡，如图7-188所示。

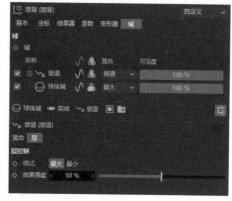

图7-187

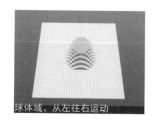
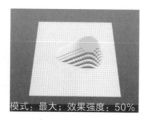
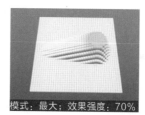

球体域，从左往右运动　　模式：最大；效果强度：50%　　模式：最大；效果强度：70%　　模式：最小；效果强度：50%

图7-188

6. 延迟

延迟也是在动画时生效，它与衰退类似，不同的是延迟有一些特殊效果，如弹簧。其属性如图7-189所示。

模式：定义域的延迟模式，有线性、平滑、弹性3种模式，如图7-190所示。

线性：域的变化过程是线性的。

平滑：域的变化将被延迟，并产生滞后效果。

弹性：域将产生缓和的摇摆运动效果。

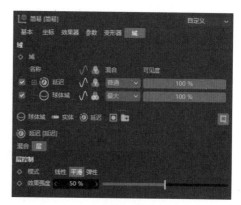

图7-189

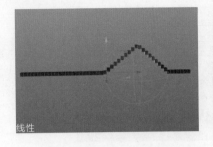
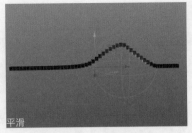

线性 平滑 弹性

图7-190

7. 反向

让下方效果器的作用反向。

8. 公式

根据不同的公式，产生不同的修改作用。

9. Python

根据 Python 代码，产生不同的修改作用。

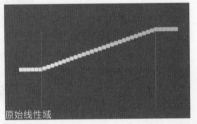
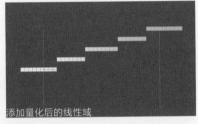

原始线性域 添加量化后的线性域

图7-191

10. 量化

让下方域的作用产生步幅变化，如图 7-191 所示。

11. 重映射

重新映射下方域的作用，和域自身的重映射作用相同。

12. 噪波重映射 / 范围映射

噪波重映射是对下方域重新映射，产生噪波的随机作用。

范围映射同样是对下方的域重新映射，主要分为输入和输出两种。

13. 冻结

冻结的基本作用是冻结下方域，其属性如图 7-192 所示。

冻结层可以将域的效果冻结在一个地方，使其不会完全随着域的移动而改变，如图 7-193 所示。

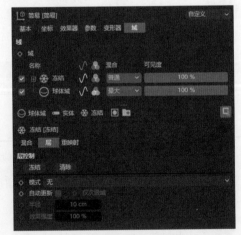

图7-192

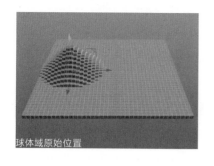
球体域原始位置

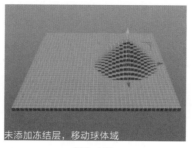
未添加冻结层，移动球体域

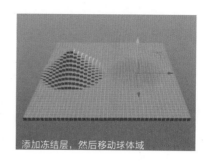
添加冻结层，然后移动球体域

图7-193

冻结：单击此按钮，则冻结属性会以选定的模式覆盖前面的层。

清除：单击此按钮，可清除冻结层的内容。

模式：定义如何处理冻结层中的各项属性，有无、最大、最小、平均、扩展5种模式可选，不同模式的效果如图7-194所示（示例中冻结的混合类型均为添加）。

无：移动域后，原来升起方块不会下降。

最大/最小：移动域后，半径加大/缩小会产生边缘柔和过渡。

平均：移动域后，每个对象的点周围将生成可定义的半径，自动将来自源对象的权重平均并将其转移给目标对象，这是比较经常用的一种模式。

扩展：可用于创建扩展层，不断增加新的效果。

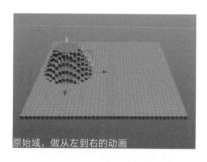
原始域，做从左到右的动画

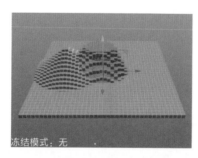
冻结模式：无

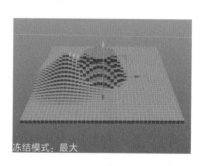
冻结模式：最大

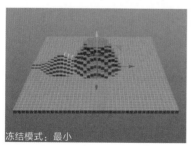
冻结模式：最小

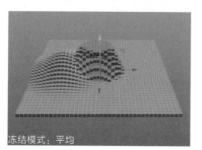
冻结模式：平均

冻结模式：扩展

图7-194

7.4 动力学

Cinema 4D 的动力学功能可以模拟真实的物体碰撞，生动真实的运动效果，比手动设置关键帧更真实，并且能节省大量时间，如图 7-195 所示。但是动力学模拟是随机的，需要进行多次测试和调节，才能得到理想的模拟效果。Cinema 4D 的动力学工具主要集中在"模拟"菜单中，也可按快捷键 Ctrl+D，在弹出的窗口中选择"动力学"选项卡，或者右击对象，在弹出的快捷菜单中选择"模拟标签"命令。

老白提醒

进行动力学调整后，要回到第0帧再进行播放，这样才会得到正确的解算。

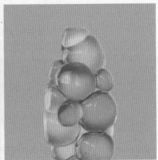

图7-195

7.4.1 刚体

刚体就是现实生活中坚硬的东西，碰撞时不会产生形变，如金属、石头等物体。Cinema 4D 中的动力学刚体模拟主要分为刚体、碰撞体和检测体。

右击球体，在弹出的快捷菜单中选择"模拟标签"→"刚体"命令，可为球体添加刚体标签；右击地面，在弹出的快捷菜单中选择"模拟标签"→"碰撞体"命令，可为地面添加碰撞体标签。在全局重力的影响下，球体掉落到地面上并产生碰撞。设置过程如图 7-196 所示。

球体和地面
球体添加刚体标签
地面添加碰撞体标签
播放动画

图7-196

1. 刚体标签 – 动力学

"动力学"选项卡主要用于确定刚体的种类、设置初始状态等，其属性如图7-197所示。

启用：默认勾选，动力学生效；取消勾选，则刚体标签无效，相当于没有添加此标签。

动力学：有关闭、开启、检测3种类型，分别对应碰撞体、刚体、检测体动力学标签。

碰撞体：被撞击的物体，是静止的，会反弹刚体。

刚体：主动撞击的物体，是运动的，会相互碰撞。

检测体：主要用来实现刚体的触发，不会产生力的作用。

图7-197

设置初始状态：将当前帧的动力学状态设置为初始状态，如图7-198所示。

未设置的初始状态
播放动画到第60帧，设置初始状态
动画回到第0帧

图7-198

清除初状态：清除设置的初始状态，恢复到原始状态。

激发：设置什么时候激发动力学属性，有立即、在峰速、开启碰撞3个选项，默认为立即。

立即：动力学立即生效。

在峰速：物体达到速度顶峰的时候触发动力学，如图7-199所示。

球体有一个x轴的关键帧动画，运动过程中速度达到顶峰，触发动力学，然后掉落下来

图7-199

开启碰撞：与其他动力学物体发生碰撞时，触发动力学，如图7-200所示。

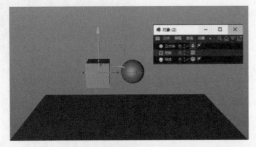

检测体立方体有一个x轴的关键帧动画，运动过程中碰撞了球体，触发球体动力学，然后球体掉落

图7-200

自定义初速度：默认不勾选，勾选后，可以自定义物体的初始线速度和角速度，3个选项分别为x、y、z方向的速度，如图7-201所示。物体初始速度越快，飞得越远，撞击力也越强，如图7-202所示。

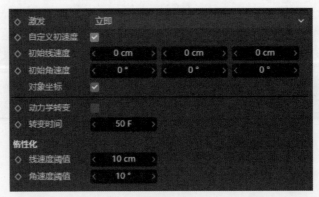

图7-201

 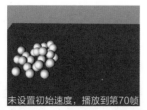  

| 初始状态 | 未设置初始速度，播放到第70帧 | x轴初始线速度200，播放到第70帧 | z轴初始线速度200，播放到第70帧 |

图7-202

2. 刚体标签 – 碰撞

"碰撞"选项卡主要用于确定刚体标签作用在哪个对象上，设置刚体碰撞的外形等，其属性如图7-203所示。

继承标签：主要设置子级继承父级的刚体标签，有无、应用标签到子级、复合碰撞外形3种模式。3种模式的效果如图7-204所示（示例中的物体刚体标签的"动力学"选项卡中，激发均设置为开启碰撞）。

无：忽略刚体标签的所有层级结构，仅带有刚体标签的对象会发生碰撞，其动态运动会带动子对象移动，但是子对象不会发生碰撞。

应用标签到子级：刚体标签将分配到所有子对象，此时，每个子对象都是独立的刚体。

复合碰撞外形：分配了标签的对象内的所有子对象将被视为一个刚体。

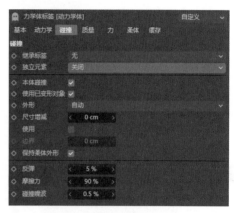

图7-203

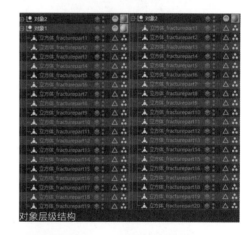

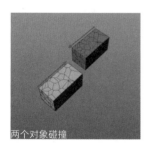 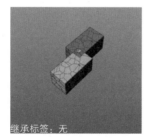  

| 两个对象碰撞 | 继承标签：无 | 继承标签：应用标签到子级 | 继承标签：复合碰撞外形 |

图7-204

独立元素： 该选项主要与运动图形配合使用，设置运动图形子元素是否为独立元素。其中有关闭、顶层、第二阶段、全部 4 种模式，常用的是关闭和全部模式，效果如图7-205所示。

关闭：整个克隆对象是整体
全部：每个立方体是单独的刚体

图7-205

外形： 控制刚体和碰撞体的碰撞外形。其模式有很多，比较重要的有自动、静态网格、动态网格3种模式，如图7-206所示。默认模式为自动。

自动：只计算模型的最大外形，小球不会掉入瓶子内
静态网格：精确计算模型内部，小球会掉入瓶子内
动态网格：精确计算模型内部，小球会掉入瓶子内

图7-206

—— **老白提醒** ——

静态网格和动态网格的区别是前者静止，后者运动，根据需求选择合适的类型即可。

尺寸增减： 碰撞外形的尺寸增加或减小，如图 7-207 所示。

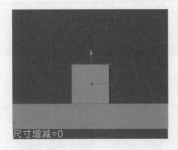

尺寸增减=0
尺寸增减=10
尺寸增减=-10

图7-207

使用： 通常不勾选该选项，只有当动力学计算有大量穿插时才会开启，并增大边界数值以减少这种穿插。

3. 刚体标签 - 质量

"质量"选项卡主要用于确定刚体的质量及重心，其属性如图 7-208 所示。

使用：设置刚体的质量和密度，有全局密度、自定义密度、自定义质量3种模式。全局密度是指所有对象的密度都相同。在现实生活中，相同材质的物体密度相同，小物体撞不动大物体，而自定义小物体的密度，就有可能撞开大物体，如图7-209所示。

图7-208

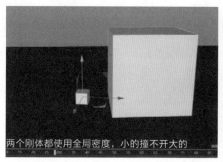

两个刚体都使用全局密度，小的撞不开大的

小物体设置自定义密度100，可撞开大的

图7-209

　　自定义中心：默认不勾选，系统自动根据物体的体积进行重心计算；若勾选，则物体轴心即物体重心，如图7-210所示。

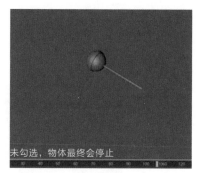

未勾选，物体最终会停止

勾选，重心在底部，形成不倒翁的状态

图7-210

4. 刚体标签 - 力

　　"力"选项卡主要用于设置刚体受到力及力场作用后的状态，其属性如图7-211所示。

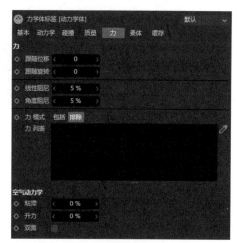

图7-211

跟随位移 / 旋转：一段时间内，动力学物体恢复原始状态（位移和旋转）的速度，数值越大，恢复越快，如图 7-212 所示。

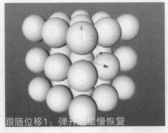

图7-212

线性阻尼 / 角度阻尼：设置位移和旋转的阻力。通常让这两个参数从 0% 升到 100%，并记录关键帧，使物体停止运动。

力 模 式：有排除和包括两种模式。

包括：使用下方力列表中的力场。

排除：不使用下方力列表中的力场。

5. 刚体标签 - 缓存

动力学模拟是随机的，而且会占据大量的资源，解算数量越大，越容易导致计算机运行卡顿。因此我们要进行动画缓存，缓存完毕后，动画会被固化，可直接拖动时间轴进行播放。动画缓存可在刚体标签的"缓存"选项卡中设置，其属性如图 7-213 所示。

图7-213

烘焙对象：烘焙缓存当前标签的动力学动画，缓存完毕，动力学标签会改变，如图 7-214 所示。

图7-214

全部烘焙：烘焙缓存所有的动力学动画。

清除对象缓存 / 清空全部缓存：清除已经缓存的动力学动画。

7.4.2 柔体

柔体就是现实生活中柔软的有弹性的物体，碰撞后会产生形变，如软糖、气球等物体。

右击球体，在弹出的快捷菜单中选择"模拟标签"→"柔体"命令，为球体添加柔性标签；右击地面，在弹出的快捷菜单中选择"模拟标签"→"碰撞体"命令，为地面添加碰撞体标签。在全局重力的影响下，球体掉落到地面上并产生碰撞，由于柔体标签的作用，球体会产生弹性形变，如图7-215所示。一些最终案例效果如图7-216所示。

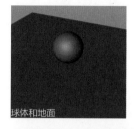
球体和地面

球体添加柔体标签

地面添加碰撞体标签

播放动画

图7-215

图7-216

柔体标签－柔体

动力学柔体标签的实质是为刚体标签开启柔体属性，如图7-217所示。

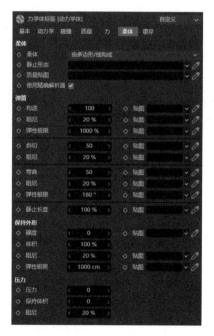

图7-217

柔体：主要有关闭、由多边形/线构成、由克隆构成3种模式，如图7-218所示。

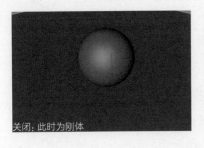
关闭：此时为刚体

由多边形/线构成：柔体

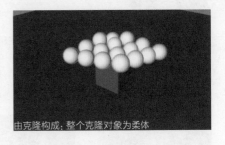
由克隆构成：整个克隆对象为柔体

图7-218

弹簧：柔体可由3种弹簧组成，分别是构造、斜切、弯曲，这3种弹簧共同作用组成了Cinema 4D的柔体形体，如图7-219所示。

构造：设置点与点之间形态的支撑，构造弹簧支撑了柔体的整体形态，如图7-220所示。

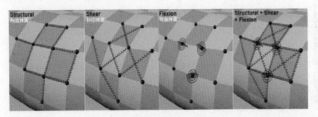
图7-219

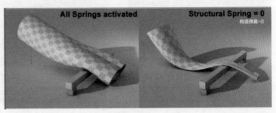
图7-220

斜切：设置斜角之间形态的支撑，如图7-221所示。

弯曲：设置每个点上弯曲的力量，如图7-222所示。

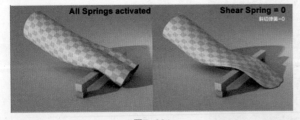
图7-221

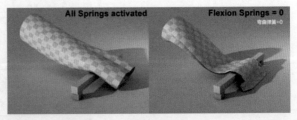
图7-222

保持外形：保持对象的外形。

硬度：保持外形的硬度，值越大，柔体的形变越小，越像刚体，如图7-223所示。

弹性极限：设置物体回弹的极限。

图7-223

压力：模拟现实物体承受压力的状态，数值越大，压力越强，如图 7-224 所示。

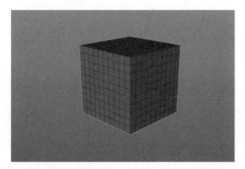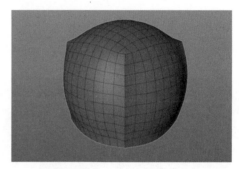

压力为30，物体会膨胀，注意要有足够的分段数

图7-224

7.4.3 全局动力学

按快捷键 Ctrl+D 或执行"模式"→"工程"命令，在"工程"窗口的"动力学"选项卡中设置，如图 7-225 所示，这里是全局动力学的控制。

图7-225

1."常规"选项卡

"常规"选项卡主要包括动力学一些常规参数的设置。

时间缩放：时间缩放越小，则动力学的速度越慢，可以通过记录关键帧的方式制作射出的子弹运动时间慢放等效果。

重力：全局重力，默认为 1000cm，值为 0 时物体不受重力影响，不会下落。

2."高级"选项卡

"高级"选项卡可用于设置一些高级解算，控制计算精度，如图 7-226 所示。

步每帧：数值越大，计算精度越高，计算越慢、越卡。注意：其他参数不建议修改。

3."可视化"选项卡

在"可视化"选项卡中可以查看动力学的解算外形等，如图 7-227 所示。

图7-226

图7-227

7.4.4 布料

Cinema 4D 的动力学布料用于模拟现实生活中柔软的布料，主要分为布料、布料碰撞器、布料绑带 3 种，效果如图 7-228 所示。

图7-228

布料比较特殊，布料对象必须是可编辑对象，其动力学才能生效，如图 7-229 所示。

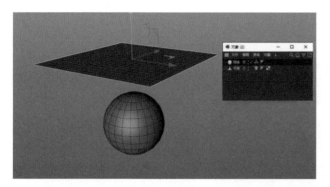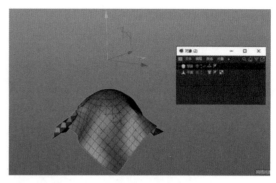

图7-229

1. 布料碰撞器

布料碰撞器相当于刚体的碰撞体，主要用来和布料发生碰撞关系，可以在快捷菜单中选择"模拟标签"→"布料碰撞器"命令来添加，如图 7-230 所示。参数通常保持默认设置即可。

2. 布料绑带

布料绑带是用来固定布料的，如图 7-231 所示。

图7-230

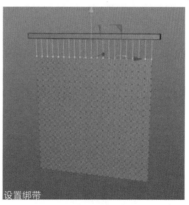

图7-231

绑定至：设置要将布料绑定到哪个对象上。

447

布料绑带绑定流程如图 7-232 所示。

01 选中布料要绑定的点。

02 将要固定的物体拖入"绑定至"选项。

03 单击设置按钮，设置相关参数，就会形成连线，布料绑定完成。

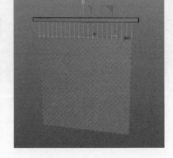

图7-232

3. 布料

布料标签是布料系统中的重点，是布料的主物体。

◆ "标签"选项卡

"标签"选项卡主要用于设置布料的基础属性，相关参数如图 7-233 所示。

迭代： 迭代数值越大，布料整体越硬挺，如图 7-234 所示。默认值为 1。

硬度： 硬度越小，布料越软，如图 7-235 所示。默认值为 100%。

老白提醒

迭代和硬度会在每次保存或重新打开文件时发生变化，注意调整到之前刚设置的状态。

图7-233

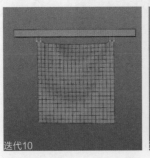

迭代10　　　迭代1　　　硬度10%　　　硬度100%

图7-234　　　　　　　　　　　　图7-235

弯曲：构成布料的一种弹簧类型，默认值为25%，数值越大，布料越能维持结构，如图7-236所示。

橡皮：构成布料弹性的另一种弹簧，主要维持对角的结构，默认值为0%，数值越大，布料越容易被拉扯，如图7-237所示。

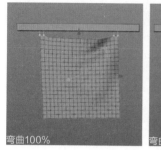 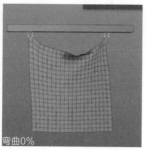

图7-236

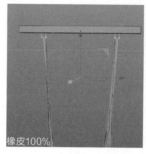 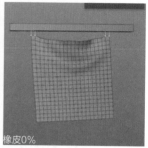

图7-237

撕裂：启用后，当带有布料碰撞器标签的对象撞击布料时，可撕裂布料，如图7-238所示。

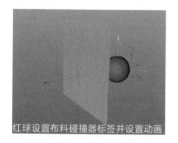 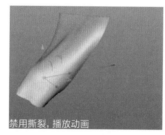 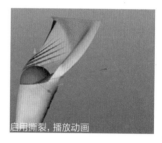

图7-238

布料曲面可以结合布料制作一些撕裂效果，其参数设置如图7-239所示。

细分数：增加细分。

厚度：可以为模型增加厚度。

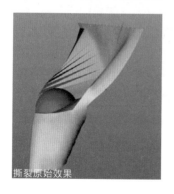 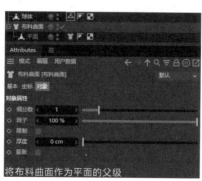 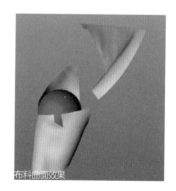

图7-239

4."影响"选项卡

"影响"选项卡主要设置布料的力学控制参数，如图7-240所示，使布料不受工程设置（快捷键为Ctrl+D）动力学中全局重力的影响。

重力：默认重力值为 –9.81，当重力值为正时，物体会上升，值为 0 时，保持不动。

黏滞：布料的力的阻力，包括重力、碰撞等速度。

风力方向 X/Y/Z：给布料添加 x、y、z 方向的风力。

风力强度、湍流等选项可控制风力相关参数。

本体排斥：勾选此项，可以控制布料自身碰撞的状态，修正布料穿插。

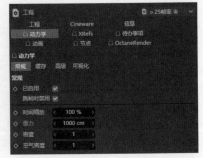

图7-240

5."修整"选项卡

"修整"选项卡可以设置布料的固定点、起始状态等，如图 7-241 所示。

__ 老白提醒 _____
固定布料绑带可以移动绑带物体。

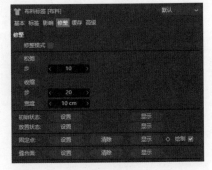

图7-241

初始状态：单击"设置"按钮，可以将当前状态设置为初始状态。

固定点：选中点，单击"固定点 – 设置"按钮即可将当前选中点固定。这种固定是完全固定，不能进行移动等。

6."高级"选项卡

"高级"选项卡用于设置布料的计算精度等信息，如图 7-242 所示。

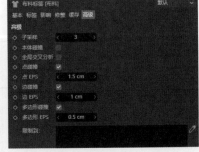

图7-242

子采样：设置布料每帧的计算次数，值越大，模拟计算越准确，计算机也会越卡顿。

本体碰撞 / 全局交叉分析：勾选这两项，有助于避免布料交叉，但会增加计算量。

7.4.5 毛发

毛发适合做一些毛绒绒的物体。毛发因为自身带有动力学属性，所以做出来的效果比较自然。毛发效果如图7-243所示。

1. 添加毛发

选中对象，执行"模拟"→"毛发对象"→"添加毛发"命令，即可给对象添加毛发。也可以选中部分面进行毛发添加。播放动画，毛发会通过动力学计算自动下落，如图7-244所示。

图7-243

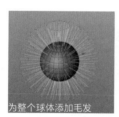

为整个球体添加毛发　　　　　　　选择面并添加毛发

图7-244

◆ "引导线"选项栏

引导线是场景中代替毛发显示的线，每根引导线都指引部分毛发的生长趋势。其属性如图7-245所示。

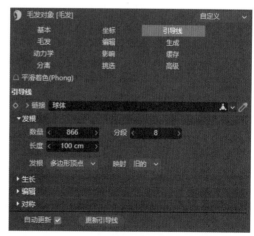

图7-245

真正的毛发需要渲染才可见，如图7-246所示。

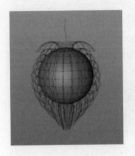

图7-246

数量：设置引导线的数量。

分段：设置引导线的分段数，值越大，毛发越柔软。

长度：设置毛发的长度。

发根：设置引导线的分布方式，常用的有多边形区域、顶点等。

◆ **"毛发"选项栏**

"毛发"选项栏用于控制毛发的渲染数量，如图7-247所示。

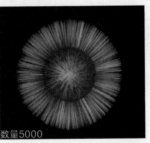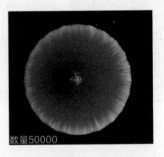

图7-247

克隆：在原来毛发的基础上克隆的数量，其属性如图7-248
所示。

发根/发梢：设置发根/发梢的粗细。

比例：设置长度的比例。

变化：设置长度变化的随机变量。

偏移曲线：x轴为头发的长度，右侧为发尾；y轴为整个
头发的宽度，如图7-249所示。

图7-248

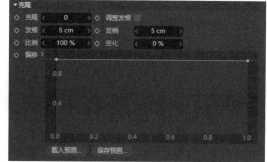

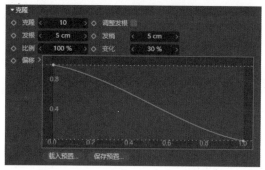

图7-249

"编辑"选项栏

该选项栏主要用于设置毛发预览的类型，通常选择引导线线条，以减少计算负担，其属性如图7-250所示。

"生成"选项栏

该选项栏设置毛发渲染的类型，如图7-251所示。

"动力学"选项栏

该选项栏设置毛发对象的动力学参数，如图7-252所示。

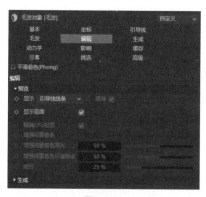

图7-250

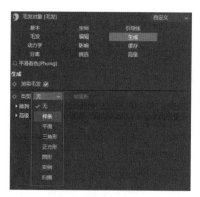

图7-251

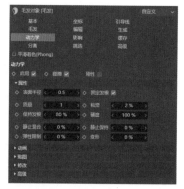

图7-252

2. 编辑毛发

毛发的编辑命令可以在"模拟"菜单中找到，如图 7-253 所示。

毛发模式： 可以选择编辑毛发的发尾、发根、头发中部或是整个头发都受影响。

毛发编辑： 编辑毛发细节、复制毛发、设置毛发动态都可以在此项中设置。

毛发选择： 和常用的选择工具类似，不过该工具只能用来选择毛发。

毛发工具： 主要用来对选择的毛发进行调整，类似平时梳头、理发。常用的工具有毛刷、修剪等。

毛发选项： 对毛发的软硬、对称选项等进行设置。

图7-253

3. 毛发动力学

Cinema 4D 中的毛发动力学就是毛发标签的样条动力学、毛发碰撞和毛发约束 3 个选项，如图 7-254 所示。

这 3 个选项可以搭配使用，选择样条并右击，在弹出的快捷菜单中选择"毛发标签"→"样条动力学"命令，给样条添加样条动力学标签；选择样条上要约束的点并右击，在弹出的快捷菜单中选择"毛发标签"→"毛发约束"命令，将立方体设置为约束对象；选择圆柱并右击，在弹出的快捷菜单中选择"毛发标签"→"毛发碰撞"命令，给圆柱添加毛发碰撞标签，播放动画，则样条的一端会绑定在立方体上，另一端会掉落在圆柱上，如图 7-255 所示。

图7-254

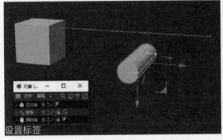

设置标签

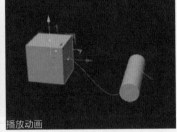

播放动画

图7-255

老白提醒

主对象的样条点数量要足够，这样动力计算才能得到更好的效果。

◆ 毛发碰撞

右击对象，在弹出的快捷菜单中选择"毛发标签"→"毛发碰撞"命令，为与样条发生碰撞的物体添加标签，参数基本保持默认设置，如图 7-256 所示。

◆ **毛发约束**

右击对象，在弹出的快捷菜单中选择"毛发标签"→"毛发约束"命令，即可将这个标签添加到样条动力学物体。选中样条上的点，将立方体拖入标签，单击"设置"按钮，连成一条黄线即表示约束到立方体上，如图7-257所示。

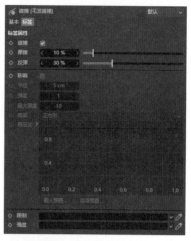

图7-256

选择样条点

设置样条约束对象

单击"设置"按钮后

图7-257

◆ **样条动力学**

右击对象，在弹出的快捷菜单中选择"毛发标签"→"样条动力学"命令，即可将这个标签添加到样条动力学物体。

样条动力学标签的"属性"选项卡主要用于设置样条动力学物体的力学属性控制参数，如图7-258所示。其与布料标签类似，可以控制样条的整体硬度、力学黏滞等。其固定和布料的固定一样，即固定在三维空间内不能移动。

样条动力学标签的"影响"选项卡主要用于设置样条动力学物体受到的力场作用，如图7-259所示。

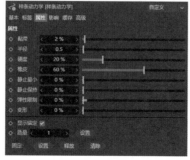

图7-258

图7-259

7.5 粒子和力场

粒子和力场是 Cinema 4D 中比较炫酷的工具，可以用来制作一些发射类的效果，如图 7-260 所示。

图7-260

7.5.1 粒子发射器

执行"模拟"→"粒子"→"发射器"命令，可添加粒子发射器，播放动画，发射器就会发射粒子，粒子的发射方向是粒子发射器的 z 轴正方向，如图 7-261 所示。

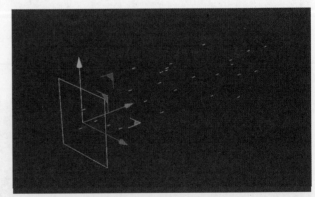

图7-261

1.“粒子”选项卡

“粒子”选项卡主要控制发射粒子的属性状态，相关参数如图 7-262 所示。

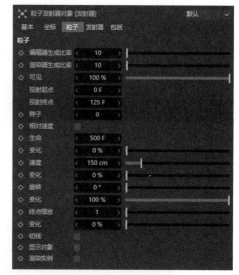

图7-262

编辑器 / 渲染器生成比率：设置粒子发射器发射的粒子数量，通常让这两个数值保持一致，如图 7-263 所示。

图7-263

投射起点 / 终点：设置发射粒子的起始帧和结束帧。

生命：设置粒子存在的时间。例如，设置为 600 帧表示粒子从被发射开始计算，600 帧后消失。生命参数后面的变化百分比是指生命的随机变化幅度。

速度：设置粒子的速度。

旋转：设置粒子的旋转角度。勾选下方的显示对象选项，并将物体拖入发射器子级，即可发射对象模型，如图 7-264 所示。

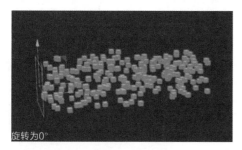
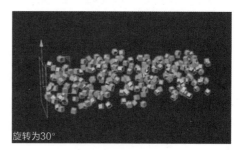

图7-264

终点缩放：设置粒子生命结束(到达终点)时的缩放，不同数值的效果如图 7-265 所示。

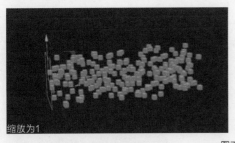 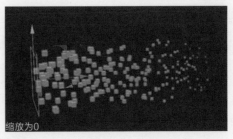

图7-265

切线：勾选该选项，粒子将沿切线（z轴）方向移动。此时，若添加一个重力场到场景中，物体会下落，如图7-266所示。

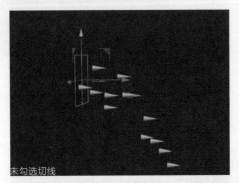 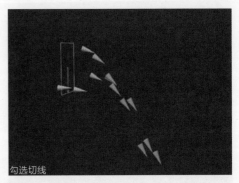

图7-266

显示对象：勾选该选项，粒子发射的对象会显示出来。这里要注意将对象物体作为发射器的子级，勾选该选项后，粒子发射器发射的对象为实体模型，如图7-267所示。

 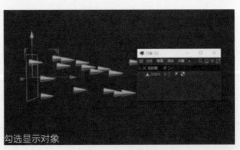

图7-267

2. "发射器"选项卡

"发射器"选项卡主要用于控制发射器的尺寸及发射形态，相关参数如图7-268所示。

图7-268

水平 / 垂直尺寸：设置发射器的横向和纵向尺寸。

水平 / 垂直角度：控制水平和垂直方向的角度，水平角度最大360°，垂直角度最大180°。不同水平/垂直角度的效果如图7-269所示。

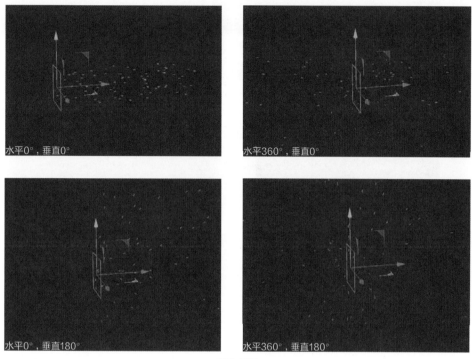

图7-269

7.5.2 力场

添加力场就是给动力学物体添加一个力量的作用。执行"模拟"→"力场"子菜单中的任意命令即可添加力场，如图7-270所示。

图7-270

吸引场：将吸引场放置在场景中，会对动力学物体产生吸引作用，如图7-271所示。

图7-271

偏转场：将反弹力场放置在场景中，会将碰撞到反弹力场的动力学物体反弹，如图7-272所示。

图7-272

破坏场：将破坏力场放置在场景中，会破坏碰撞到的物体，如图7-273所示。

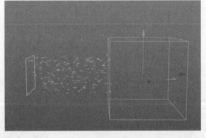

图7-273

域力场：将域力场放入场景中，可以定义力方向向量的空间分布。

摩擦力：将摩擦力场放置在场景中，会增加动力学对象间的摩擦力。

重力场：将重力场放置在场景中，会使动力学对象产生重力。重力可以为负数，使物体向上升。

旋转：会让力学对象产生旋转，旋转轴为旋转场的 z 轴，如图7-274所示。

湍流：湍流场即随机力量，添加这个力场，可以让动力学物体产生随机紊乱效果，如图7-275所示。

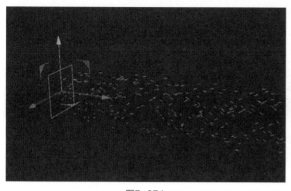

图7-274	图7-275

风力：添加风力场，可以在场景中产生风，影响动力学物体的运动，风的方向为风力场的 z 轴。

7.5.3 动力学

"模拟"→"动力学"子菜单中还有几个工具，它们是 Cinema 4D 中动力学的辅助工具，包括连接器、弹簧、力和驱动器，如图 7-276 所示。

图7-276

1. 连接器

连接器可以将动力学物体连接在一起。连接器的作用对象必须是动力学物体。

类型：连接器类型即连接方式，如图 7-277 所示。

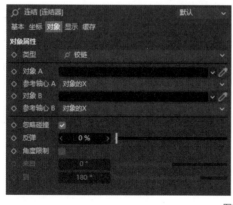
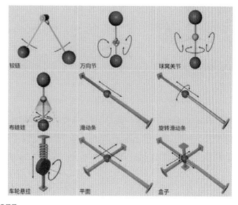

图7-277

对象 A/ 对象 B：连接器连接的两个对象。例如，用铰链连接碰撞体(对象 A)和刚体(对象 B)，播放动画，刚体会被连接器固定住，如图 7-278 所示。连接器有自己的旋转轴，要在正确的轴向上，如图 7-279 所示。

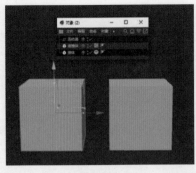

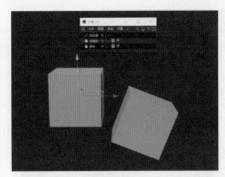

图7-278   图7-279

忽略碰撞：默认处于勾选状态，此时，动力学物体之间会穿插；取消勾选该选项，则不会穿插，如图7-280所示。

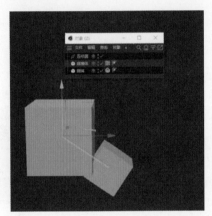

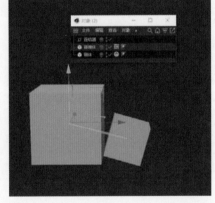

图7-280

角度限制：默认不勾选，此时，连接器的运动不会被限制；勾选该选项，并输入数值，则运动轨迹会被限制住。

2. 弹簧

弹簧可以将动力学物体连接在一起，并产生弹性作用，其属性如图7-281所示。

类型：弹簧的类型有3种，即"线性""角度""线性和角度"。

对象A/对象B：弹簧连接的两个对象碰撞体（对象A）和刚体（对象B）。

静止长度：弹簧静止时的长度，可以自己设置，也可以直接单击"设置静止长度"按钮，系统会根据当前模型位置计算弹簧的长度。设置好一个弹簧的长度，将对象A和对象B连接起来，播放动画，就会产生弹簧伸缩的效果，如图7-282所示。

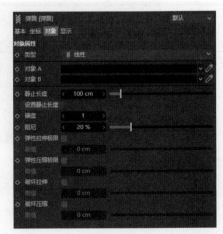

图7-281

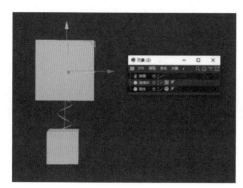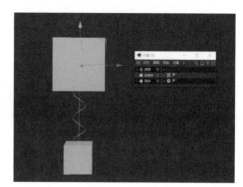

图7-282

硬度 / 阻尼：弹簧的硬度和弹性阻力。

弹性拉伸 / 压缩极限：弹簧拉伸和压缩的极限距离。

破坏拉伸 / 压缩：弹簧拉伸和压缩的距离达到后弹簧会断开。

3. 驱动器

驱动器可以驱动动力学物体进行运动，通常会和连接器配合使用，其属性如图 7-283 所示。

类型：驱动器类型有 3 种，即线性、角度、线性和角度，分别进行线性运动、角度运动、线性和角度运动，如图 7-284 所示。

对象 A/ 对象 B：驱动器启动的两个物体，黄色轴驱动对象 A，蓝色轴驱动对象 B。

角度相切速度：设置旋转运动的快慢。

图7-283

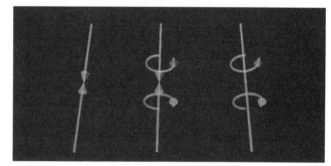

图7-284

实战案例 1：大摆锤循环动画

本案例主要是让大摆锤在来回晃动的过程中穿过轨道的断层处，同时管道穿过轨道从大摆锤的中心滑过，两者不会产生穿插。案例最终效果如图 7-285 所示。

主要掌握知识点：整体模型很简单，动画也不复杂，主要注意大摆锤的轴心，大摆锤是以轴心为支点进行晃动的，所以

图7-285

在做动画前，先把大摆锤的轴心设置好，让大摆锤围绕轴心旋转；另一个就是管道的动画了，要先移动到大摆锤与轨道相交处，然后为管道记录关键帧，让管道刚好从大摆锤中心穿过。

实战案例 2：表情变换动画

本案例主要是对象挤压伸展及关键帧曲线的练习。对象在动画中的抖动效果，并不一定需要用变形器或者其他复杂的做法，其实可以简单地通过对象的 PSR 关键帧来制作，如图 7-286 所示。

主要掌握知识点：这种左右对称的动画可以用对称生成器来完成，即只做一半，并将这一半作为对称生成器的子级，在做动画时就可以只做这一半的动画，对称的另一半就不用重复做了，事半功倍。

另外，做物体的挤压伸展时，需要注意保持对象的体积不变。以球体为例，将它往下压扁，它的横向会变宽，

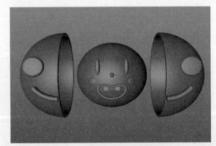

而将它往上拉高，它的横向又会变窄。我们在做物体的挤压伸展时，也要遵循这个规律。

图7-286

函数曲线是做动画时最便捷的调整动画曲率的方法，不同的函数曲线能让对象有不同的运动曲率，如图 7-287 所示。通常直线是让物体保持匀速运动，而曲线能让物体的运动更具有动感。

图7-287

08

Cinema 4D
角色绑定

本章主要通过案例操作讲解动画角色制作中常用的工具和角色制作方法。希望读者能够边学边练，以提高操作熟练度。

8.1 XPresso 和用户数据

XPresso Expressions，简称 XPresso，也称为表达式，它可以将场景中的对象属性参数链接到另一个对象上，从而使场景中的对象之间产生无限的自动交互。举例来说，把对象 A 链接到对象 B 上，让对象 A 向上走的时候控制着对象 B 翻跟头。当然，XPresso 可以实现更复杂的交互。刚开始学习 XPresso 时，千万不要盲目追求炫酷的交互效果，要先把简单的效果理解清楚，再慢慢深入。

XPresso 标签无论添加到哪个对象上，都不影响它的交互关系，简单地说，场景中的对象 A 和对象 B 有交互关系，就算将 XPresso 标签添加到对象 C 也没有关系，只要它的端口连接没有问题即可。

8.1.1 实操：对象 A 控制对象 B 翻跟头

01 创建 A 和 B 两个对象，如图 8-1 所示。

图8-1

02 右击对象 A，在弹出的快捷菜单中选择"编程标签"→"XPresso"命令，弹出"XPresso 编辑器"窗口，如图 8-2 所示。

图8-2

03 将对象 A 拖入编辑器中，再将 A 的 "Y" 坐标拖到红色框处，待出现手形图标时释放鼠标，如图 8-3 所示。

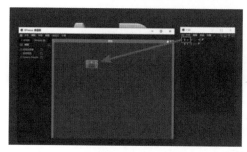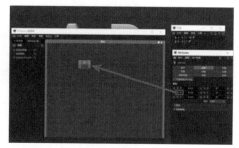

图8-3

04 将对象 B 拖入编辑器中，再将 B 坐标中的旋转轴 "B" 拖到蓝色框处，待出现手形图标时释放鼠标，操作过程及结果如图 8-4 所示。

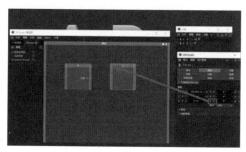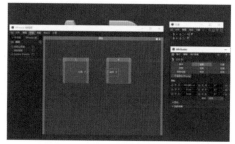

图8-4

05 在 "位置.Y" 后面的圆框处按住鼠标左键，拖动鼠标到 "旋转.B" 前面的圆框中，释放鼠标，即可完成链接，如图 8-5 所示。此时，将对象 A 在 y 轴上移动，就可以控制对象 B 跟随旋转，如图 8-6 所示。

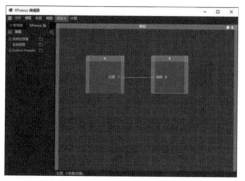

图8-5　　　　　　　　　　　　　　　　　　　图8-6

8.1.2　XPresso 编辑器

XPresso 编辑器主要分为两大区域，左侧为 "X- 管理器" 和 "XPresso 池" 选项卡，右侧为节点编辑窗格，如图 8-7 所示。

图8-7

1. X- 管理器

"X- 管理器"选项卡中显示的是节点和群组的分层列表，可以在列表中快速选择元素，更改其顺序和调整
层级结构。

X- 管理器默认集成到 XPresso 编辑器中，如果不小心将其关闭，之后想重新打开，可以在 XPresso 编辑器
菜单中执行"自定义"→"XPresso 管理器"命令。

2. XPresso 池

XPresso 池中包含所有 Cinema 4D 节点，可以在其中添加自己的池。例如，若经常要为某个对象做一些数学
计算，就可以将配置好的节点添加到 XPresso 池，以便下次调用，而不需要每次都重新创建节点和设置参数。

XPresso 池默认集成到 XPresso 编辑器中，如果不小心将其关闭，之后想重新打开，可以在 XPresso 编辑器
菜单中执行"自定义"→"XPresso 池"命令。

◆ "编辑"菜单

"编辑"菜单主要用于对 XPresso 池进行一些编辑，如图 8-8 所示。

创建池：为自己的节点配置创建新池，可以自定义池的保存路径（默认为 Library\
xnode 文件夹）。

加载池：加载之前保存过的池。

删除预置：从池中删除所选的预设或文件夹（无法删除系统预置）。

图8-8

重新命名预置：重命名预设池。

创建文件夹：创建一个新的文件夹，以便将自己的池安排到新文件夹中进行更好的管理。

3. 节点编辑窗格

XPresso 节点编辑窗格是表达式的构建区域。要创建表达式，就需要创建必要的节点，并在节点输入和输出端口之间绘制线条以便将它们相互连接，连接后的两个节点之间就形成了交互关系，如图 8-9 所示。节点编辑窗格的平移和缩放操作方法与 Cinema 4D 视窗的操作方法相同。

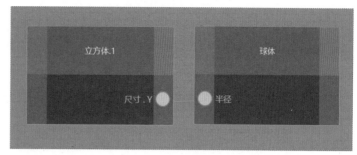

图8-9

在图 8-9 中，已经创建了两个相互连接的节点。分别标记为"尺寸.Y"和"半径"的两个圆圈叫作端口；蓝色方块下方的端口是输入端口，从其他节点接收信息，也就是被控制方；红色方块下方的端口是输出端口，将信息发送到其他端口，也就是控制方。"立方体.1"的"尺寸.Y"数值被发送到"球体"的"半径"值，也就是说，立方体的 y 轴尺寸改变的时候，会带动球体的半径值改变。

◆ 群组

群组是由节点、其他群组及连线形成的组。将相关项目放在一个组中，可便于管理。在节点编辑窗格中右击，在弹出的快捷菜单中选择"空白群组"命令，可以新建一个群组，然后将节点拖入此群组中，即可完成分组。值得一提的是，节点编辑窗格中的节点无法直接拖入新的群组中，需要在"X-管理器"选项卡中调整，如图 8-10 所示。

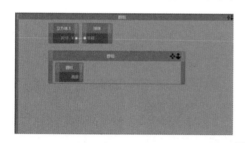
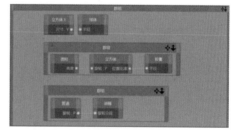

图8-10

在组中的空白处右击，在弹出的快捷菜单中选择"解开群组"命令，即可解散群组，解散后的节点会被放置在节点编辑器的大群组中，如图 8-11 所示。

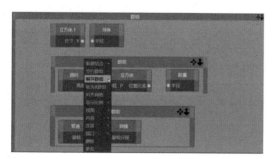
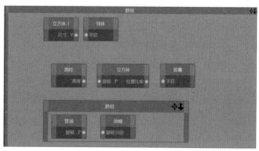

图8-11

◆ 端口

端口用于实现节点和群组之间的输入和输出。直接将对象的属性拖放到端口处可以添加端口，右击端口，在弹出的快捷菜单中选择"可以删除端口"命令。想要连接端口，可以将输出端口的圆圈拖放到输入端口的圆圈上，此时将显示一条绿色的预览线，释放鼠标即可完成连接；要断开连接，可将鼠标指针悬停到连线上，连线变成黄色时单击，即可断开端口连接，如图8-12所示。

图8-12

以上方法是节点中已经添加端口的连接方法。如果节点中没有添加端口，可以单击输出端口（红色方块），以添加端口，然后将输出端口的圆圈拖放到输入端口（蓝色方块）上，以添加端口，释放鼠标，两个端口将自动连接，如图 8-13 所示。

图8-13

8.1.3 用户数据

用户数据可以通过"属性管理器"发送到节点上。

创建用户数据端口的步骤如下：

01 在对象管理器中，执行"用户数据"→"增加用户数据"/"编辑用户数据"命令。

02 在打开的对话框中，根据需要设置相应的数据类型和范围，然后单击"确定"按钮。

03 将用户数据添加到节点中。

04 将用户数据和其他数据连接。

操作过程如图 8-14 所示。

编辑用户数据 　　　　　　单击"添加群组"按钮，并重命名

单击"添加数据"按钮并设置数据 　　XPresso连接

图8-14

8.2 "角色"菜单

关节是角色绑定的基础，角色模型改变动作就是基于关节的变形。而关节实际上只是一个点，关节和关节之间形成父子级的层级结构时，就形成了骨骼，如图 8-15 所示。在"角色"菜单中，可以创建/修改关节。

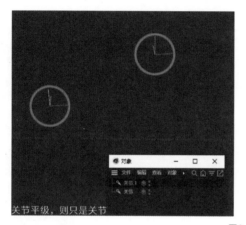
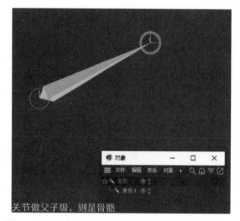

图8-15

8.2.1 关节工具

在 Cinema 4D 中，执行"角色"→"关节工具"命令，可以创建关节，如图 8-16 所示。

图8-16

使用关节工具时,需要按住 Ctrl 键,在视窗中要创建关节的位置单击,即可创建关节,如图 8-17 所示。

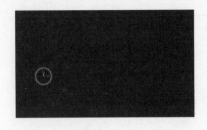 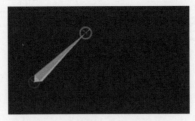 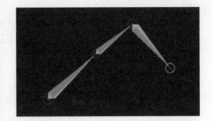

图8-17

1. 关节工具属性

关节工具属性一般要在创建关节前设置好,相关参数如图 8-18 所示。

骨骼:定义创建新关节时绘制骨骼的位置。

轴向:沿关节对象的选定轴而不是在两个关节之间绘制骨骼。

来自父级:从父级向后绘制骨骼。

到子级:将选定的关节骨骼绘制到其子节点。

将不同的骨骼绑定到对象后,自动分配的权重也会有所区别,"轴向"分配的权重与"到子级"相同,如图 8-19 所示。

图8-18

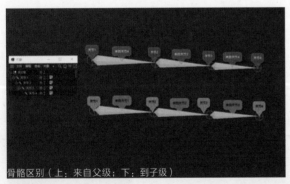 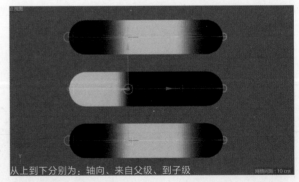

骨骼区别(上:来自父级;下:到子级) 从上到下分别为:轴向、来自父级、到子级

图8-19

老白提醒

在绑定对象分配权重后,"来自父级"和"到子级"两种模式不可互换,否则容易出错,所以要在绑定对象分配权重前确定骨骼。

IK 链:定义在添加关节时是否自动创建 IK 链。

无:在添加关节时不自动创建 IK 链。

二维 / 三维：在添加关节时，IK 标签会自动添加到第一个关节，自动创建目标对象并分配给 IK 标签的"目标"字段；完成关节层级后，目标对象的位置将自动匹配到最后一个关节的位置。（二维与三维的区别可以参阅"角色标签"中的"IK"。）

样条：IK 链为样条时，第一个关节添加的是 IK 样条标签，而不是 IK 标签。同样，IK 样条标签会自动添加到第一个关节。完成关节层级后，需要切换到画笔工具，此时会自动创建一个样条曲线，这条曲线的点分配与关节点相同。

尺寸：定义骨骼的粗细，不同模式下的效果如图 8-20 所示。

长度：每个骨骼的长度决定骨骼的粗细。

自定义：使用后面的"自定义"参数来设置骨骼的粗细。

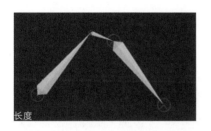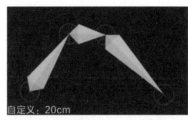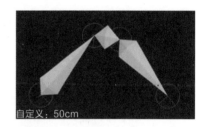

图8-20

空白根对象：启用该选项，会自动创建一个空白组，并将创建的关节作为空白组的子级。

空白旋转手柄：此选项仅在 IK 链设置为"二维"时可用。它将一个空对象作为旋转手柄添加到 IK 链，并自动分配到极向量的"对象"字段中。

对齐轴向：启用该选项，将自动旋转每个关节对象，使其 z 轴指向下一个关节对象，这确保了关节的 z 轴与骨骼的长度方向对齐。禁用该选项后，关节的 z 轴指向与世界坐标轴的方向相同。该选项通常保持默认的启用状态。启用和禁用"对齐轴向"选项的效果如图 8-21 所示。

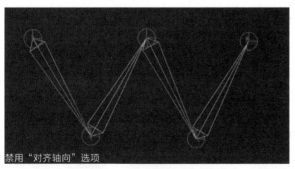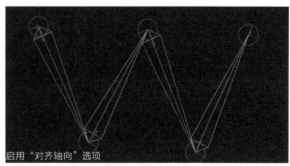

图8-21

投射：启用该选项，创建的关节将放置在对象的中间（深度方向）。此选项仅适用于多边形对象，任何视图的投射类型都可以使用，关节都将置于正确的位置。禁用和启用"投射"选项的效果如图 8-22 所示。

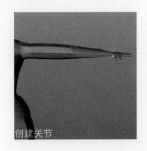  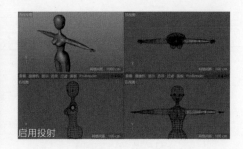

图8-22

2. 显示

将鼠标指针移动到视窗中的骨骼上时，"显示"选项栏中的设置会自动突出显示骨骼，方便用户区分骨骼。

高光： 启用该选项，当将鼠标指针移动到骨骼上时，骨骼会变亮。

范围框： 启用该选项，当将鼠标指针移动到骨骼上时，骨骼周围显示橙色边框。

高光和范围框分别启用和同时启用的效果如图 8-23 所示。

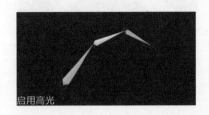  

图8-23

3. 对称

该功能在做对称关节时使用。例如，做左手臂关节后，使用"对称"功能可以根据左手臂关节自动创建右手臂关节。

对称： 定义关节是否镜像，以及要以哪种类型镜像，如图 8-24 所示。

无：关闭镜像。

绘制：镜像创建的每个新关节。在关节工具处于活动状态时（一直在使用关节工具创建关节，未切换到其他状态），更改一边的关节，另一边也会跟随改变；如果断开关节工具的活动状态，可以单独对某一边的关节进行更改，另一边不受影响。

链接：永久性对称，退出关节工具做其他操作后，再使用关节工具操作关节，另一边始终对称。

  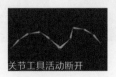  

图8-24

平面： 定义对称基于由哪两个轴形成的平面来镜像。

来源： 定义以视窗中的哪个平面作为参照做镜像。

对象： 当"来源"为"对象"时，此设置才会生效。将对象拖入到此字段中，关节对称会以此对象作为参照来镜像。

4. 修改

该选项栏控制关节工具在使用和不使用修改键（移动 / 缩放 / 旋转工具）的情况下的行为。

默认： 定义在没有修改键的情况下使用关节工具产生的动作。

控制： 定义使用 Ctrl 键时关节工具的操作。

Shift： 定义使用 Shift 键时关节工具的操作。

8.2.2 关节

每单击一次关节，都会在世界坐标中心点创建一个独立的新关节。选择关节，按住 Shift 键，则执行"关节"命令，新创建的关节会成为所选关节的子级，移动关节，即可形成一条骨骼链，如图 8-25 所示。

执行"关节"命令

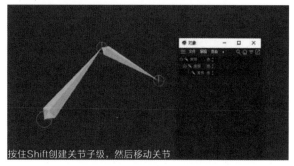
按住Shift创建关节子级，然后移动关节

图8-25

1. 属性 - 对象

此选项卡中的设置控制关节和骨骼的显示方式，以及骨骼的创建方式，如图 8-26 所示。

◆ **对象属性**

骨骼： 定义骨骼开始和结束的位置。（可参阅"8.2.1 关节工具"中的"骨骼"介绍。）

轴向： 定义单击"对齐"按钮时，哪个关节轴与骨骼的长度对齐。通常情况下，我们会使用关节的 z 轴来表示关节的朝向，所以保持 z 轴向设置即可。

对齐： 单击该按钮，将轴向对齐到骨骼长度，如图 8-27 所示。

图8-26

未对齐　　　　　　　　　　　　　对齐

图8-27

长度：根据骨骼的不同，该参数的作用也不同。

● 当骨骼为"轴向"时，"长度"参数设置关节对象的长度。

● 当骨骼为"自 父级"时，"长度"参数设置所选关节与其父级之间的骨骼长度。

● 当骨骼为"至 子级"时，"长度"参数设置所选关节与其子级之间的骨骼长度。

◆ **骨骼**

"骨骼"选项栏用于设置骨骼在视窗中的显示类型。不管是哪种显示类型，都不会影响关节的移动或旋转等动态。

显示：定义骨骼的显示方式，包括无、标准、方形、直线、条形、多边形等几种方式，如图 8-28 所示。

尺寸：定义骨骼的显示大小，如图 8-29 所示。

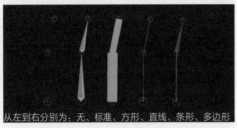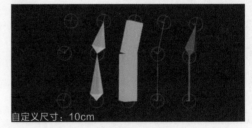

从左到右分别为：无、标准、方形、直线、条形、多边形　　　自定义尺寸：10cm

图8-28　　　　　　　　　　　　　　　图8-29

◆ **关节**

在"关节"选项栏中可以定义关节的显示选项。

显示：定义关节的显示类型，包括无、轴向、球体（线框）、圆环、球形等几种选项，如图 8-30 所示。

尺寸：定义关节的显示大小，如图 8-31 所示。

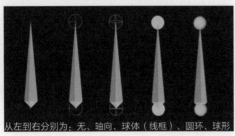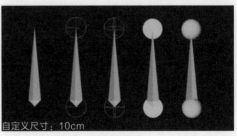

从左到右分别为：无、轴向、球体（线框）、圆环、球形　　　自定义尺寸：10cm

图8-30　　　　　　　　　　　　　　　图8-31

2. 属性 - 运动学

此选项卡可以精确设置IK链中每个关节的行为,如图8-32所示。

权重:定义 IK 链对每个关节的影响程度。该值通常设置为 100%。权重降低后,关节不会 100% 跟随 IK 目标;如果该值为 0%,则所选关节将完全从 IK 链中排除,并保持在其起始位置。

伸展:如果 IK 标签中设置了伸展,则可以在此处设置所选关节的伸缩性。100% 表示每个骨骼都会拉伸相同的量,0% 表示没有伸展。数值越小,弹性越弱。

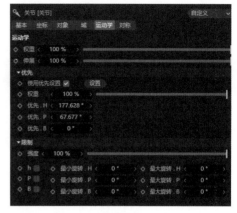

图8-32

◆ 优先

使用优先设置:定义是否为所选关节评估首选角度。

设置:将选定关节的当前旋转角度设置为其首选角度。

权重:定义首选角度值对所选关节的 IK 计算结果的影响程度。

优先 H/P/B:输入 H/P/B 的首选值。

◆ 限制

强度:定义在 IK 计算结果中计算限制的强度。

H/P/B:打开 / 关闭 H/P/B 的角度限制。

最小旋转 / 最大旋转:定义每个角度的最小 / 最大限制。

3. 属性 - 对称

"对称"选项卡中的参数如图 8-33 所示。此选项卡中的设置可以使两个关节相互镜像,如制作左手臂和右手臂,启用对称后,修改其中的某一个关节,另一边相对的关节也会实时变化,如图 8-34 所示。

需要注意的是,如果用 IK 标签为两侧关节设置动画,必须要禁用对称,否则动画会出错。

图8-33

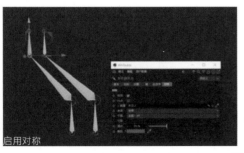

启用对称

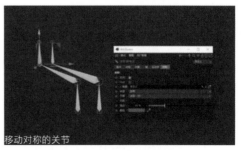

移动对称的关节

图8-34

启用：启用／禁用关节对称。

镜像：将要与当前关节形成对称的另外一边关节拖到此框中。

来源：用于定义镜像的原点。

　　世界：使用世界坐标系统作为镜像的原点。

　　根对象：使用层级结构中的顶部关节作为镜像的原点。

　　对象：可以使用任意对象作为镜像的原点。

平面：定义用原点的哪两个轴来作为镜像平面。

对象：将"来源"设置为"对象"后，此项才会激活。将需要作为原点的对象拖到此框中即可。

混合：设置对称关节的颜色混合强度（注意，这里的混合指的是下一个参数的"颜色"与"基本"选项卡中的"显示颜色"两个颜色的混合）。

8.2.3　镜像工具

镜像工具可以将一侧物体复制到对称的另外一侧。它可以复制整个层级结构，包括权重和 IK 标签，以及表达式等。例如，我们在做角色骨骼的时候，可以把左侧的关节、控制器、表达式等都做好，然后镜像到右侧，这样可以避免重复操作，提高工作效率。

如图 8-35 所示，角色一侧的关节、控制器、IK、表达式已经全部完成，只需要把这些都镜像到另一侧即可。

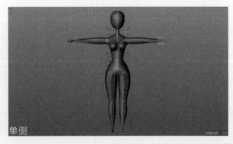 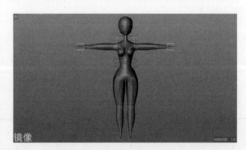

图8-35

1. 属性 – 方向

镜像工具的"方向"选项卡主要用于镜像的方向设置，参数如图 8-36 所示。

来源：定义视窗中镜像的平面。

坐标：定义将使用哪个坐标系统来定向镜像平面。

图8-36

轴：将"坐标"设置为"全局／局部"时，此项才会激活，主要用于设置镜像的平面轴。

镜像：定义要镜像元素的方向。

对象：将"来源"设置为"对象"后，此项才会激活。将作为镜像的平面的对象拖入此框中即可。

2. 属性－选项

镜像工具的"选项"选项卡主要用于镜像的轴向及克隆设置，参数如图8-37所示。

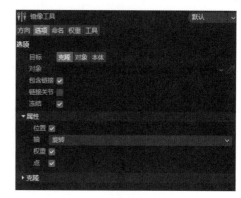

图8-37

◆ **选项**

目标：用于定义镜像的方式，如图8-38所示。

　克隆：复制所选的对象并应用镜像命令。

　对象：将右侧"对象"中设置的对象作为当前所选对象的镜像放置。

　本体：对所选对象应用镜像命令，不会创建副本。

图8-38

包含链接：启用后，镜像时将关节链（如 IK 目标和 IK 标签）一起镜像。

冻结：启用后，镜像对象的坐标与镜像前的坐标保持一致。

◆ **属性**

位置：启用后，镜像关节会移动到另外一侧。

轴：定义要镜像的轴，以及旋转哪个轴，不同设置的效果如图 8-39 所示。在做角色动画的时候，这个轴的设置非常重要（具体请参阅后面的关节案例）。

图8-39

权重：启用后，镜像对象时会将原始对象的权重一起镜像。

点：仅镜像多边形的点，其自身的轴不受影响。

◆ 克隆

标签：镜像对象时，将原始对象的标签一起镜像。

动画：镜像对象时，将原始对象的动画一起镜像。

3. 属性 - 命名

镜像工具的"命名"选项卡主要用于对镜像后的对象进行重命名，参数如图 8-40 所示。

区分大小写：启用后，将在镜像后对对象命名时考虑字母的大小写。

图8-40

前缀：默认情况下，镜像副本的名称与原始对象的名称相同。在此框中可以设置镜像副本名称的前缀。

后缀：默认情况下，镜像副本的名称与原始对象的名称相同。在此框中可以设置镜像副本名称的后缀。

替换 / 与：命名镜像副本时，将替换设置的文本。例如，原始对象前缀为"L_"，镜像到另外一侧时，前缀输入"R_"，替换输入"L_"，则镜像的副本前缀被改为"R_"。

4. 属性 - 权重

镜像工具的"权重"选项卡主要用于镜像角色的权重信息，参数如图 8-41 所示。

点算法：通过匹配网格两侧的正确点，从 4 种方法中选择以最佳方式传递权重。

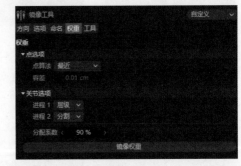

进程 1：定义用作关节选项影响匹配算法的第一遍方法。

进程 2：如果需要，可以对镜像功能应用第二遍算法以确保匹配。

图8-41

5. 属性 - 工具

镜像工具的"工具"选项卡主要用于确认镜像，参数如图 8-42 所示。

子级：启用后，镜像时会将所选对象及其层级结构一起镜像。禁用后，只镜像选定的对象。

图8-42

镜像：单击该按钮将执行镜像命令。

8.2.4 权重工具

权重是角色绑定后系统自动分配的，相当于是确定让某关节以多大比重控制对象的哪些点，只有分配了权重，关节才能带着对象运动。如图 8-43 所示，最初系统分配的权重为关节 1 和关节 2 各 50%，则两个关节旋转后，球体被两个关节带动；但其中某个关节权重占比为 100% 后，球体就只会跟着这个关节走，其他关节无法控制，这就是权重。

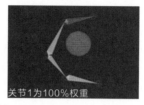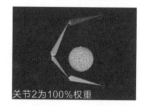

图8-43

通常系统自动分配的权重可能并不是我们想要的结果，通过权重工具可以为关节绘制详细权重，如图 8-44 所示。

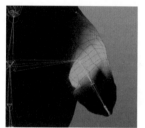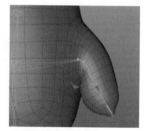

图8-44

选择权重工具后，再选择关节，对象会以相对的颜色来显示权重信息，如图 8-45 所示。

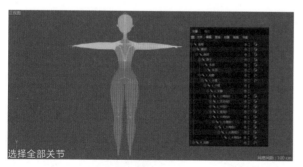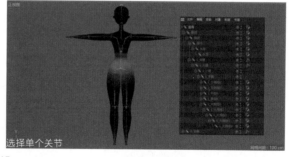

图8-45

双击权重标签，可以快速访问权重工具。在视窗中，右击关节可以快速选择某个关节。在使用权重工具时，将鼠标指针移动到多边形的点上时，会显示当前点的权重分配比，而鼠标指针悬浮在其他地方时，权重分配比是不会显示的，如图 8-46 所示。由此可见，所有的权重都是分配在点上，所以在修改权重的时候，一定要刷在点上。

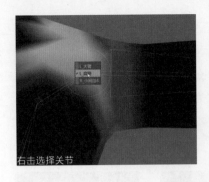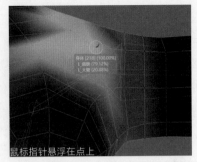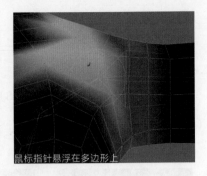

右击选择关节 | 鼠标指针悬浮在点上 | 鼠标指针悬浮在多边形上

图8-46

权重工具通常与权重管理器配合使用，操作起来会更方便。权重管理器可参阅"8.2.5 权重管理器"中的内容。

1. 属性 – 选项

权重工具的"选项"选项卡主要用于笔刷的选项设置，参数如图8-47所示。

◆ 选项

投射：启用后，权重工具的鼠标指针会将权重平面投射到计算屏幕的网格上。如果禁用，则权重工具的鼠标指针将跟随网格表面，绘制权重时比较容易出错，如图8-48所示。

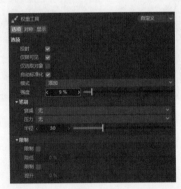

图8-47

启用投射，鼠标指针始终面向摄像机 | 禁用投射，鼠标指针将跟随网格表面

图8-48

仅限可见：启用后，只能在可见的点上绘制权重。禁用后，不可见的点也会绘制权重，容易导致权重出错。原始权重、禁用和启用仅限可见选项的效果如图8-49所示。

原始权重 | 禁用仅限可见，手臂权重被影响 | 启用仅限可见，点以外的地方不被影响

图8-49

仅选取对象：启用后，只能在选定的点上绘制权重。

自动标准化：此选项会尝试在绘制时，让每个点的总权重保持在100%。

模式：定义绘制权重的模式。

添加：将"强度"定义的权重添加到现有的权重。同时按住 Ctrl 键可以反转行为并减去权重。

喷涂：每次在添加权重时移动权重工具，都会逐渐增加权重。"强度"决定逐渐添加的权重量（例如，100% 的强度将以 1% 的增量增加权重，10% 的强度将以 0.1% 的增量增加权重）。

减去：从现有的权重减去"强度"中设定的权重。同时按住 Ctrl 键可以反转行为并添加权重。

绝对值：使用精确的绝对值进行绘制，即"强度"设置多少值，点上绘制的权重就有多少。按住 Ctrl 键，可将绘制的点权重设置为 0。

平滑：让两个权重之间的过渡平滑。按住 Shift 键，可以将任意模式临时变换为平滑模式。

渗出：可以加大修改权重的区域。只需在加权重区域的边缘上涂抹，就可以交互地扩大，类似于用餐纸吸墨水时涂抹的方式。

密度：允许相对增加现在的权重。

重映射：重新分配现有的权重。将显示一条函数曲线，使用该曲线定义分配。

修剪：将不需要的权重设置回 0%。

滴：吸取当前关节在某个点上的权重值。按住 Ctrl+Shift 组合键，可以将任意模式临时变换为滴模式。

强度：定义用于绘制权重的强度。

◆ **笔刷**

衰减：定义权重工具的强度从鼠标指针中心到边缘的过渡。

压力：如果使用手绘，可以在这里选择评估压力的类型。

半径：定义权重工具画笔的尺寸。

◆ **限制**

限制 / 降低：启用"限制"后，可以用"降低"设置指定可以绘制的最小权重，"强度"值的设置则无效。

限制 / 提升：启用"限制"后，可以用"提升"设置指定可以绘制的最大权重，"强度"值的设置则无效。

2. 属性－对称

权重工具的"对称"选项卡主要用于笔刷的对称设置，参数如图 8-50 所示。

图8-50

启用：启用 / 禁用对称权重绘制。

模式：定义在绘制对称权重时的模式。

单一：将对称地绘制所选关节的权重，即对称轴的一侧上进行的绘制被投射到相对的另一侧。

名称：将所选关节的权重应用于另一侧的关节。为确保该模式的正确使用，应该对关节的左侧和右侧设置相应的前缀或者后缀，如左侧为"L_"，右侧为"R_"，然后在下面的"左"框中输入"L_"，"右"框中输入"R_"，那么L的权重会对称到R。如果对象无法通过名称来进行匹配，则对称会自动切换为关节。

关节：与"名称"类似，但此模式是通过读取关节对称侧的链接进行对称。

查找：创建一个要使用对称的半径。如果绘制权重后，另外一侧没有权重变化，可以相应地增加数值。

坐标：定义用于"镜像"设置中定义的对称平面的坐标系。

镜像：定义哪个平面用于对称。

对象：将"坐标"设置为"对象"时，此选项才会激活。将用作对称参考的对象拖入此框中即可。

图8-51

3. 属性－显示

权重工具的"显示"选项卡主要用于设置权重工具在视窗中的显示／不显示，以及使用权重工具时的显示颜色，参数如图8-51所示。

8.2.5 权重管理器

权重管理器可以加速权重工作流程，有些选项与权重工具相同，但是比权重工具更强大。使用权重工具可以实时且直观地在网格表面上绘制权重，而权重管理器用于批量分配权重，或通过特定点选择或遵循特定条件。

在权重管理器中，可以通过选择视窗中的点或边来操纵每个网络点，而不用在层管理器中选择关节，然后再切换到权重工具这么麻烦。

单击权重管理器界面右上角的🗹图标，可以添加最多3个"权重管理器"窗口，并将其停靠在其他管理器旁边或界面中的任意位置，如图8-52所示。

图8-52

1. 菜单

"权重管理器"窗口的菜单栏主要有"文件"和"关节过滤器"两个主菜单命令。

◆ 文件

"文件"的子菜单中包括"载入权重"和"保存权重"两个选项，如图 8-53 所示。

载入权重：从外部文本文件加载以前保存的权重，并将其分配给当前选定的对象。在权重管理器中选择对象或其中一个关节，然后执行"载入权重"命令，可以将权重分配给此层次结构。载入权重工具右侧的齿轮图标
，可以设置载入权重选项，如图 8-54 所示。

　　匹配关节名称：启用后，仅加载与文本文件中名称相同的关节的权重，如图 8-55 所示。

保存权重：将当前所选对象的权重保存到外部文本文件中。此命令非常适合用于快速交换两个字符之间的权重，而无须在权重管理器中复制粘贴。在权重管理器中选择对象或其中一个关节，然后执行"保存权重"命令，将打开一个保存对话框，可以在其中设置保存路径。

　　零权重：启用后，没有权重的关节 / 对象也会被保存到文本文件中，适用于在关节 / 对象层级结构之间匹配权重的转移，如图 8-56 所示。禁用后的文件更小，在手动编辑文件的时候更简单。

图8-53　　　　　　　　图8-54　　　　　　　　图8-55　　　　　　　　图8-56

◆ 关节过滤器

关节过滤器定义关节排列的方式，其子菜单中包括多种排列方式，如图 8-57 所示。

平列排序：在垂直列表中显示同一层级的所有关节，它们的顺序遵循"对象管理器"中的顺序，但没有层级结构。

层级排序：以与对象管理器中的层级结构一样的层级结构显示所有关节。

名称排序：根据字母顺序对所有关节进行排序。

图8-57

权重标签排序：根据权重标签的关节列表中的排序显示所有关节。

关联列表到 OM 选择：根据当前的对象管理器选择过滤列表中显示的关节。禁用此命令后，将显示关节列表中包含权重标签的所有对象。

锁定模式：锁定当前关节列表过滤，可以在不影响关节列表显示的情况下切换选择。

2. 命令

此选项卡主要用于对权重的一些命令进行修改，参数如图 8-58 所示。

图8-58

模式：定义权重的分配类型。与权重工具的模式相同，但是这里的"模式"仅在应用权重管理器中的按钮时生效。换句话说，如果修改一个点的权重，这里的"模式"为添加 50%，而权重工具选项中设置的为减去 50%，那绘制的时候，点权重是减去 50%。

关联 Dropper：启用后，可将权重工具的"滴"模式链接到权重管理器。

全部应用：根据所选模式，将对象所有点的权重值（由"强度"值来决定权重值）应用到所选关节上，如图 8-59 所示。

应用到所选：根据所选模式，将对象选定的点的权重值（由"强度"值来决定权重值）应用到所选关节上，如图 8-60 所示。

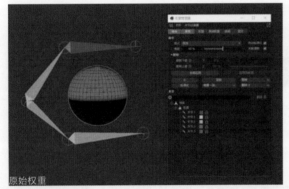
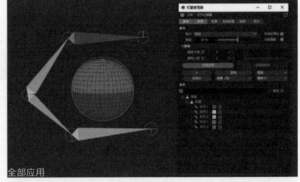

图8-59

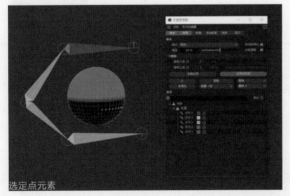
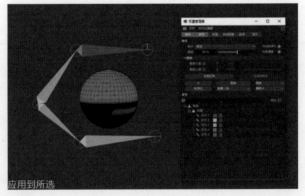

图8-60

0：将所选关节的权重重置为 0。

复制：复制所选关节的权重。

替换：用之前复制的权重替换所选关节的权重。

标准化：标准的权重总的百分比应该是 100%，但在某些情况下，点的总权重可能低于或超过 100%，做动态的时候会很容易出错，标准化可以让点权重恢复到 100%。

镜像 + 到 -/ 镜像 - 到 +：定义镜像的方向是从正轴镜像到负轴，还是从负轴镜像到正轴。如图 8-61 所示，左图的权重在左侧（也就是 $+x$ 轴），右图的权重在右侧（也就是 $-x$ 轴），如果要将左边的权重镜像到右边，则选择"镜像 + 到 -"，反之同理，如图 8-61 所示。

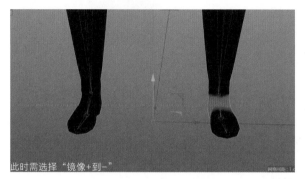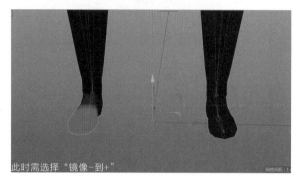

图 8-61

翻转：根据所选轴将所选关节的权重翻转到另外一侧。

3. 关节

只有分配给权重标签的关节才会显示在此关节列表中，如图 8-62 所示。如果在对象管理器中选择某个关节，则列表中也只会显示这个关节。选择关节绑定的对象，此列表中就会显示此对象的所有关节。

过滤字段：输入名称，然后按 Enter 键，可以让列表中只显示含有此名称的关节。单击左侧的■按钮可以清空文字。

锁定：锁定当前列表过滤。锁定后，在对象管理器中选择任何对象都不会影响这里的列表显示。

在列表的关节或对象上右击，弹出快捷菜单，如图 8-63 所示。

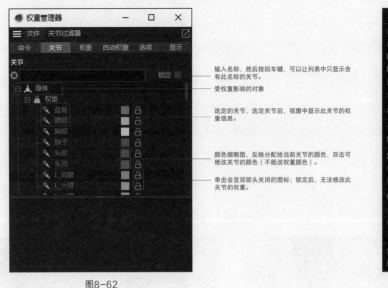

图8-62　　　　　　　　　　　　　　　　　　　　　　图8-63

折叠：选择关节、对象或权重标签，将其层级结构折叠。如果没有层级结构，此项为灰色，不可用。

展开：与"折叠"类似，此选项用于展开层级结构。

隐藏：隐藏列表中的选定元素。如果有层级结构，则其子级也会被隐藏。

隐藏未选择：隐藏所有未选定的元素。

显示子级：显示选定关节的子级元素。

全部显示：重置关节列表并显示所有元素。

在对象管理器中选择：在对象管理器中选择什么元素，此列表中就显示什么元素。

全选：选择列表中显示的所有元素。

取消选择：取消选择列表中显示的所有对象。

复制：复制关节对象的权重。

粘贴：粘贴复制的关节权重。

替换：将当次关节的权重替换为复制的关节权重。

锁定：与锁定按钮作用相同。锁定后，权重无法更改。

全部锁定：锁定全部关节。

解锁：解锁关节权重，使其可以修改。

全部解锁：解锁关节。

烘焙衰减：将权重衰减对象的影响直接烘焙到关节的权重中。

删除：从分配的关节列表和权重标签中删除选定的关节（也可以直接按 Delete 键）。

4. 权重

"权重"选项卡中会以表格来显示对象每个点的权重值，如图 8-64 所示。

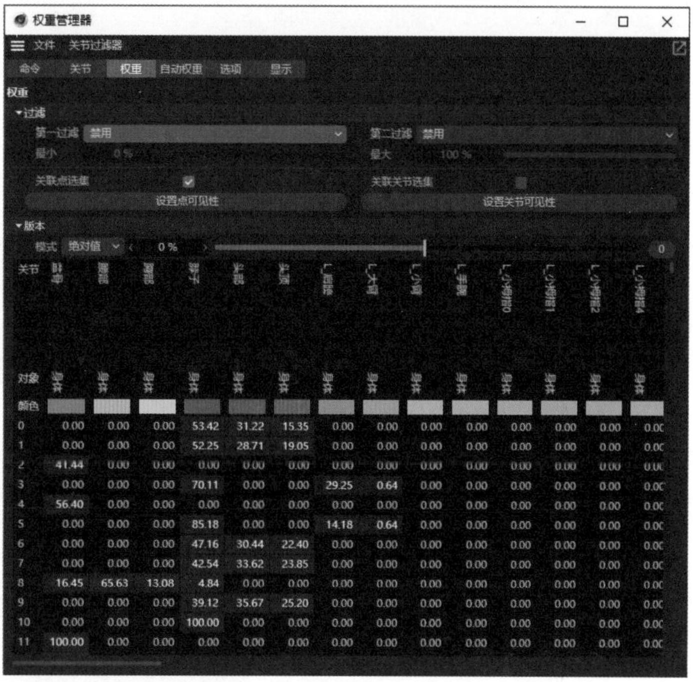

第一过滤：定义权重信息在列表中显示的模式。

第二过滤：设置第二个过滤条件，以控制权重表格中特定点的权重。

最小 / 最大：根据过滤器的类型，过滤掉小于/大于此值的权重。

关联点选集：启用后，在视窗和"权重"表格之间同步点选择。

关联关节选集：启用后，在"关节"列表和"权重"表格之间同步关节选择。

设置点可见性：仅显示选定的点权重。

设置关节可见性：仅显示选定的关节权重。

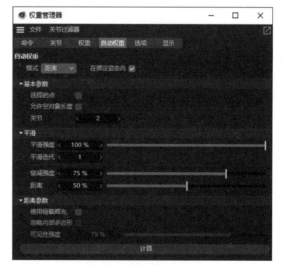

图8-64

5. 自动权重

自动权重可以自动给对象分配权重，如图 8-65 所示。

模式：设置计算权重的方式。

　　距离：根据距离关节的每个点的距离计算权重。这种方法是最快也是确保每个点都有分配权重的唯一方法。遗憾的是，这种方式在肩膀等关键区域的权重分配得不太好。

　　在绑定姿势内：启用后，在分配自动权重时还包括非骨骼关节。

图8-65

选择的点：自动权重仅影响选定的点。

关节：定义可影响给定点的最大关节数量。

衰减强度：定义两个相邻关节之间的过渡。值越大，过渡越柔和。

距离：定义要分配权重的点之间的距离。

计算：执行自动权重的命令。

6. 选项

当选中权重管理器的"命令"选项卡中的"镜像＋到－/镜像－到＋"命令时，选项可以定义镜像的计算方式，如图 8-66 所示。

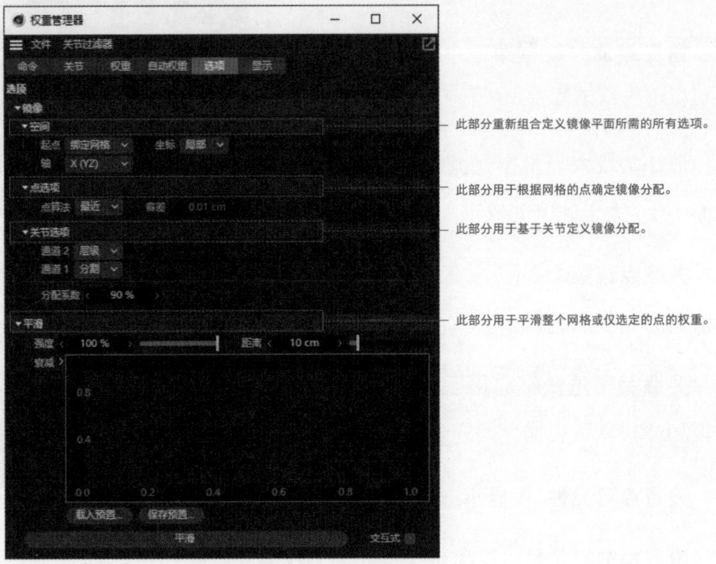

图8-66

起点：定义视窗中镜像平面的位置。

坐标：定义将使用哪个坐标系统来定向镜像平面。

轴：定义镜像平面轴。

点算法：定义点的计算方式。

　　距离：匹配点时，工具会选择距离指定距离最近的镜像位置的点（由"容差"值定义）。

　　最近：选择距离镜像位置最近的点，不受指定容差的限制。

　　表面：查找最接近镜像位置的曲面。

　　法线：与"表面"相似的计算方式，不同之处在于光线从镜像位置沿法线方向投射。

容差：当设置"点算法"为"距离"时，此参数才生效。定义镜像位置的半径，工具在访问位置范围内搜索匹配点。

通道 1：定义用于第一遍匹配算法的方法。

通道 2：定义用于第二遍匹配算法的方法。

分配系数：仅当通道 1 或通道 2 为"分割"时，此参数才生效。它定义了要使用的可变阈值范围，并允许增加或减少每个关节的比例搜索半径。

强度：定义影响对象或选定点的平滑程度。

距离：定义关节权重之间的过渡。值越大，过渡越柔和。

衰减：定义距离上的权重衰减的开关。曲线的左端表示没有权重的起始点。曲线越高，权重越强。

平滑：将平滑应用于整个对象或选定的点。

交互式：启用后，在视窗中以交互方式显示衰减曲线的效果。想要交互显示，必须执行一次"平滑"命令。

7. 显示

显示可以定义权重在视图中的显示，这里的设置对渲染结果不会有影响，参数如图8-67所示。

显示权重：启用 / 禁用视窗中的权重显示。

绘制所有关节：启用后，视窗中显示与选定关节相同的权重标签中所有关节的权重。

衰减：启用后，视窗中显示分配给所选关节的衰减对对象的影响。

点：启用后，视窗中显示对象的网格点。启用和禁用该选项的效果如图8-68所示。

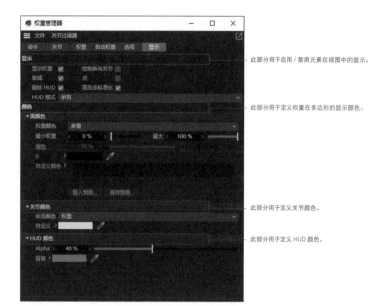

此部分用于启用 / 禁用元素在视图中的显示。

此部分用于定义权重在多边形的显示颜色。

此部分用于定义关节颜色。

此部分用于定义 HUD 颜色。

图8-67

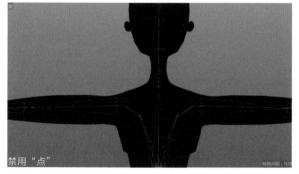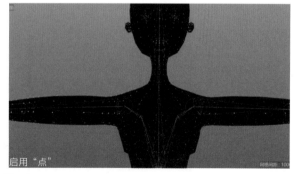

图8-68

鼠标HUD：显示有关当前位于鼠标指针位置下的点的信息，禁用和启用该选项的效果如图8-69所示。HUD中显示的信息依次为：该点所属名称、该点的构造、该点的总权重、控制该点的关节及权重占比，其中点构造如图8-69所示。

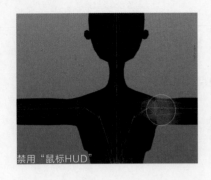 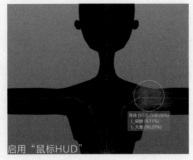 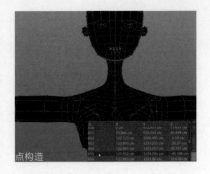

禁用"鼠标HUD"　　　　　　启用"鼠标HUD"　　　　　　点构造

图8-69

高亮非标准化：启用后，所有单元格总权重不等于100%（标准化权重）的将标记为红色。

HUD 模式：定义在鼠标 HUD 中显示的信息。

Alpha：定义 HUD 的透明度。

背景：定义 HUD 的背景色。HUD 的文本始终为白色，所以设置背景色时，要注意让文字清晰显示。

8.2.6　蒙皮

蒙皮是专为角色动画开发的变形器。与变形器不同的是，不能直接在蒙皮上修改参数让对象变形，它通常需要给对象分配权重标签，然后由关节来控制蒙皮的变形，以带动对象的变形。

蒙皮一般作为对象的子级，或者与对象在一个组内同级。而关节可以放在层级结构中的任何位置，甚至可以完全独立于对象的层级，如图 8-70 所示。

1. 属性 - 对象

蒙皮的"对象"选项卡主要用于定义蒙皮的细节属性，参数如图 8-71 所示。

图8-70

图8-71

坐标：定义用于使角色变形的坐标。

类型：定义网格变形的方式。

变换：定义变形器变形的计算方式。

长度：如果骨骼被拉伸或挤压超出权重标签中的初始状态定义的值，则此参数定义外观对象的行为方式。

混合：当设置"类型"为"混合"时，此项才会激活。该项用于定义"线性"和"球形"类型混合的方式。

映射：将顶点贴图拖放到此框中，用于控制两种类型混合在一起的方式。

2. 属性 – 包括

蒙皮的"包括"选项卡主要用于调整蒙皮的计算类型，参数如图 8-72 所示。

图8-72

模式：定义列表框中的对象要如何计算。

包括：启用后，只有列表中的对象被蒙皮变形。

排除：启用后，列表中的对象不受蒙皮影响。

列表：将要包含或排除的多边形对象拖放到此框中。

8.3 角色标签

角色标签是角色绑定中比较重要的存在，这些标签可以让我们的绑定更便捷，标签如图 8-73 所示。

图8-73

8.3.1 IK

在 IK 标签中，IK 和 FK 是可以切换的。

IK 是反向运动学，即父级带动子级运动；而 FK 是正向运动学，即子级带动父级运动。

以我们的手臂举个简单的例子，如果是 FK，想要让手部移动到某个位置，需要先旋转肩膀，再旋转大臂，然后旋转小臂，最后再旋转手部，是不是特别麻烦？而且这样旋转的手部还不一定能在指定的位置。如果是用 IK，只需要将手部移动到指定位置，肩膀、大臂、小臂都会自动旋转一定的角度来保持与手部的连接，如图 8-74 所示。

图8-74

IK 创建的两种方法如下。

方法 1：使用 IK 标签，操作过程如图 8-75 所示。

- 在 IK 的起点位置右击，执行"装配标签"→"IK"命令。

- 将结束目标手部拖到"结束"框中。

- 单击"添加目标"，生成一个"手部.目标"。

- 要控制这段关节，在对象管理器中选择"手部.目标"即可。

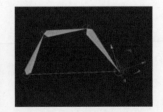

图8-75

方法 2：创建 IK 链，操作过程如下。

- 选择 IK 的起点，在菜单中执行"角色"→"创建 IK 链"命令。

- 创建完成，选择目标来控制整段关节。

创建IK链需要注意的是，选择起点后，如果没有选子级中的任何对象，则默认IK的结束点是底层的子级，如图8-76所示；选择起点后，如果再加选某个子级，则这个子级作为IK的结束点，如图8-77所示。

选择肩膀，不选择子级，则创建的IK结束关节为手腕

图8-76

选择肩膀+小臂，则创建的IK结束关节为小臂

图8-77

1. 属性 – 标签

IK 的"标签"选项卡主要用于调整 IK 标签的具体属性，参数如图 8-78 所示。

◆ 标签

使用 IK：启用 / 禁用 IK。

IK 解析器：定义 IK 链是二维还是三维。在大多数情况下，我们会更偏向于使用二维，它的计算更快、更稳定；如果做机械动画（如机器人），三维会更适合，如图 8-79 所示。

图8-78

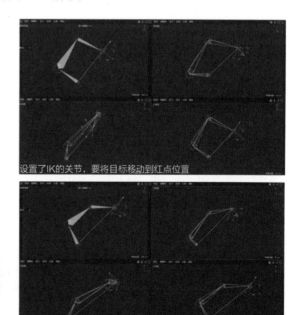

图8-79

495

点 IK：当 IK 标签给到点对象（如多边形、可编辑样条等）时，此选项才会激活。启用后，创建的 IK 链会直接影响对象的点，而不是对象的层级结构。如图 8-80 所示，启用"点 IK"，IK 解析器为"三维"。

样条设置IK

样条扫描

移动IK目标

图8-80

起始 / 结束：设置点 IK 的第一个点和最后一个点的索引号，不同起始和结束数值效果如图 8-81 所示。

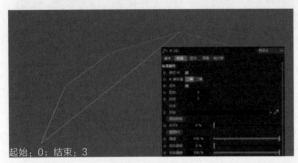
起始：0；结束：3

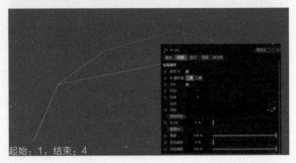
起始：1，结束：4

图8-81

结束：当 IK 标签给到实际对象（如关节，几何体等）时，此项才会激活。用于将 IK 链中的最后一个对象拖入字段中（使用角色中的 IK 链时，此字段会自动填入相应对象）。

目标：将要用作目标的对象拖到此字段中（使用角色中的 IK 链时，此字段会自动填入相应对象）。也可以通过"添加目标"按钮来自动添加目标对象并自动填入此字段中。目标对象与"结束"对象在相同的位置。

IK/FK：在当前的 IK 链接中，用于 IK 与 FK 之间的无缝切换。

重置 FK：将每个关节的 FK 状态重置为 IK 状态。在 FK 模式下更改了关节位置或旋转后，"重置 FK"可以将它们重置为其原始基于 IK 状态。

强度：定义 IK 链的强弱。

优先旋转：如果要用"动力学"选项卡里的数值作为 IK 链的终止位置来计算 IK，则将此值设置为 100%。

目标偏移：定义"结束"对象与目标对象之间的偏移值，如图 8-82 所示。

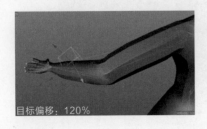
目标偏移：120%

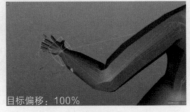
目标偏移：100%

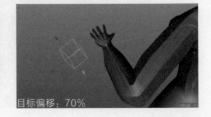
目标偏移：70%

图8-82

◆ 极向量

轴：定义使用哪个轴作为关节的定向目标。通常让它保持自动即可。

扭曲：定义 IK 链的旋转。这在调整关节的姿态时特别好用，如图 8-83 所示，调整扭曲值能让姿态更自然。

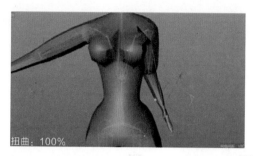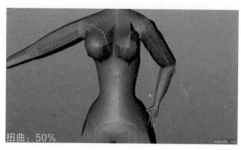

图8-83

对象："IK 解析器"为二维时，此项才会激活。将对象拖到此字段中，作为 IK 链的旋转手柄。也可以通过后面的"添加旋转手柄"来自动添加旋转手柄对象并自动填入此字段中。

◆ 挤压 / 伸展

挤压 / 伸展是传统 2D 动画中常用的效果之一。可以想象一下，有弹力的球掉落到地上时，会被挤压，而在向上弹的时候，又会伸展，这让对象更有动态感。对象越柔软，它产生的挤压与伸展程度就会越大，"挤压 / 伸展"参数就可以模拟这种状态。

在角色动画中，可以运用这个知识点，增加角色的趣味性，如图 8-84 所示。

图8-84

挤压：定义 IK 链挤压的范围。设置数值为 100% 时，IK 链将没有弯曲，只会变短，如图 8-85 所示。

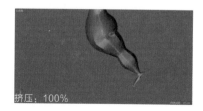

图8-85

类型：定义 IK 链的挤压影响网格变形的类型，如图 8-86 所示。

图8-86

距离 / 限制：启用"限制"后，"距离"的修改才会生效。限制 IK 链的挤压距离，如图 8-87 所示。

图8-87

伸展：定义 IK 链拉伸的范围。设置数值为 100% 时，IK 链将拉伸到目标对象所在的范围，如图 8-88 所示。

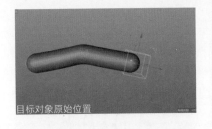 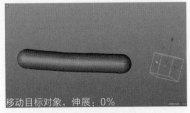 

图8-88

2. 属性 - 显示

IK 的"显示"选项卡主要用于设置 IK 链的显示 / 不显示，也可以自定义显示颜色，参数如图 8-89 所示。图 8-90 所示对应的是四条线的显示类型，为了便于观察，"标签"选项卡中的"IK/FK"设置为 33%。其中，IK/FK/ 操作线三条线是连接到目标对象的（蓝色立方体标注），而极向量是连接到旋转手柄的（橙色角锥标注）。

图8-89

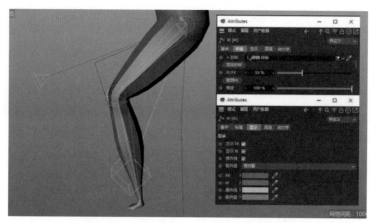

图8-90

3. 属性 – 高级

IK的"高级"选项卡主要用于IK目标的设置，参数如图8-91所示。

保持目标：启用后，在为FK链做动画时，IK目标会随着FK移动。

约束目标：启用后，目标对象无法脱离IK链，仅停留在IK链的末端，如图8-92所示。

图8-91

 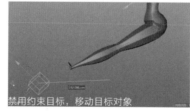 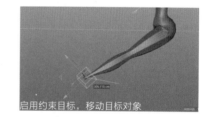

图8-92

更新目标：启用后，IK解算器仅在移动目标时更新。

对齐目标：启用后，目标与IK链结束的对象具有相同的旋转。

使用FK时更新IK：通常保持默认的启用即可。启用后，可冻结当前FK状态，对IK链所做的改变不会影响（内部）保存的FK姿势。

4. 属性 – 动力学

IK的"动力学"选项卡主要用于IK的动力设置，参数如图8-93所示。启用后IK链受重力等力的影响，与其他对象发生碰撞或自动弹跳。使用动学可以让IK动态链更灵活（如模拟尾巴效果）。

图8-93

启用：启用 / 禁用 IK 动力学。

强度：定义动力学效果的强度。数值越高，动力学的响应越快，使得 IK 链的动态效果看起来更僵硬；数值越低，动态效果越缓慢，看起来会更真实。强度不能自行控制 IK 链的速度和硬度，它与"粘滞""保持位置"及"保持旋转"之间存在直接的关联性。

粘滞：定义 IK 链移动时受到的阻力。数值越高，阻力越大。

保持位置：定义 IK 链移动时保持原始位置。数值越高，对象更接近原始位置。

保持旋转：定义 IK 链发生旋转变化时保持原始旋转。数值越高，对象更接近原始旋转。

碰撞：启用 / 禁用 IK 链与其他对象的碰撞。

半径：定义 IK 链产生碰撞的距离，如图 8-94 所示。

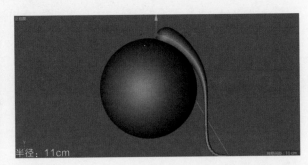

图8-94

摩擦力：定义 IK 链在碰撞对象表面上的平滑程度。数值越低，两者之间的摩擦力越小。

反弹力：定义 IK 链与碰撞对象碰撞时是否被反弹。数值越高，反弹越强。

碰撞 - 对象：定义 IK 链的碰撞对象，将对象直接拖到此字段中即可。

曲线 - 位置 / 旋转：设置 IK 链位置 / 旋转的函数曲线，让 IK 链产生碰撞时更灵活。

◆ **力场**

重力：定义 IK 链的重力值。默认数值为 -9.81，如果不希望 IK 链有重力，将数值改为 0 即可。

模式 / 力场：定义将力场包含在 IK 链中还是从 IK 链中排除。

◆ **高级**

继续更新：默认启用，启用后，在视窗中移动 IK 链时，IK 动力学会实时自动更新，如图 8-95 所示。

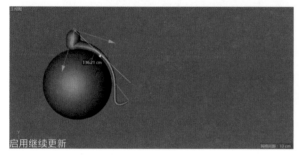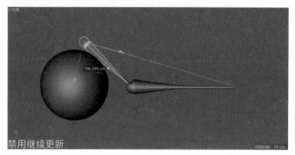

图8-95

递增：用于计算动力学的子帧数。数值越高，计算越精确。

自动 / 开始 / 停止：启用后，在场景的总帧数上计算动力学。如果需要手动调整计算帧，可以在禁用"自动"后，调整"开始 / 停止"。

5.IK 案例：样条绑定

使用样条做 IK 来绑定的模型，左右两边只需要做一边就可以了，后面可以将一边的模型和 IK 镜像到另一边，以节省时间。完成效果如图 8-96 所示。

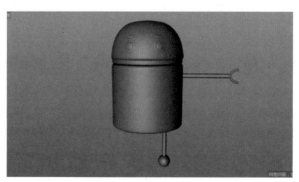

图8-96

01 用画笔工具画一根样条线，样条与关节一样，手肘位置一定要有明确的朝向，同时注意重置轴心，顶视图和正视图如图 8-97 所示。

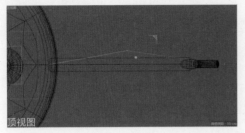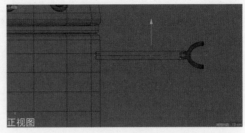

图8-97

02 将"类型"设置为"B-样条"，具体设置和效果如图 8-98 所示。

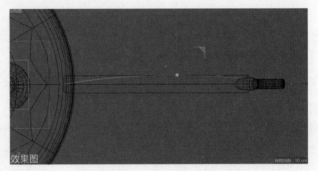

图8-98

03 右击样条，弹出快捷菜单，执行"装配标签"→"IK"命令，启用"点 IK"，"结束"设置为 2，单击"添加目标"按钮，操作过程和效果如图 8-99 所示。

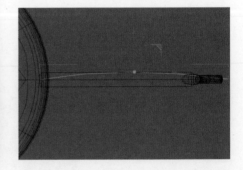

图8-99

04 单击"添加目标"按钮后，生成一个目标对象并自动分配到"目标"字段，此时可以用这个空白对象去控制样条 IK，如图 8-100 所示。

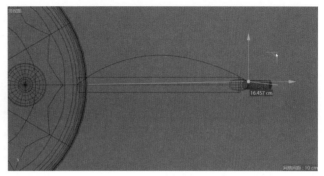

图8-100

05 添加样条约束，作为手臂组的子级，约束到刚刚的 IK 样条上，注意轴向不要错，模式改为"保持长度"，操作到这步就可以通过目标对象来控制这部分手臂了，操作过程和效果如图 8-101 所示。

图8-101

06 可以给样条 IK 添加旋转手柄，用来控制 IK 的弯曲朝向；重命名手臂目标，设置手臂目标的显示类型，操作过程和效果如图 8-102 所示。用同样的方法给腿部做样条 IK，如图 8-103 所示。

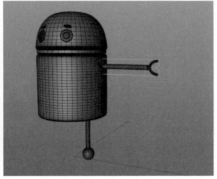
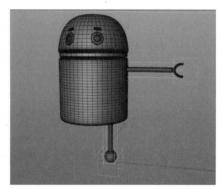

图8-102 图8-103

07 选择左边所有的样条 + 控制器 + 手柄 + 模型，执行"角色"→"镜像工具"命令，注意设置好旋转轴并重新命名，将左边的所有东西镜像到右边，操作过程和效果如图 8-104 所示。

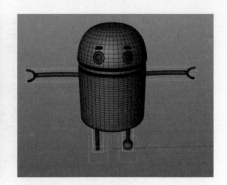

图8-104

08 到这一步，手部和腿部的 IK 已经完成，可以通过目标对象来控制对象的动作，如图 8-105 所示。

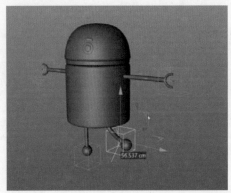
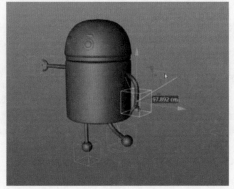

图8-105

8.3.2 IK 样条

IK 样条可以让关节沿样条线对齐，如图 8-106 所示。

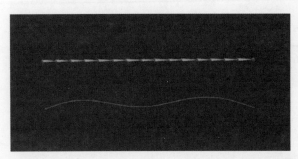
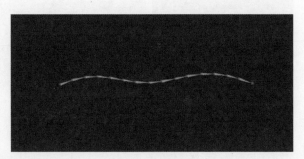

图8-106

IK 样条属性可以修改 IK 样条的影响强度、类型等，还可以定义 IK 样条的手柄对象，使它们来控制样条线的点，以及设置 IK 样条在视图中的显示，属性面板如图 8-107 所示。

1.属性－标签

强度：定义标签影响力的强度。

类型：定义关节沿样条线对齐的方式，不同类型的效果如图8-108所示。

无：禁用IK样条标签。在此模式下，标签不再将关节与样条线对齐。

适合：无论样条有多长，每个关节之间的距离不会改变。

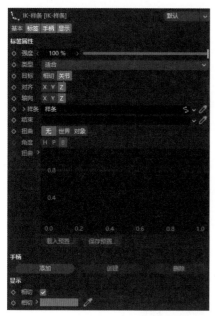

图8-107

等量：沿着样条的长度均匀地展开关节。此模式关节链会随着样条的伸缩而伸缩，做卡通人物的时候会特别有用。

相关：以关节链的原始比例沿着样条展开。此模式关节会随着样条的伸长而变长，不过关节链的比例不会改变。

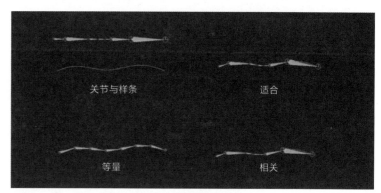

图8-108

目标：定义关节链中关节的指向，不同类型的效果如图8-109所示。

相切：关节的轴向指向样条曲线的切线。

关节：关节的轴向指向最近的关节的方向。

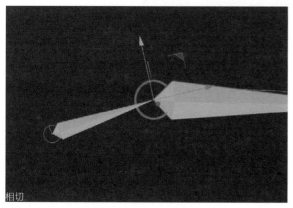

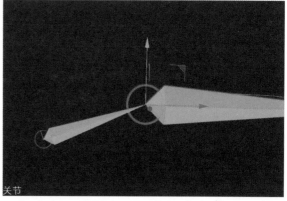

图8-109

505

对齐：定义关节哪个轴沿着样条曲线对齐关节。

轴向：定义样条切线在哪个手柄轴上运行。

样条：将要链接关节的样条拖入此框中，关节则沿着此样条对齐。

结束：将关节链中要沿样条对齐的最后一个关节拖入此框中。

扭曲：定义关节链是否以及如何沿着样条曲线扭曲。

2. 属性－手柄

添加：添加一个新的手柄。

创建：创建一个空对象，然后将其用作手柄对象。如果添加的最后一个手柄没有设置对象，则此空对象会自动分配给最后一个手柄的"对象"。空对象的坐标轴与其表示的样条点相同。

删除：删除手柄列表底部的条目。

索引：定义手柄控制的点的索引号，如图8-110所示。

对象：将要用作手柄的对象拖放到此框中。

扭曲：定义手柄是否也会影响链条的扭曲。

深度：定义样条点的长度。仅样条曲线的类型为"贝塞尔"时，此参数才可用。

偏移：定义样条点沿其切线移动到此处的距离。

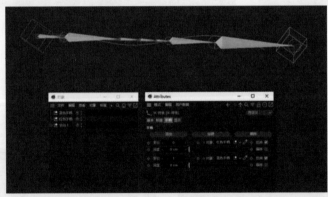

图8-110

8.3.3 姿态变形

姿态变形是将对象的变形目标存储在标签中。姿态变形是在原始模型上进行修改，创建出新的模型，以模型之间的差异来做出动态，如图8-111所示。姿态变形可以将现有几何目标拖放到变形目标列表中，将其作为变形目标，并且可以随时将所有变形目标导出，便于在其他软件中使用。

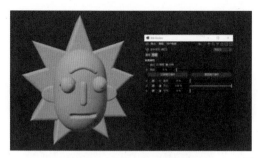

图8-111

右击对象，执行"装配标签"→"姿态变形"命令，在角色中，姿态变形用得较多的是"点"，启用"点"后，"标签"选项卡被激活，操作过程如图8-112所示。所有变形类型的"编辑"和"动画"界面是一样的，仅某些选项有细微区别。

模式：选择姿态变形的模式，选择的模式不同，显示的参数也不同。在姿态变形中，"编辑"模式仅供编辑姿态时使用，在"编辑"中记录关键帧是不会生成动画的；而"动画"是编辑完成后，做动画时使用。

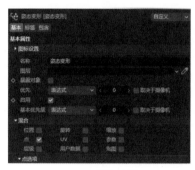

图8-112

1. 编辑模式

在此模式下，有创建变形目标所需的设置，这些设置可以精确控制每个目标在动画期间的变形方式。

姿态：所有变形目标都保存在此列表中。设置混合类型后，列表中都会有两个条目，一个条目是基本姿态，表示变形前对象的初始状态；另一个条目是变形目标，变形目标的起始与基本姿态完全相同，所以在基本姿态的基础上对点所做的任何更改，都可以保存在此变形目标中。

在列表中，双击名称即可重命名。开始命名后，可以使用键盘上的向上和向下方向键快速向上 / 下移动名称列表以重命名其他条目。也可以拖放条目重新排列，但是基本姿态始终位于列表的顶端，无法改变。

如果场景中已经创建了作为几何体副本的变形目标对象，可以直接将这些副本拖放到姿态列表中。拖放时，系统弹出窗口询问是否将目标作为绝对或相对变形对象，如果选择"否"，将在列表中创建新的变形目标，与几何目标对象再无关联；如果选择"是"，则目标对象被链接为"目标"。新目标将出现在列表中，并带有 **a** 图标。在姿态列表中，锁定图标可以锁定选定的变形目标，以防止错误操作；复选框为启用/禁用变形，如图8-113左图所示。

在姿态列表中的空白区域右击，可以打开快捷菜单，如图 8-113 右图所示。

新建文件夹：创建新的文件夹后，将列表中的条目拖放到文件夹中即可。

合并：如果选择了多个变形目标，则这些目标以 100%
的强度合并。

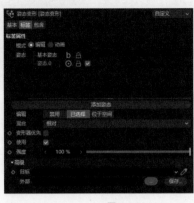

图8-113

反转 X/Y/Z：将变形对象沿轴向反转。要创建变形目
标的镜像副本，需要先将变形目标复制并粘贴到姿态
列表中，然后再使用此命令。

选择为基础：将选定的点恢复到基础姿态。

送至网格：将当前选定的变形目标创建为一个新的对
象，并发送到对象管理器中。

全选 / 取消选择：在列表中选择 / 取消选择条目。

复制 / 粘贴 / 替换：用于复制、粘贴、替换目标。

锁定 / 全部锁定 / 解锁 / 全部解锁：锁定 / 解锁变形目标。

启用 / 全部激活 / 禁用 / 禁用全部：启用 / 禁用变形目标，与列表中的复选框功能相同。

删除 / 全部删除：删除 / 删除全部变形目标。

添加姿态：添加新的变形目标。

编辑：定义如何创建新的变形目标，不同选项的效果如图 8-114 所示。

禁用：禁用所有目标的变形编辑。

已选择：允许编辑选定的变形目标。

位于空间：混合多个变形目标以查看他们对对象的累积影响。要基于"位于空间"的变形来创建新的变
形目标，可以按住 Shift 键，单击"添加姿态"按钮，新建的姿态将记录所有活动变形目标的混合结果。
可以通过修改条目的强度，以及使用复选框来包含或排除某个变形目标，以调整更精细的混合。

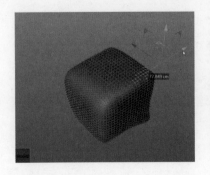

图8-114

混合：定义变形目标之间的混合模式。

变形器优先：启用后，可在变形器变形后，再计算变形的点位置。

使用：启用后，可以调整各个变形目标的强度。

强度：调整各个变形目标变形的强度。

目标：将对象拖放到姿态列表中时，可以选择变形是"相对"还是"绝对"。如果选择变形为"绝对"，则变形会链接该对象并显示在此框中。需要注意的是，如果场景中删除了对象，则变形目标也会消失。

外部 / 保存：将变形目标保存为外部文件。

2. 动画模式

在此模式下，无法编辑姿态变形，仅用于动画记录关键帧。在这里，所有变形目标的列表都会显示，可以用滑块进行动画设置，也可以使用名称旁边的复选框快速停用变形，如图 8-115 所示。

图8-115

强度：控制姿态变形标签本身的整体强度。所有强度大于 0% 的姿态都被该项控制。

记录调节滑杆：在当前帧为所有姿态的滑块设置关键帧。

重置调节滑杆：将所有姿态的滑块重置为 0%。

8.3.4 张力

张力标签可以读取顶点贴图的信息，让对象变形时产生更自然的褶皱，如图 8-116 所示。

张力标签有多种用途，使用生成的顶点贴图可以控制模型的各种参数，还可以限制其他变形器的影响。

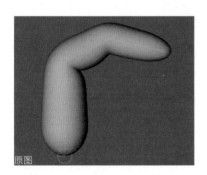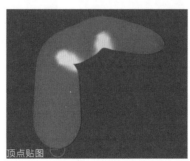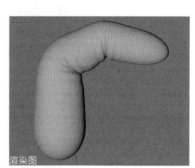

图8-116

1. 属性－标签

固定张力：单击此按钮可以将对象当前的状态记录为放松状态。这是很重要的一步，记录放松状态后，后续的其他操作才不容易出问题。

模式：定义多边形的变形对于顶点贴图的计算类型。

限制：启用后，顶点权重信息大于100%的不会被多计算。禁用后，则变形超过"总计"的区域的顶点贴图权重也按比例增加。通常情况下，保持默认的启用即可。

总计：定义多边形的变形程度，以便为其指定100%的权重。

折叠贴图/伸展贴图：将顶点贴图标签拖入此框中。顶点贴图设置为折叠贴图/伸展贴图后，顶点贴图本身的权重无效，张力标签会使用当前的信息重新为它分配权重。

生成贴图：单击此按钮，将生成名为"折叠/伸展"的顶点贴图，并自动放进前面相对的"折叠贴图"框中。

选集标签：将多边形选集拖到此框中，以限制张力对特定多边形的计算。

2. 实操小案例

01 张力标签设置，设置过程如图8-117所示。

● 做好模型及关节，在菜单中执行"角色"→"绑定"命令，将模型绑定到关节上。

● 右击模型，弹出快捷菜单，执行"装配标签"→"张力"命令，先单击"固定张力"按钮，再单击"生成贴图"按钮。

● 设置完张力后，旋转关节，能看到顶点权重信息，修改"总计"以调整权重信息。

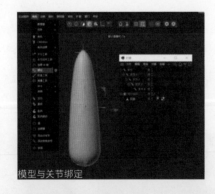
模型与关节绑定

设置张力

默认顶点贴图

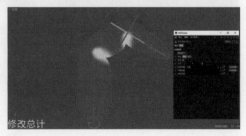
修改总计

图8-117

02 材质球设置，设置过程和渲染效果如图
8-118 和图 8-119 所示。

- 新建材质，设置颜色，启用"置换"
  通道，纹理添加"噪波"。

- 噪波设置，空间设置为 UV（二维），
  全局缩放为 30%，相对比例为 0%、
  100%、100%。

- 置换设置，类型设置为强度，纹理
  添加"图层"。

- 在材质编辑器的图层下，执行"着
  色器"→"效果"→"顶点贴图"
  命令，然后将张力标签生成的顶点
  贴图拖入此框中。

- 将顶点贴图的模式改为"图层蒙版"，
  并移到噪波的下面一层。

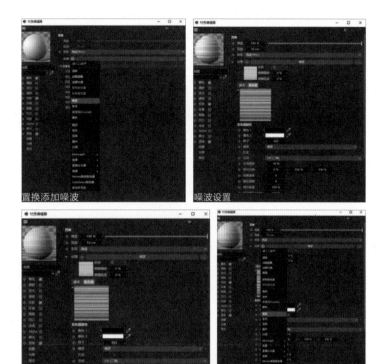

图8-118

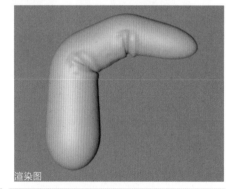

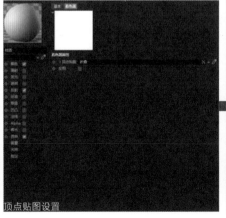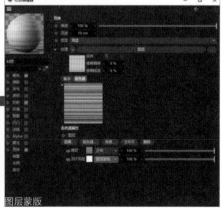

图8-119

8.3.5 点缓存

点缓存可以记录所有动画点。不管用变形器还是表达式来做动画，使用点缓存后，删除变形器或表达式，动画都可以通过点缓存来播放。

对象动画做好后，右击对象，弹出快捷菜单，执行"装配标签"→"点缓存"命令，添加点缓存标签，添加后，要先单击"储藏状态"按钮，其他的参数才会被激活，如图8-120所示。

启用：启用/禁用点缓存记录动画。

使用变形器：如果"点缓存"标签与变形器结合使用，则应该启用此项。

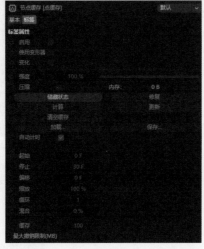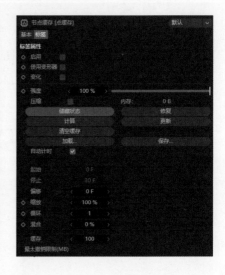

图8-120

变化：如果除了变形之后还想记录整个对象的位置、比例或旋转，则应该启用此项。在动态模拟时，对象在碰撞期间可能会产生新的移动或旋转，PSR可以记录这些信息。

强度：定义缓存动画传输到对象的强度。

压缩：启用后，点缓存的动画会被压缩，以节省内存。

内存：显示缓存的当前内存使用情况。

储藏状态：定义并记录点的初始状态。通常记录的是没有变形的对象的点。

修复：恢复对象的初始状态。

计算：开始计算缓存。

更新：更新当前帧的点缓存计算。

清空缓存：将保存的缓存清除，点缓存将不再带有动画。

加载：加载以前保存的缓存。

保存：保存计算的缓存，以便下次使用。

自动计时：启用后，缓存将按照场景中的所有帧数计算。

起始 / 停止：设置缓存计算的起始帧 / 结束帧。禁用"自动计时"后，此选项才可以用。

偏移：缓存计算之前或之后移动的点。

缩放：缓存按比例来计算，可以使点动画更快或更慢。当缩放为负数时，动画可以向后播放。

循环：设置缓存循环播放的次数。

混合：如果需要一个循环的结束与下一个循环的开头混合，则设置此项。当数值为 0% 时不会产生混合，数值越大，两个循环之间的过渡越自然。

缓存：定义可用于撤销的缓存大小。如果没有设置限制，则占用内存会非常大。

8.3.6 约束

约束标签类似于父子级约束，利用约束标签，可以让目标对象带动原始对象运动，如图 8-121 所示。

使用 XPresso 也可以实现约束标签的大部分功能，只是约束标签比 XPresso 操作更方便，并且约束标签的部分功能，XPresso 无法实现。

约束标签和 XPresso 不同的是，约束标签必须要给被控制的对象。右击被控制的对象，弹出快捷菜单，执行"装配标签"→"约束"命令，可以添加约束标签。

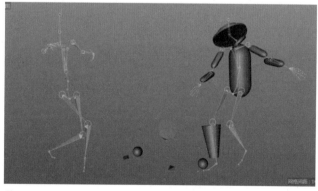

图8-121

1. 约束标签的设置

约束标签的参数设置如图 8-122 所示。

01 给被控制的对象添加约束标签。

02 在约束标签的"基本"选项栏中，勾选"启用"选项，再在"约束"中选择需要控制的属性，在角色中，通常用的属性为变化。

03 启用变化后，属性变化被激活（其他属性也是一样，启用后，激活相应的选项），在目标中设置目标对象（控制对象），需要根据实际情况确定是否启用"维持原始"选项，也可以在启用"维持原始"选项的前提下，对"维持原始"中的 PSR 设置原始的偏移值。

04 如需更换目标对象，可以单击"添加"按钮，设置新的目标对象，然后给权重记录关键帧。

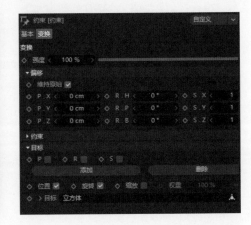

图8-122

2. 约束标签

约束的属性选择的不同，约束标签所显示的图标也会有所区别。

添加 PSR 约束：该对象将被限制在目标对象的原点，并将与目标对象一起缩放旋转。

添加向上约束：该对象将使用向上矢量。

添加限制约束：该对象将被限制在目标对象原点的当前距离。

添加镜像约束：该对象将随着目标对象的移动而反向移动。

添加父对象约束：该对象作为目标对象的子级，随着目标对象的移动而移动。

添加目标约束：该对象的轴指向的目标永远是目标对象。

添加弹簧约束：该对象将随着目标的运动进行弹簧式运动。

3. 变换（PSR）

约束的"变换"选项卡主要用于设置将对象的位置、比例或旋转链接到另一个对象上，参数如图8-123所示。

强度：定义约束对对象影响的总体强度。如果设置了多个目标，则强度是这多个目标的总强度。

◆ 偏移

偏移定义对象与目标的偏移值。

维持原始：启用后，对象最初会保持其当前的位置（如果需要对象保持当前位置，一定要先启用"维持原始"，再设置"目标"）；禁用后，对象最初的坐标轴会跟随目标，如图8-124所示。

图8-123

P/S/R：拖动输入对象的偏移值。

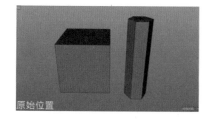

图8-124

◆ 约束

约束主要用于控制PSR的9个坐标值哪一个受目标影响。启用受影响，禁用则不受影响。

◆ 目标

局部P/局部S/局部R：启用后，将根据目标的本地坐标定位，缩放和定向被控制的对象。

添加：为对象添加新的目标。

删除：删除添加的最后一个目标。

目标：将目标拖入此框中。

权重：类似于强度。定义目标影响的强度，这里的权重只控制一个对应的目标。只有设置了两个目标之后，"权重"才会生效。数值越小，影响的强度越弱，如图8-125所示。

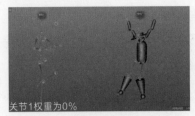

权重分别为100%　　　　　关节1权重为0%　　　　　关节2权重为0%

图8-125

8.4 骨骼绑定案例

　　在手动做骨骼绑定的时候，可以说是环环相扣的，只要前面的一步错了，后面的就相当于白做了，所以每一步都是重点，一定要细心、耐心，当前步骤检查没问题之后再进行下一步。刚开始接触绑定的时候并不要求一次性把全身骨骼做完整，可以从简单的做起，尝试着先做某段关节，如只做脊柱，或者只做腿部，熟练了之后再尝试做全身，可事半功倍。

8.4.1 大关节骨骼创建

01 将模型转换为可编辑对象，坐标系统在脚底，且坐标在世界中心（这是为了做完一边的骨骼及控制器后，镜像到另外一边，避免重复工作，提高工作效率），如图 8-126 所示。

02 按 F3 键打开右视图，在菜单中执行"角色"→"关节工具"命令，在属性中禁用"空白根对象"选项，不选择任何对象的情况下，如图 8-127 所示。按住 Ctrl 键单击，创建新关节，移动鼠标在其他位置上再单击，即可创建第二个关节（注意，不要松开 Ctrl 键），并且与第一个关节相连，以此类推，完成脊椎关节的创建，如图 8-128 所示。千万要记得给关节命名，否则关节一多就很难找到想要的关节，也不利于后面的操作。

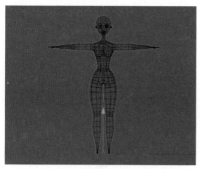
图8-126

图8-127

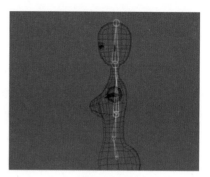
图8-128

03 在各个视图中检查关节位置，要让关节位于对象内部，如图 8-129 所示。注意关节之间的角度一定不要是 180°，否则后面做动画的时候可能会出错。再选中这段骨骼的所有关节，在关节属性设置面板中的"对象"选项栏中设置轴向为 Z（通常将 z 轴作为关节的朝向轴），并单击"对齐"按钮，参数设置和是否对齐的区别如图 8-130 所示。

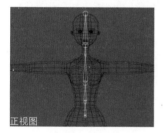
正视图
图8-129

对齐按钮

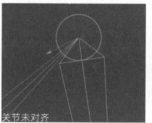
关节未对齐

关节对齐

图8-130

04 按照前面的操作方法，再创建腿部关节和手臂关节。要注意膝盖和手肘的朝向，通常膝盖处的关节稍微朝前，而手肘的关节是稍微朝后的，如图 8-131 所示。

腿部正视图

腿部右视图

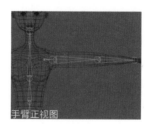
手臂正视图

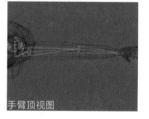
手臂顶视图

图8-131

___ 老白提醒 _____

需要注意的是，做关节对齐的时候只需要选择当前关节的那一段来对齐即可（假设要对齐的是手臂，则选择"肩膀-大臂-小臂-手腕"这一段关节，然后对齐，后面说到的关节对齐也是如此）。

8.4.2 手指关节骨骼创建

01 使用循环选择（U~L），按住 Shift 键加选，选择小拇指不同关节部位的点元素，然后在菜单栏中执行"角色"→"转换"命令，按住 Shift 键，单击"所选到关节"，如图 8-132 所示。

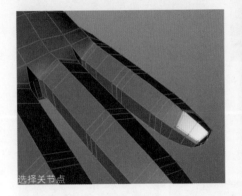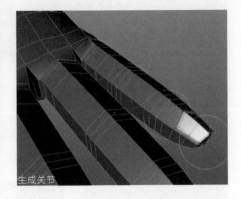

图8-132

02 调整关节位置，并复制一个关节到手掌和手腕连接的地方，如图 8-133 所示，让这个关节作为连接手腕的关节，然后再调整好层级关系（千万不要让关节层级错乱，正确和错误的层级示范如图 8-134 所示），让关节连接起来成为一段完整的手指骨骼，注意命名。

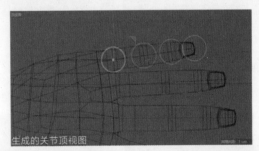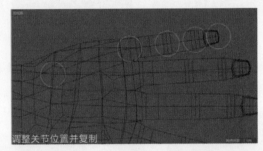

图8-133

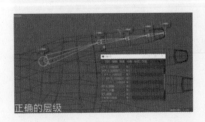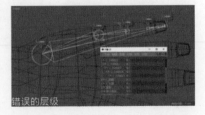

图8-134

03 4 个手指关节的创建方法与小拇指是一样的，需要注意的是，大拇指使用点转为关节，只会转出三个关节，所以我们需要复制两个关节，一个作为大拇指的掌骨，另一个作为大拇指连接手腕的关节。调整好各手指的关节后，每个手指的关节都对齐一下。注意观察图 8-135 所示关节的 z 轴方向，没对齐之前是朝上的，对齐后是朝向下一个关节的方向的。手指关节层级如图 8-136 所示。

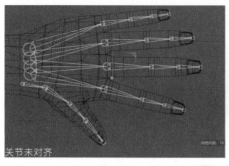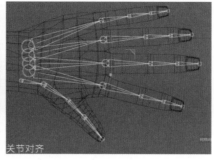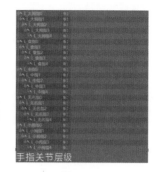

图8-135

手指关节层级

图8-136

04 启用轴心 <kbd>L</kbd>，大拇指关节沿着 z 轴转一下方向，让大拇指有一个较正确的弯曲朝向，因为大拇指不像四指那样可以和手掌成 90° 弯曲。一定要注意，大拇指关节要沿着 z 轴旋转来调整，另外两个轴不要动，如图 8-137 所示。可以观察 x 轴方向的不同，因为 x 轴通常作为关节的旋转轴。

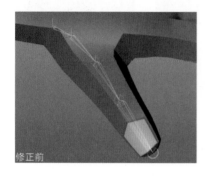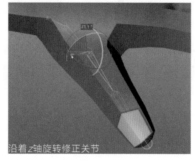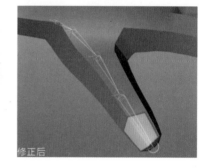

图8-137

05 将各部位关节做连接，使其成为一个半成品骨骼，如图 8-138 所示。注意层级关系，从脊椎到头顶的关节一定要保持完整的层级，不要在它们中间插入任何关节骨骼，如图 8-139 所示。

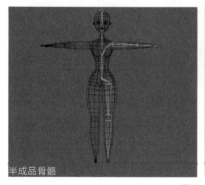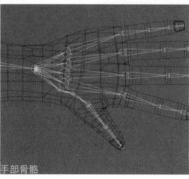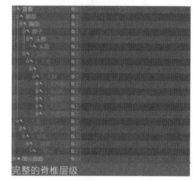

图8-138

图8-139

8.4.3 足部控制器的建立

控制器其实就是空白对象。当对象管理器中的层级对象特别多的时候，如果想修改角色动作，直接在视窗中选择关节往往会选择到角色，很难精确地选择到关节，而利用控制器就可以直接在视窗中选择到想要的关节。控制器（空白对象）可以设置显示类型及尺寸大小，所以我们只需要把控制器设置得比角色关节部位稍微大一点，就很方便选择了。

01 选择大腿，再加选脚腕，在菜单栏中执行"角色"→"创建 IK 链"命令，得到脚腕目标；选择脚腕，在菜单栏中执行"角色"→"创建 IK 链"命令，得到脚尖目标，如图 8-140 所示。

选择大腿+脚腕　　创建IK链　　得到脚腕目标　　选择脚腕　　创建IK链得到脚尖目标

图8-140

02 选择脚底的循环线，在菜单栏中执行"网格"→"提取样条"命令，将样条重命名为"L_脚部控制器"，并拖到顶部，如图 8-141 所示；在点模式下，全选"L_脚部控制器"点，将位置 Y 和尺寸 Y 都改为 0cm，如图 8-142 所示。

脚底循环线　　提取样条　　样条对象　　重命名

图8-141

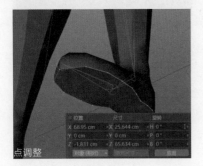

点调整

图8-142

03 使用缩放工具（快键 T）将样条放大，选择"启用轴心"和"启用捕捉"，将样条的轴心移到角色模型的脚后跟位置，调整完成后记得取消"启用轴心"和"启用捕捉"，如图 8-143 所示。

04 将"L_脚尖目标"和"L_脚腕目标"作为脚部控制的子级，此时，脚部控制器已经可以带着整个脚和腿部动了，如图 8-144 所示。

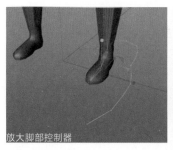

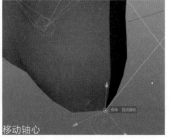

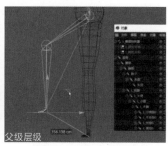

放大脚部控制器　　　　　　移动轴心　　　　　　上图启用；　　　　　父级层级
　　　　　　　　　　　　　　　　　　　　　　　　下图禁用

图8-143　　　　　　　　　　　　　　　　　　　　　　　图8-144

05 关节脚部的各个控制器，需要来捋一下思路。

❶ 脚尖踮脚的时候，会带动脚腕，所以"L_脚腕目标"要作为"L_脚尖目标"的子级，如图8-145所示。

❷ 在现实中，动脚腕的时候，会带动脚尖但是按照刚才的层级关系，旋转"L_脚腕目标"时，因为它的子级中没有"L_脚尖目标"，所以不会带动脚尖（如图8-146所示）。为了解决这个问题，可以复制"L_脚腕目标"，并作为"L_脚尖目标"的父级（如图8-147所示）。

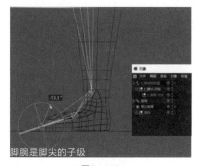

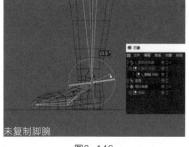

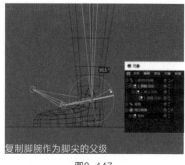

脚腕是脚尖的子级　　　　　　未复制脚腕　　　　　　复制脚腕作为脚尖的父级

图8-145　　　　　　　　　　图8-146　　　　　　　　　　图8-147

❸ 脚部还可以有个细节，就是脚尖在地上时，可以通过脚掌来控制脚腕离地，所以需要有一个脚掌来作为脚腕的父级。选择脚掌关节，在菜单栏中执行"转换"→"转为空白对象"命令，得到"L_脚掌"控制器，"L_脚掌"作为末端子级"L_脚腕目标"的父级，如图8-148所示。为了方便区分，可以给各个控制器分别命好名字，如图8-149所示。

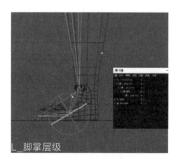

脚腕关节转空白　　　　　生成L_脚掌　　　　　L_脚掌层级　　　　　重命名

图8-148　　　　　　　　　　　　　　　　　　　图8-149

06 选择关节"L_大腿"的IK标签，在IK标签属性设置面板的"标签"选项栏中，在"极向量"下单击"添加旋转手柄"按钮，生成"L_大腿旋转手柄"，如图8-150所示。旋转手柄的作用就是告诉系统，你的骨骼在动的时候，关节是朝哪个方向弯曲的，正确和错误的示范如图8-151所示。

大腿旋转手柄

图8-150

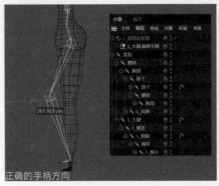

正确的手柄方向

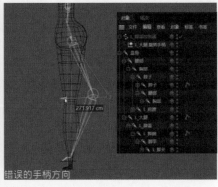

错误的手柄方向

图8-151

07 选择关节"L_脚腕"的IK标签，用与上一步中同样的方法添加旋转手柄，生成"L_脚腕旋转手柄"，脚腕旋转手柄可以放在脚底靠后的位置。旋转手柄还可以设置显示类型及显示颜色，方便后期直接在视窗中选择，如图8-152所示。

旋转手柄显示设置

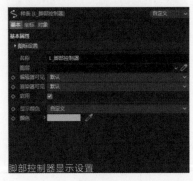

脚部控制器显示设置

视图中的脚部控制器和旋转手柄

图8-152

8.4.4 足部表达式

表达式只是为了把"L_脚腕旋转""L_脚尖踮脚""L_脚掌抬起"这3个控制器的参数统一链接到"L_脚部控制器"上，通过"L_脚部控制器"，可以同时控制另外3个控制器。后期做动画时，做脚部动画需要在3个控制器上都记录关键帧，会比较麻烦；做表达式之后，只需要给"L_脚部控制器"记录关键帧就可以，这样会提高工作效率。

01 选择"L_脚部控制器"，执行"用户数据"→"编辑用户数据"命令，单击"添加群组"按钮，然后将群组从用户数据（默认）中拖出来，作为单独的群组，可以命名为"L_脚部总控制"，如图8-153所示。

编辑用户数据　　　　　　　　　添加群组并移出　　　　　　　群组命名

图8-153

02 选择群组"L_脚部总控制"，单击"添加数据"按钮，将数据命名为"L_脚腕旋转"，用户界面设置为"滑点浮块"、单位为"角度"，单击"确定"按钮之后，在"L_脚部总控制"的参数中就可以看见刚刚设置的参数了，如图8-154所示。

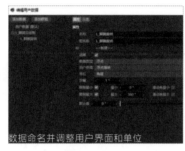
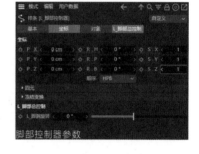

添加数据按钮　　　　新数据　　　　数据命名并调整用户界面和单位　　　脚部控制器参数

图8-154

03 转动控制器，观察一下脚腕旋转时的旋转度数，记住最大数值和最小数值（要注意，观察完旋转角度数值后，记得按快捷键 Ctrl+Z 退回到原始的角度）。如图 8-155 所示，可能想让脚腕可以在 −20°～30°（这里只是假设数值，实据数值以自己的需求为准），所以继续选择脚部总控制器，编辑数据，最小值为 −20°，最大值为 30°。

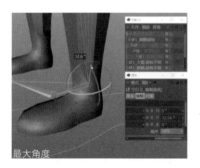
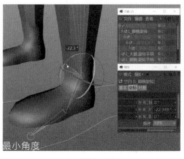
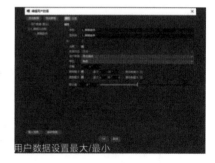

最大角度　　　　　　　　最小角度　　　　　　　用户数据设置最大/最小

图8-155

老白讲知识

如果关节在旋转时,出现朝向错误,可以调整脚腕旋转手柄的位置,如图8-156所示。

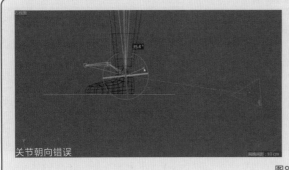
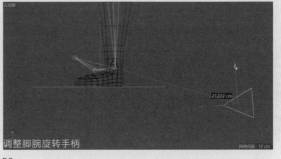

关节朝向错误 · 调整脚腕旋转手柄

图8-156

04 在"编辑用户数据"界面中，按住 Ctrl 键，拖动"L_脚腕旋转"，复制数据，命名为"L_脚尖抬起"，然后再复制一个数据，命名为"L_脚掌抬起"，如图8-157所示（为了方便区分，将这3个数据名称设置为和控制器名称是一样的）。最小值和最大值的数值观察和步骤03一样，在视窗中观察一下控制器的旋转度数，看看自己想让它们旋转多少度，数据的最小／最大值填在相应的位置，如图8-158所示。

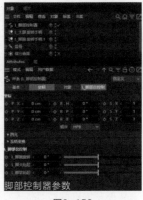

复制L_脚腕旋转 · 副本 · 命名 · 脚部控制器参数

图8-157 · 图8-158

05 右击"L_脚部总控制"，弹出快捷菜单，执行"编程标签"→"XPresso"命令，会自动弹出 XPresso 编辑器，如图8-159所示。

图8-159

06 从对象层中,将控制器"L_脚部总控制"拖到 XPresso 池中,然后在控制器"L_脚部总控制"属性的"L_脚部总控制"
选项栏中,将"L_脚腕旋转"参数拖入"L_脚部总控制"输出,如图 8-160 所示。

从对象层中,将控制器"L_脚腕旋转"拖到 XPresso 池中,再将脚腕旋转的 P 参数拖到"L_脚腕旋转"输入,如图
8-161 所示(如果不知道应该拖哪个参数,请先去转一下控制器,看看是哪个轴的数值在变)。

相关链接
这一步看不明白的话,可以参阅前面的"8.1 XPresso和用户数据",了解一下XPresso。

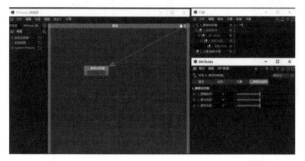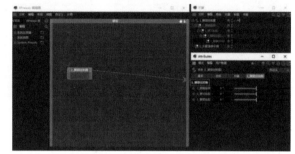

图8-160

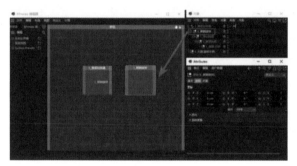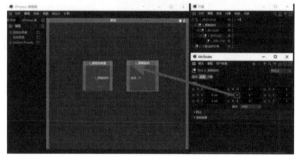

图8-161

07 将两个数据连接起来。脚尖抬起和脚掌抬起的参数用同样的方法来连接,如图 8-162 所示。做完表达式后,脚部总
控制器就可以统一控制脚腕、脚掌和脚尖了,如图 8-163 所示。

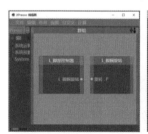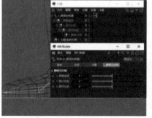

图8-162   图8-163

8.4.5 手臂控制器的建立

01 手臂的控制器创建方法与腿部的步骤类似。

选择肩膀，再加选大臂创建 IK 链，得到"L_大臂.目标"，添加旋转手柄，将旋转手柄移到肩膀上方，如图 8-164 所示，并设置显示类型及显示颜色。

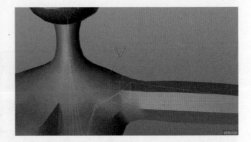

图8-164

02 从大臂到手腕创建 IK 链，得到"L_手腕.目标"，添加旋转手柄，将旋转手柄移到手肘后方，如图 8-165 所示，并设置显示类型及显示颜色。

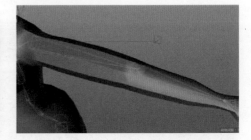

图8-165

8.4.6 手掌控制器及 XPresso 的建立

01 选择小拇指的全部关节，在菜单栏执行"角色"→"转换"→"转为空白对象"命令，得到命名与小拇指关节名称相同的控制器；右击小拇指关节，弹出快捷菜单，执行"装配标签"→"约束"命令，并在约束的属性设置中启用变化。选择约束标签，在变化中，将相应的对象拖进目标中（如，关节"L_小拇指 0"的约束标签的目标为控制器"L_小拇指 0"，以此类推），操作过程如图 8-166 所示。

关节转空白对象　生成的对象　添加约束标签　启用变化　约束目标

图8-166

02 用同样的方法做另外 4 根手指的控制器。将 5 根手指的控制器放到手腕目标的子级，然后参照脚部 XPresso 的逻辑，将 5 根手指的数据连接到手腕目标上，通过手腕目标即可控制所有手指，如图 8-167 所示。

图8-167

8.4.7 脊椎控制器的建立

选择脊椎关节，在菜单栏执行"角色"→"转换"→"转为空白对象"命令，然后右击，给关节添加约束标签约束，依次设置约束标签的目标。最后根据需要想让哪个关节动，就设置哪个控制器的显示类型及显示颜色，操作过程如图 8-168 所示。

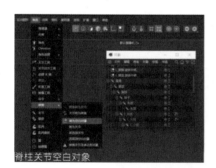   

图8-168

8.4.8 关节及控制器镜像

01 选择所有 L_ 的控制器及关节，在菜单栏执行"角色"→"镜像工具"命令，如图 8-169 所示。

在"镜像工具"属性设置面板中进行图 8-170 所示设置。

坐标：全局。

镜像：正到负，即 +X 镜像到 −X。

轴： 这里的设置非常重要，轴向不能错误，轴向错误会导致关节轴向产生错误。镜像后应检查关节坐标轴是否正确。

前缀/替换： 为了便于区分，我们会把镜像到右边的关节和控制器的名称的前缀 L 改成 R（"前缀"文本框中填写新的命名，"替换"文本框中填写旧的命名）；

参数设置好后，单击"镜像"按钮，即可将选择的关节和控制器镜像到右边，如图 8-171 所示。

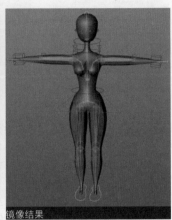

选择所有L　　镜像工具　　镜像设置　　镜像对象　　镜像结果

图8-169　　　　　　图8-170　　　　　　　　图8-171

02 新建一个空白对象（轴心在世界坐标原点），命名为"全身控制"，所有控制器作为"全身控制"的子级。选择"盆骨"控制器，按快捷键 Alt+G 编一个组，命名为"上半身控制"，然后将上半身的所有控制器都拖进来作为子级，如图 8-172 所示。

父子级　　　　　　上半身控制器　　　　　父级

图8-172

03 以名称前缀为 L_ 的控制器镜像过去的控制器，其用户数据的名称也会沿用 L_ 的前缀。为了添加动画时更直观，需要做 XPresso 的 R 控制器，就要对镜像后的新控制器重新编辑用户数据，将前缀 L_ 改为 R_，如图 8-173 所示。

未修改数据

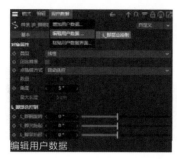
编辑用户数据

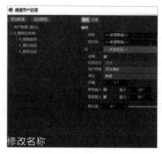
修改名称

修改数据后

图8-173

8.4.9 绑定蒙皮

所谓绑定蒙皮，就是将关节和模型连接在一起。绑定之后，就可以通过关节来控制模型的姿态的变化。

> **老白提醒**
>
> 需要注意的是，绑定的模型必须是可编辑对象，因为绑定之后权重信息点是分布在点上的，如果模型自身没有点元素，那绑定就不生效了。另外，绑定对对称之类的生成器也是不生效的，所以在绑定前一定也要将对称的模型转为可编辑对象。

01 全选所有关节，再加选角色模型，在菜单栏执行"角色"→"绑定"命令，如图8-174所示。

> **老白提醒**
>
> 只选全部关节（包括关节的所有子级）和角色模型，不要漏掉任何一个关节，也不需要选控制器。

图8-174

02 绑定之后，模型会自动多出一个权重标签，且模型下多了一个名称为"蒙皮"的变形器。此时，就可以通过关节来控制模型了，如图8-175所示。因为我们已经给关节做了控制器，所以用控制器就可以控制模型的变化。

选择关节及角色模型

绑定

权重标签及蒙皮

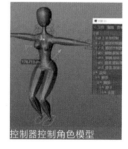
控制器控制角色模型

图8-175

8.4.10 权重修正

在刷权重之前，选中所有的控制器，在属性设置面板的"坐标"选项卡中，单击"冻结变换"下的"冻结全部"按钮，可以将对象的坐标数值全部冻结，对象的坐标值会恢复为 0，如图 8-176 所示；在刷权重时，如果不小心把控制器的坐标调乱而又无法记得原始的数值，那么冻结坐标后直接将坐标数值改为 0 就可以让它们回归原位，不会造成坐标错乱的情况。

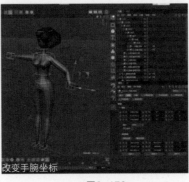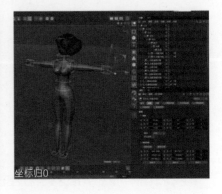

图8-176

绑定后，为了减少干扰信息，可以隐藏关节。利用控制器让角色动起来的时候会发现，系统分配的权重并不是很精确，所以需要手动修正权重。修正权重后模型不会产生破面，并且整体更自然，如图 8-177 所示。

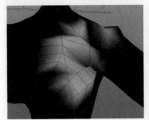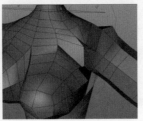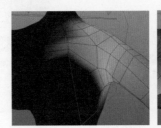

L_肩膀权重（未修正）　　　　　　　　　　　　　　　L_肩膀权重（修正）

图8-177

在对象管理器中，选择角色模型，在菜单栏执行"角色"→"管理器"→"权重管理器"命令，即可打开权重管理器。通过权重管理器和权重工具的配合使用，可以提高修改权重的效率。

权重修正方法

◆ 多个点元素同时修改权重

如图 8-178 所示，很多点元素应该是被胸部关节控制的，但是系统自动分配权重的时候，把权重都分给了肩膀关节和大臂关节。像这种多个点元素一起修正时，可以使用点模式或多边形模式，选择要修正的点或多边形，再在权重管理器中选择胸部关节，模式设置为绝对值，强度设置为 100%，单击"应用到所选"按钮，意思就是让胸部关节 100% 控制选择的点。

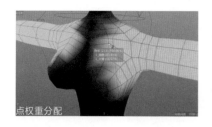
点权重分配

选择元素

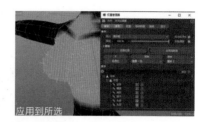
应用到所选

图8-178

◆ 修改单个点元素权重

通常会使用权重工具修改权重，在属性设置面板的“选项”选项卡中，启用“仅限可见”，并选择需要的模式类型，调低强度，然后选择需要修改权重的关节，用权重工具在模型的点上修改权重（权重信息都是分布在点上的，所以刷权重时，笔刷是在点上修改的，在线或者多边形上修改都是无效的）。修改权重可以让模型之间的布线更自然，这样模型在动起来的时候就不会有太大的问题，修改过程如图8-179所示。

权重工具

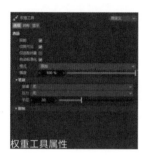
权重工具属性

系统分配权重

手动修正权重

图8-179

◆ 权重镜像

如图8-180所示，手动修正了名称前缀为“L_”的关节，在权重管理器中，选择名称前缀为“L_”和“R_”的关节，然后单击“镜像 + 到 –”按钮，“L_”的权重就可以镜像到“R_”，这样就可以不用重复修正另外一边的权重了，能提高工作效率。

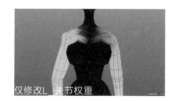
仅修改L_关节权重

镜像+到–

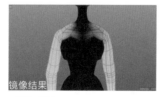
镜像结果

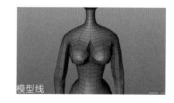
模型线

图8-180

◆ 检查权重信息

刷完权重之后，可以移动一下全身控制器，可能有时候会出现图8-181所示的破面情况。打开权重管理器，查看一下权重，会发现有些标红的，表示这个点的权重信息分配不是100%，或者鼠标指针悬停查看点的权重分配也可以发现不是100%，单击一下“标准化”按钮就可以解决这个问题了。

模型破面

图8-181

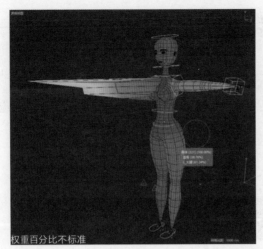

权重百分比不标准   标红权重比   标准化权重

图8-181（续）

8.5 行走脚步动画

做动画之前，一定要先检查控制器的坐标是否已经冻结，以便更方便地做动画。如果在记录关键帧的时候不知道为什么要这样添加，或者不知道怎么添加，可以去跑步机上走几步，并拍摄视频，反复看几遍，多观察。

01 将上半身控制器稍微往下移，让腿部呈自然弯曲状态，如图 8-182 所示。

02 选择"L_ 脚部控制器"，在 0 帧处记录关键帧，设置 Y 坐标为 0cm，Z 坐标为 −150cm。
因为做循环动画，首尾一定是相连，或者能衔接得上的，所以在"时间线窗口"中，选择 0 帧，并按住 Ctrl 键将帧复制到 40 帧，如图 8-183 所示。

图8-182

图8-183

03 在 20 帧处记录关键帧，设置 Y 坐标为 0cm，Z 坐标为 150cm；在 30 帧处记录关键帧，设置 Y 坐标为 60cm。这样一个简单的单脚循环行走动画就出来了，如图 8-184 和图 8-185 所示。

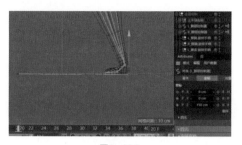

图8-184

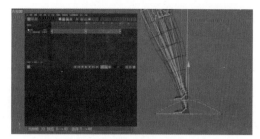

图8-185

04 将"时间线窗口"切换为函数曲线模式，调整位置 Z 的
函数曲线。0~20 帧为线性，手动调整 20~40 帧，让它
们的过渡更自然一点，如图 8-186 所示。

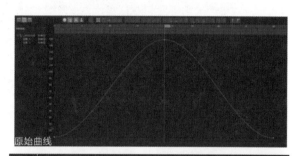

原始曲线

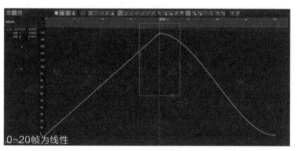

0~20帧为线性

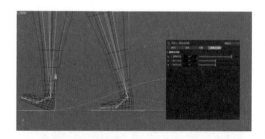

20~40帧自然过渡

图8-186

05 为走路时的脚部增加细节，如图 8-187 所示（注意：不用记这些具体数值，应根据你想让自己的模型在哪个时间段
怎么动来灵活应用）。

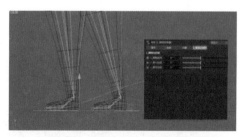

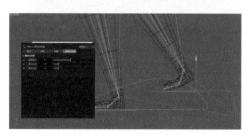

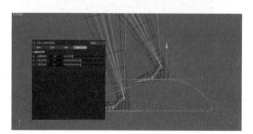

图8-187

例如，0帧的时候是脚后跟先着地，所以在0帧记录关键帧处设置L_脚腕旋转为20°，L_脚尖抬起为0°，L_脚掌抬起为0°；脚往后滑的时候脚掌着地，所以大概在4帧和14帧都要记录关键帧，设置L_脚腕旋转为0°，L_脚尖抬起为0°，L_脚掌抬起为0°；然后抬脚的时候，是脚后跟先抬起，所以大概在26帧记录关键帧，设置L_脚腕旋转为20°，L_脚尖抬起为0°，L_脚掌抬起为0°；接着到30帧脚抬得最高的时候，应该是脚腕最放松的一个状态，记录关键帧，设置L_脚腕旋转为-10°，L_脚尖抬起为0°，L_脚掌抬起为0°；

06 一条腿动作完成后，在另一条腿相应的轴向增加轨迹，然后将记录好的关键帧的动画复制过去。

L_脚部控制器K的参数分别有坐标P的y轴和z轴，脚部控制的脚腕旋转，脚尖抬起，以及脚掌抬起，所以对应的，R_脚部控制器也是分别给这些参数增加轨迹。右击参数，弹出快捷菜单，执行"动画"→"增加轨迹"命令，如图8-188所示。

增加完轨迹后，"时间线窗口"中可以看到它们的轨迹，但是此时没有动画，如图8-189所示。

图8-188

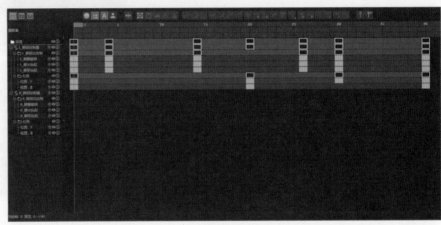

图8-189

07 在"时间线窗口"中选择记录好的关键帧的"L_脚腕旋转"，按快捷键Ctrl+C复制，再选择没有记录关键帧的"R_脚腕旋转"，按快捷键Ctrl+V粘贴，这样就可以把"L_脚腕旋转"的帧复制到"R_脚腕旋转"的轨迹上了，如图8-190所示。其他参数用同样的方法进行复制粘贴，如图8-191所示。

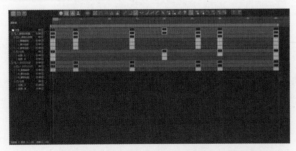

图8-190

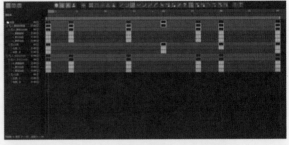

图8-191

粘贴完之后记得播放，看看两只脚的动画是不是同步。如果不同步，那么"恭喜"你，出错了，一般出错的原因请往后看。

08 在"时间线窗口"中，选择两个控制器，在"属性"选项卡中，之前和之后的设置都改为重复，并设置循环次数，如图8-192所示。（一定不要忘记设置重复。）

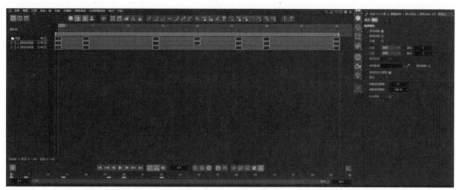

图8-192

09 将一只脚的关键帧与另一只脚的关键帧的起始点错开，即表现一脚前，一脚后，如图8-193所示。

至此，完整的走路动画就完成了。

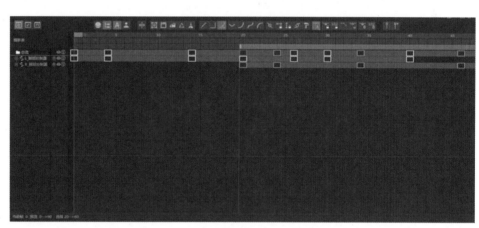

图8-193

老白讲知识

在做脚部控制器的动画时，有可能会出现图8-194所示的脚掌变形的情况。如果是脚往前时变形，那么应让人物的上半身再蹲下一点；如果是脚往后时变形，那移动一下旋转手柄的位置即可。

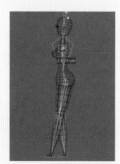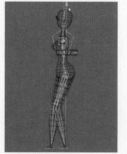

图8-194

8.5.1 复制轨迹后动画不同步

1. 关节朝向不同

"8.4.8 关节及控制器镜像"讲解了为什么一定要注意轴的问题。当关节朝向不同的时候，不仅做动画容易出问题，做这种复制轨迹的时候也很容易出问题，如图8-195所示。

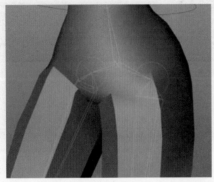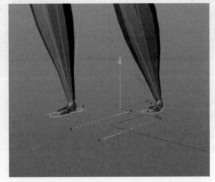

图8-195

2. 粘贴轨迹时，起始位置不同

通常情况下，我们会让时间滑块在第0帧的时候来复制粘贴轨迹，因为粘贴出来的轨迹会自动将时间滑块的位置视为起点。如图8-196所示，复制"L_脚部控制器"的"位置.Y"，粘贴到"R_脚部控制器"的"位置.Y"时，时间线会在第10帧，所以粘贴过去的轨迹会从第10帧开始，而不是跟着"L_脚部控制器"的第20帧开始。

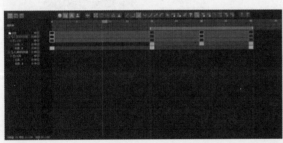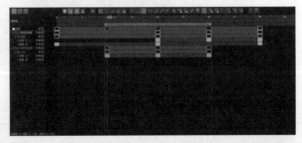

图8-196

这种情况有两个解决办法，要么将时间滑块移动到正确的轨迹起点位置，再粘贴；要么时间滑块直接调整到第0帧，对象在第0帧是没有关键帧的，在此多添加一个关键帧，这样动画就不会出错了。

8.5.2 直线行走动画

制作上半身动画，无非就是在上半身控制器上记录关键帧。

手臂动画的制作可以按脚部动画的逻辑来进行，记录好一边手臂的关键帧，再复制轨迹到另外一边。注意，不要让人物同手同脚走路。

1. 记住角色行走的距离公式：（前脚坐标 − 后脚坐标）×2×N（循环次数）= 总距离。

比如，原地循环走路的时候总帧数是 40 帧，那把总帧数改为 160 帧后，循环次数就为 4。刚刚记录关键帧时，脚部控制器的前脚坐标为 −150，后脚坐标为 150，（−150−150）×2×4=−2400，即第 0 帧时，全身控制器的"位置 .Z"为 0，第 160 帧时，"位置 .Z"为 −2400，如图 8-197 所示。

2. 给全身控制器的"位置 .Z"添加完关键帧后，记得在"时间线窗口"中将全身控制器的 z 轴函数曲线改为直线，如图 8-198 所示。

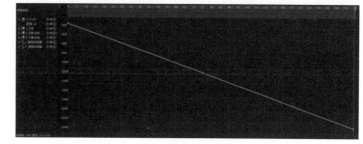

图8-197

图8-198

8.5.3 沿曲线行走动画

01 使用螺旋线，设置好高度（高度 = 总距离），起始半径和终点半径都为 0cm，如图 8-199 所示。

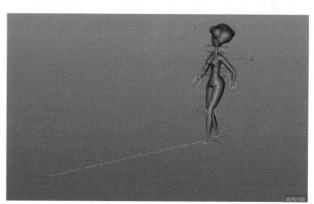

图8-199

02 绘制想要行走的曲线路径，如图 8-200 所示。

03 给螺旋线添加样条约束，约束到曲线样条上，轴向改为 z 轴。注意，模式一定要改为保持长度，这样既可以保证这条螺旋线的总长度，又有了曲线的形状，如图 8-201 所示。

图8-200

图8-201

04 新建运动样条，在属性设置面板中，将模式类型改为样条，源样条设置为螺旋线，如图 8-202 所示。

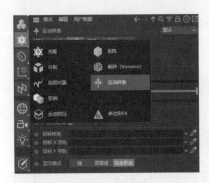

图8-202

05 右击全身控制器，执行"动画标签"→"对齐曲线"命令，如图 8-203 所示，曲线路径设置为运动样条，记得勾选"切线"选项，然后在位置上记录关键帧。当然，不要忘记将函数曲线改为线性，如图 8-204 所示。

图8-203

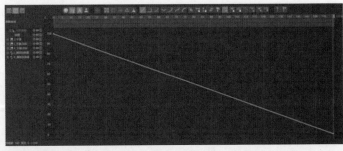
图8-204

沿曲线行走动画问答

做沿曲线行走的动画需要 3 条线，有些读者就迷茫了。其实主要需要解决以下几个问题。

问 1：为什么对齐曲线的曲线路径不能直接用画好的曲线样条？

答：自己画的曲线样条，你无法量它的总长度。

问 2： 螺旋线的总长度没错，形状也没错，为什么曲线路径不能直接用样条？

答： 经过样条约束的螺旋线已经成了一条弯曲的线，但是，对齐曲线无法识别样条约束，所以读取出来的螺旋线还是直线。

问 3： 运动样条到底是干什么用的？

答： 运动样条是为了提取添加样条约束后的螺旋线所形成的曲线形状及距离的，所以曲线路径设置为运动样条才是正确的。

8.6 运动剪辑

Cinema 4D 的运动剪辑与视频剪辑类似，只是视频剪辑是针对视频的，而 Cinema 4D 运动剪辑是针对动画的。运动剪辑可以将多段动画拼合在一起，并且让动画的过渡更顺畅，也可以修改动画的速度，能够让动态视觉更完整。

8.6.1 添加运动剪辑片段

很多动作都是使用动作捕捉的机器来生成的，所以在每一帧上都会记录关键帧。如果直接对这样的动作进行修改，就会比较麻烦，这里运动剪辑的用处是非常大的。

01 切换到动画界面打开动画窗口，再切换到运动剪辑模式，如图 8-205 所示。

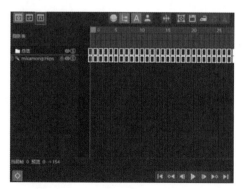

图8-205

02 选择关节，在菜单栏执行"动画"→"添加运动剪辑片段"命令，注意修改源名称，如图 8-206 所示。

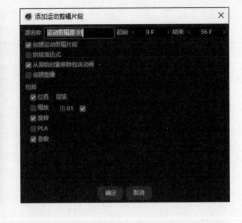

图8-206

老白提醒

一定要先选择带有动画的对象，再添加运动剪辑片段！如果选择不带动画的组做运动剪辑，则没有任何作用。

8.6.2 修改运动速率

01 右击运动剪辑片段，在弹出的快捷菜单中选择"剪断 / 连接"命令，在想改变速度的地方剪断，剪完之后记得再右击，选择"取消剪断 / 连接"命令，如图 8-207 所示。

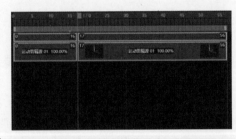

图8-207

02 如果想对片段进行加速，可直接将区域拉窄，让播放速度小于 100.00%；如果想对片段进行减速，可直接将区域拉宽，让播放速度大于 100.00%。如图 8-208 所示，第 2 个片段减速，第 3 个片段加速。

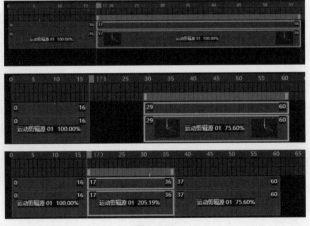

图8-208

8.6.3 自带动作结合自定义动作

有时候网站带的动作不一定是我们想要的，需要进行修改，例如可能会想要改变某个关节的动作。

选择运动剪辑片段，在属性设置面板的"层级"选项卡中，取消勾选相对的动作，相当于这节关节不被运动剪辑片段所带动，这时再找到相对的关节，在属性栏中记录关键帧即可，如图8-209所示。

  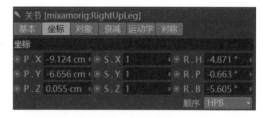

图8-209

8.6.4 动作连接

网站绑定出来的只是单个动作，当我们想要一个完整的动画时，就需要让这些动作连接起来成为一个动作。

01 为每个关节动作添加运动剪辑片段。例如，动作就选择动作1的关节，并添加运动剪辑片段；然后选择动作2的关节，并添加剪辑片段。注意命名，不要自己都不知道哪个片段对应哪个动作。

02 添加完运动剪辑片段后，除了动作1的关节和模型，其他的都可以删除，如图8-210所示。

图8-210

03 将动作 2 的片段拖曳到动作 1 的片段后松开鼠标，如图 8-211 所示。

图8-211

04 这样两个动作已经连接起来了，但是播放的时候会发现第一个动作完成之后，第二个动作又会退回到起点重新开始动。看视窗中的片段就可以发现，圆点处其实是当前动作的起点，人形则是动作的结束点。所以我们应该把第二个动作的起点连接到第一个动作的结束点，如图 8-212 所示。

05 执行菜单栏中的"动画"→"枢轴"命令，选择第二个动作的运动片段，在属性设置面板的"高级"选项卡中设置轴，将刚刚创建的枢轴对象拖入，再在视图中将枢轴对象移到第一个动作的结束点的位置，此时再播放，第二个动作就不会回到起点了。操作过程如图 8-213 所示。

图8-212

图8-213

06 为了让两个运动之间过渡得更自然，可以让两个片段有部分重叠，然后选择两个片段，在"属性"设置面板的"基础"选项卡中将混合设置为线性，如图 8-214 所示。

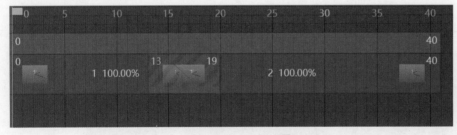

图8-214

07 后续的动作均采用以上的方法进行连接。

附录 A 快捷键

使用快捷键可以大大节约操作时间，提高工作效率。

A.1 设置快捷键

执行菜单栏的"窗口"→"自定义布局"→"命令管理器"命令，如图 A-1 所示。

在名称过滤里输入想设置快捷键的命令名称进行搜索，如图 A-2 所示，可以输入关键字或词进行模糊搜索。

图A-1   图A-2

搜索出来之后，在下方的快捷键输入框中单击，再在键盘上按想要设置的快捷键，然后单击"指定"按钮确认设置，如图 A-3 所示。

有时可能会弹出快捷键冲突提示窗口。可根据需要自行决定是否进行覆盖，如图 A-4 所示。

图A-3   图A-4

单击"确定"按钮即可完成，左下方会出现刚设置的快捷键，如图 A-5 所示。

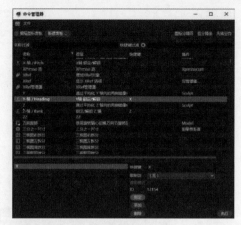

图A-5

A.2 常用快捷键

系统设置			
视图设置	Shift+V	工程设置	Ctrl+D
视图移动			
视图放大缩小	Alt+ 鼠标右键	视图旋转	Alt+ 鼠标左键
视图平移	Alt+ 鼠标中键	四视图切换	鼠标中键
		视角移动撤回	Ctrl+Shift+Z
选择			
实时选择	数字键"9"	框选	数字键"0"
循环选择	U~L	填充选择	U~F
反选	U~I	全选	Ctrl+A
取消选择	Ctrl+Shift+A		
普通工具			
撤销	Ctrl+Z	移动	E
旋转	R	缩放	T
世界坐标 / 自身系统切换	W	启用轴心	L
启用捕捉	Shift+S	渲染到活动视图	Ctrl+R
渲染到图像查看器	Shift+R	建立群组	Alt+G
复制	Ctrl+C	粘贴	Ctrl+V
新建材质球	Ctrl+N	切换点、线、面	Enter
建模工具			
光影着色	N~A	光影着色（线条）	N~B
转为可编辑对象	C	倒角工具	M~S
挤压工具	D	嵌入	I
多边形画笔	M~E	循环切割	M~L
线性切割	M~K	滑动	M~O
消除	M~N	焊接	M~Q
优化	U~O		

附录 B　常用预置

可以在内容浏览器中打开常用的预置（预设），Cinema 4D 已经准备了相对充足的预置文件，其中包括雕刻笔刷和模型等，如图 B-1 所示。Cinema 4D 的预置文件扩展名为 .lib4d，预置文件会放置在安装 \4D R25\library\browser 文件夹下，如图 B-2 所示。

图B-1

图B-2

预置文件的安装：复制下载的扩展名为 .lib4d 的文件，粘贴到 C4D R23\library\browser 文件夹下，重启 Cinema 4D 即可。

GSG_HDR 预置：GSG_HDR 是一个很棒的 HDR 预置，可以方便我们进行 HDR 的调整和布光，简单实用。

Text Edge FX Pro 文字预置：Text Edge FX Pro 是 Cinema 4D 文字倒角预设文件工具，可以超快地创造漂亮的 3D 文本或标志，如图 B-3 所示。

该工具不仅可以直接作用于文字上，也可以用 Adobe Illustrator 或样条曲线形状直接生成。

图B-3

附录 C　常用插件

Cinema 4D 的插件可以让我们快速完成工作任务，并且有很多插件可以制作非常棒的视觉效果，我们可以在菜单栏的"插件"菜单中找到它们。Cinema 4D 的插件文件会放置在 \Maxon Cinema 4D R25\plugins 文件夹下，如图 C-1 所示。

图C-1

C.1 插件安装

打开 Cinema 4D，执行菜单栏的"编辑"命令，出现窗口后找到左下方打开配置文件夹，单击"打开"按钮，然后复制下载的插件，并粘贴到 \Maxon Cinema 4D R25\plugins 文件夹下。回到 Cinema 4D，在"插件"菜单下即可找到刚刚安装的插件。部分插件与版本不兼容，需要下载合适的版本。

C.2 特效插件

TurbulenceFD：烟雾火焰云等流体模拟插件，主要用于制作特效烟和火焰，效果强大，如图 C-2 所示。

图C-2

X-particles：非常强大的粒子插件，在创建雨、雪、火焰和流体等集群效果类的对象时会特别方便，X-particles 可以使用 X-particles 修改器精确控制粒子的行动，如图 C-3 所示。

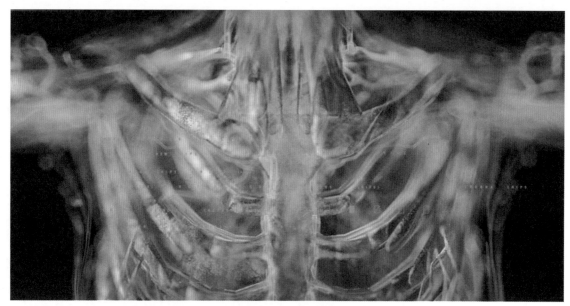

图C-3

RealFlow：3D图形模拟液体的行业标准之一，可以直接在Cinema 4D中进行流体仿真模拟，如液体的运动轨迹、液体所产生的波动、水花、涟漪和海浪等。RealFlow在影视、广告和游戏等方面的应用非常广泛，电影《冰河世纪4》《复仇者（2012）》等大型国际电影都有应用到RealFlow。使用RealFlow制作的效果如图C-4所示。

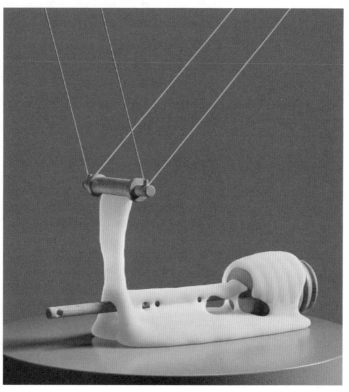

图C-4

附录 D 渲染器

Cinema 4D 自带的物理渲染器也是非常好用的 CPU 渲染器，每个渲染器都有自己的特点和特性，有各自不同的图像计算方式，并没有说哪个渲染器是最好的，只能说选择适合的去使用。当你精通一个渲染器的时候，再去学习其他渲染器，差异只是参数面板的一些使用习惯不同，上手会非常快速。

OCtane render： OCtane render 通常简称 OC，它是无偏差 GPU 渲染器，渲染效果非常真实，速度相对 CPU 渲染器快很多，可以实时出效果。OC 的节点简单，参数较少，容易上手，但是对显卡要求高，仅支持 N 卡，所以 A 卡的电脑和 Mac 电脑很难使用 OC 渲染器。另外 OC 在渲染玻璃、自发光类的材质时，比较容易出现噪点，在 4.0 版本之后降噪功能有了优化，但相对也会丢失一些细节。常见的渲染效果如图 D-1 所示。

图D-1

Redshift： Redshift 简称 RS，它是有偏差 GPU 渲染器，兼容性比较强，渲染速度比较快，不太容易产生噪点。RS 也同样不支持 A 卡，另外因为 RS 的参数较

图D-2

多，所以学习难度较大。其效果如图D-2所示。

Arnold：Arnold 也称为阿诺德，它是 CPU 渲染器，所以渲染速度较慢。Arnold 是强大的电影级别物理渲染器，渲染出来的图片细节很多。另外在表现皮肤、雾气方面很容易出效果，而其他的渲染器比较难出效果。Arnold 参数较多，学习难度大。用 Arnold 制作的效果如图 D-3 所示。

图D-2（续）

图D-3

其他插件

Forester：植物插件，内含大量植物模型，可做动画。

Tools4D Voxygen：像素风格插件。

Proc3Durale：腐蚀插件。

DualGraph：三角面转六边面插件。

Drop It：对齐地面。

Greebler：城市插件。

Lightmap HDR Light Studio：HDR 插件，方便大家自己做 HDR，产品打光。

Magic SOLO：独显插件。

SteadyBAKE：烘焙点动画的插件。

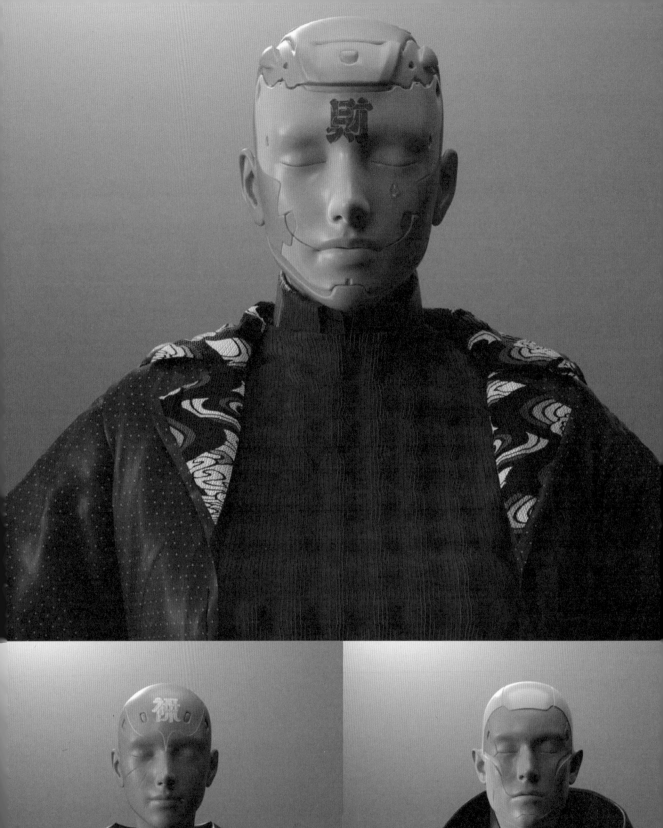

宽为限，

紧用功。

工夫到，

滞塞通。